普通高等教育电气信息类系列教材

现代检测技术及应用

许　芬　主编

郑　勇　赵仁涛　张志芳　参编

U0218112

机械工业出版社

本书从检测系统设计与应用工程师需要掌握的核心技能出发，系统介绍了检测技术基础知识及基本概念，包括检测系统组成、检测系统特性分析、静动态特性测试、误差分析、经典传感器技术、传感器信号调理与采集等，并对近年来广泛应用的数字脉冲传感器、半导体集成传感器、辐射测温技术、激光测距技术、机器视觉等现代检测系统做了较为深入的阐述。为了培养学生的检测系统综合设计能力，书中引入 3 个不同架构类型（嵌入式、总线式、计算机扩展式）的检测系统开发案例，嵌入二维码讲解视频，对现代检测系统的设计开发流程及开发平台做了详细的介绍。

　　本书可作为普通高等院校自动化专业、测控技术及仪器专业的本科生课程教材，也可作为自动化系统工程师、仪器工程师的技术参考书使用。

图书在版编目（CIP）数据

现代检测技术及应用/许芬主编 . —北京:机械工业出版社,2021. 3
（2024. 2 重印）
普通高等教育电气信息类系列教材
ISBN 978-7-111-67517-4

Ⅰ. ①现⋯　Ⅱ. ①许⋯　Ⅲ. ①自动检测-高等学校-教材　Ⅳ. ①TP274

中国版本图书馆 CIP 数据核字（2021）第 023996 号

机械工业出版社（北京市百万庄大街 22 号　邮政编码　100037）
策划编辑：尚　晨　　　责任编辑：尚　晨
责任校对：张艳霞　　　责任印制：常天培
固安县铭成印刷有限公司印刷

2024 年 2 月第 1 版·第 3 次印刷
184mm×260mm · 14. 5 印张 · 359 千字
标准书号：ISBN 978-7-111-67517-4
定价：55.00 元

电话服务　　　　　　　　　网络服务
客服电话：010-88361066　　机 工 官 网：www.cmpbook.com
　　　　　010-88379833　　机 工 官 博：weibo.com/cmp1952
　　　　　010-68326294　　金 书 网：www.golden-book.com
封底无防伪标均为盗版　机工教育服务网：www.cmpedu.com

前　言

在过去 20 年里，传感器与检测技术经历了很大变化。首先，模拟检测系统逐渐退出应用市场，数字检测系统在检测仪器仪表领域占据了主导地位。其次，很多新型传感器与检测技术逐渐成熟，MEMS 集成传感器、脉冲式数字传感器、非接触式检测技术、机器视觉检测技术等新型传感器及片上检测系统在汽车电子、消费电子、电子电器、芯片制造等一些非传统行业获得广泛应用。由于汽车电子和消费电子行业的传感器应用规模巨大，这大大降低了单片传感器的研发生产成本，促进了技术发展，并进一步推动了传感器性能的提升和价格的下降。随着新型传感器性价比的不断提升以及新型传感器本身具备的数字化、集成化、智能化优势，现代检测技术在传统行业也获得了广泛应用。本书正是在这一背景下编写的。

对自动化专业来说，检测技术是一门专业必修课，属于专业技术类课程。自动控制系统需要传感器或检测仪器来实现被控量的反馈，智能控制系统更是离不开各种不同类型传感器对不同物理信号的感知。与仪器仪表专业强调检测装置的误差、精确度等级等静态特性指标不同，自动控制系统中的检测装置测量的是快速变化的动态量，因此对检测系统的动态特性更为关注。本书在内容编排上尽量兼顾自动化系统工程师和仪器仪表工程师的不同需求，在基础知识部分既包含了检测系统静动态特性分析与静动态特性测试内容，又以较大篇幅介绍了误差分析、误差处理、测量不确定度等误差理论方面的知识和通用概念。

本书共 10 章，主要内容包括检测系统特性分析与特性测试、测量数据处理与误差分析、经典传感器技术、传感器信号调理、数字传感器及产品、检测系统架构与设计开发流程等。第 1 章绪论，简要介绍了检测技术的发展、检测系统的组成、传感器分类、检测技术的现状与发展趋势等。第 2 章检测系统特性，主要介绍检测系统的静动态特性建模方法、静动态特性指标的定义和静动态特性参数的测试过程（标定）。第 3 章检测误差分析，介绍了测量误差的种类、误差的不同表示方法、不同类型误差的分析与判别方法、误差合成、测量不确定度的概念与应用等。第 4 章电参数传感器，主要介绍传统的阻抗型传感器，包括电阻式、电感式、电容式这 3 种传感器的工作原理、分析建模、接口电路和应用特点。第 5 章电能量型传感器，主要介绍热电式、压电式、磁电式、光电式等电能量型传感器的工作原理、接口电路和应用特点。第 6 章信号调理与采集，介绍了不同类型放大电路、滤波电路、信号变换电路的设计和应用特点，并对信号采样和量化过程进行了分析。第 7 章数字化传感器，主要介绍位移测量中常见的数字脉冲式传感器以及目前在电子电器产品中广泛应用的半导体集成数字传感器。第 8 章辐射测温与激光测距，介绍了辐射测温的物理原理及不同类型辐射测温系统的特点，脉冲式激光电子测距系统、相位式激光测距系统的工作原理和优缺点及激光雷达的应用等。第 9 章机器视觉，介绍了机器视觉系统的组成、各组成部分的功能和选择依据、图像采集系统的选择与标定等。第 10 章现代检测系统设计与应用案例，介绍现代检测系统的 3 个设计案例，分别是嵌入式红外点温仪、总线式多通道压力/温度检测系统和基于 CCD 的定日镜跟日误差检测系统，3 个案例均来自本书编者主持完成的科研课题。为方便老师布置课外练习，除案例应用章节外，每章后均附有习题。

本书面向自动化专业学生，通常学生此时已经修过大学物理、电路、模拟电子技术、数字电子技术这些专业基础课。通过本课程学习，希望学生可以获得检测系统设计工程师所需要的核心知识和基本技能，并具备一定的检测技术应用能力，能够针对一些常见工程量根据检测任务要求和检测对象的特点给出比较合理的测量方案，并能选择合适的传感器或检测系统进行搭建或实现。为了实现这个目的，本书在内容编排上力求理论知识和工程实践相互贯通，并侧重于知识应用，在介绍传感器技术和信号调理电路时也会联系一些应用较广泛的产品来进行应用原理及性能的评述。

本书由许芬主编，参加编写的有郑勇、赵仁涛、张志芳同志。编者均为从事一线教学科研工作的高校自动化专业教师，有多年的检测技术课程教学经验和丰富的科研项目经历。曾水平教授对全书内容进行了审阅，并针对全书结构及部分内容提出了一些宝贵意见。

本书配套的教学资源可在机械工业出版社教育服务网上（www.cmpedu.com）免费注册、审核通过后下载，或联系编辑索取（微信：15910938545，电话：010-88379753）。

本书参考了很多教材、著作、论文、网络资料等，得到许多同行的支持，在此向他们表示感谢。另外，要感谢机械工业出版社的编辑在编写过程中给予的大力支持和帮助。

由于编者水平有限，书中难免存在遗漏、错误和不足之处，敬请读者批评指正，多提宝贵意见。

编　者

目　　录

第1章 绪 论

1.1 现代检测技术概述

    检测，是对自然世界和人类实践活动中遇到的各类物理、化学量以及物质属性等进行测定和输出。从人类文明发展史来看，检测属于人类活动中最重要的科学实践活动之一，是人类认识世界、了解世界、改造世界的重要手段。从早期的度量衡器具到精密的机械仪器仪表，再从机械仪器仪表到20世纪的电子测量仪器，以及现代智能化检测仪器，一系列变化清楚地描绘出了人类科学技术发展的轨迹。科学技术的发展和检测仪器的发展是相辅相成的：检测仪器为科学探索以及人类生产实践提供技术手段与工具，科学探索的成果——新的科学规律发现，以及人类生产实践的成果——新的材料和材料加工技术，又为研制更好、更先进的检测仪器提供了科学原理和制造技术。

    人类很早就有测量活动。早期的测量仪器，主要是科学爱好者和一些手工业者、匠人的个人发明，例如早期的计时仪器"土圭""漏壶""日晷"。这些测量工具一般是在手工作坊里完成，产量和精度都比较有限。随着18世纪工业革命的发展，机械式测量仪器仪表开始发展起来，出现了机械钟、机械表、机械式角度仪、机械罗盘、机械式光学经纬仪、机械式称重计、机械式压力表、机械式流量计等。20世纪上半叶，晶体管的诞生标志着电子时代的到来，机械式仪器逐渐过渡到电子仪器，出现了电子钟、光电经纬仪、电子秤、电子式压力计、电子流量计等。20世纪后半叶，电子计算机技术的蓬勃发展又进一步引领检测仪器从模拟电子仪器时代跨入数字化仪器时代。图1.1和图1.2分别展示了计时仪器和空间位置测量仪器的演变。

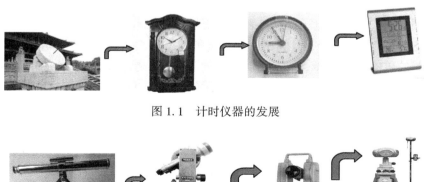

图 1.1　计时仪器的发展

图 1.2　空间位置测量仪器的发展

过去的 30 年，随着集成电路技术、微纳制造技术、计算机技术、网络通信技术、人工智能、材料技术、生物技术等多个学科的发展，检测技术经历了天翻地覆的变化。人类对时间、位移、压力、温度等基准量的检测精度不断提高，对极端环境下各类物理量的检测手段越来越丰富，新型传感器层出不穷，检测系统的体积越来越小，功能则越来越丰富，数字化的智能检测系统（也称智能仪器）逐渐普及。在智能化仪器发展的同时，基于有线/无线网络的广域检测（传感器网络）、分布式检测技术也开始发展起来，检测系统的形式越来越多样化。与 30 年前相比，检测领域出现了很多新的传感技术、新的检测方法和新的实现手段，这些新的检测技术和检测方法被概称为现代检测技术。

与传统检测技术相比，现代检测技术在检测精度、检测广度方面都有很大突破。由于材料技术的发展和制造工艺的进步，现代检测系统在测量精度和测量环境方面比传统检测系统有很大提高。例如位于美国的第二代激光干涉引力波天文台（aLIGO）在 2016 年检测到两颗中子星互相碰撞产生的引力波信号。这套激光干涉引力波检测系统采用迈克尔孙激光干涉位移检测技术，两个 4 km 长、互成直角的封闭管道加上相应的光学组件构成两束干涉激光的传输路径，如图 1.3 所示。这套系统的位移检测精度达到 10^{-19} m 数量级，是目前世界上最精密的位移测量系统。

图 1.3　第二代激光干涉引力波天文台（aLIGO）

现代检测系统广泛采用电子计算机和数字信号处理技术来提高检测精度和测量数据可靠度。20 世纪 80 年代出现了个人计算机，随后各种微型控制器和处理器如雨后春笋般不断涌现，微处理器的成本不断下降，数字化信息处理、数字信息存储和数字通信技术逐渐普及，电子检测仪器开始从上一代的模拟测量仪器过渡到数字化、智能化仪器。数字化检测仪器可以充分发挥数字信号处理和测量软件更新方便的优势。随着数字信号处理器计算性能的增强和数字存储成本的下降，数字信号处理与分析技术成为检测数据处理的基本手段，一些复杂的数字信号处理算法、数学优化算法、计算机控制算法等都可以在数字信号处理器中实现并达到实时应用要求，大大提高了数字化检测仪器的性能。例如数字滤波器、离散傅里叶变换（DFT）、快速傅里叶变换（FFT）、最小二乘运算、统计信号处理、最优化算法等在数字化检测仪器中都有广泛应用。而且由于大部分数字信号处理算法是通过软件实现的，只要进行软件升级，不改变硬件就可以提高仪器的性能，提升了仪器升级换代的速度。检测仪器的数字化也为仪器参数在线整定及在线编程提供了方便。仪器中包含了微处理器、存储器及其他一些现场可编程器件，仪器使用时，可以根据实际情况对仪器的一些内部参数进行在线整定，也可以利用在线编程添加一些简单的数据处理功能，使得仪器能够更好地适应现场及实际应用。

得益于超大规模集成电路（Very Large Scale Integrated-circuits，VLSI）制造技术的发展，现代检测系统在功能不断提高的同时，体积却做得越来越小。检测系统内部大量使用各种大规模、超大规模集成电路，使得核心运算电路、信号调理电路、数据通信电路、供电电路等各部分的集成度不断提高，电路板尺寸不断缩小。另一方面微机电系统（Micro Electro Mechanical System，MEMS）设计制造技术和材料技术的进步，又直接推动了传感器技术的革命，促进了很多微型甚至纳米尺度传感器的诞生，提高了传感器的集成度，如图 1.4 所示。现代检测系统不断向微型化、集成化、智能化、仿生化方向发展。

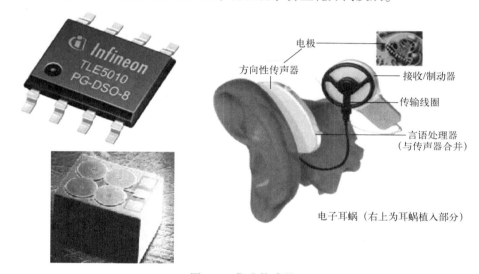

图 1.4　集成传感器

在工程应用中，检测系统可能是独立的测量仪器，也可能是自动化装备或自动控制系统中的一个环节。对于自动化专业的学生来说，掌握一定程度的传感器和检测技术知识是非常必要的。在分析、选择传感器以及实现检测系统时，不仅要从原理上了解相应的传感器产品，掌握不同类型传感器的应用特点，同时还要善于利用系统理论和系统方法来分析检测系统的基本特性，提高在传感器和检测系统方面的应用水平。随着智能化时代的到来，越来越多的装备、电子产品、基础设施等都会嵌入不同类型的传感器，现代检测技术正成为智能化时代的一项重要支撑技术。掌握现代检测技术的核心内涵、应用现状和发展趋势有助于自动化专业学生站在学科前沿去发现、思考和解决自动控制系统中遇到的检测问题，提高学生解决复杂工程问题的应用创新能力。

1.2　现代检测技术的应用

检测技术的应用非常广泛。工业、农业、医学、生物学、环境科学、自然科学等几乎人类每一项社会活动都需要用到检测技术。在机械加工和零部件制造行业，很多设备或生产线需要在线测量零件位移、尺寸、力、速度、加速度等机械运动量；在石油化工行业，反应釜、蒸馏塔等生产设备需要在线检测生产过程的温度、压力、流量、液位等热工量参数；在印刷包装行业，需要有专门设备来检测产品印刷或包装的质量，以便及时发现不合格产品然后进行剔除；在食品加工行业，很多食品加工设备需要在线检测加工过程中的温度、湿度、化学成分含量等；环境保护部门需要对大气、水质、不同污染成分进行检测；农业生产需要对农作物生长环境（温度、湿度、酸碱度、土壤成分等）进行检测；现代医疗诊断更是离不开各种检测仪器的帮助，还有生物学研究、自然科学研究等，不胜枚举。

检测技术在工程中的应用主要分为两种基本类型：检测型和测控型。检测型测量系统属于独立的测量仪器，主要完成对被测量的检测和量化显示，一般对精度要求比较高，对实时性要求不高。例如智能楼宇中常见的烟气探测仪，建筑过程中常用的各种大地测量仪器，医学检测中常用的血常规检测仪，食品检测中常用的分析仪等。

检测型在实现形式上有基本型和标准接口型之分。基本型检测系统完成对参量的动态或静态测量，然后进行输出或显示，如图1.5所示。标准接口型检测系统则通过标准总线，如GPIB 总线（General Purpose Interface Bus）、VXI 总线（VME bus extension for Instrumentation）、PCI 总线（PCI bus extensions for Instrumentation）、CAN（Controller Area Network）总线等，与计算机处理或显示执行模块进行数据通信，如图1.6所示。

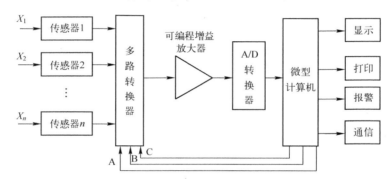

图 1.5　基本型检测系统

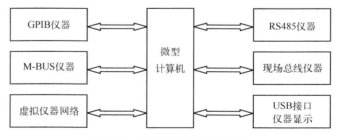

图 1.6　标准接口型检测系统

测控型系统用于闭环控制系统中，主要是对目标量进行实时检测并反馈至控制器，如图1.7所示。测控型检测系统一般对系统的实时性和可靠性要求很高。测控型应用广泛，例如在化工、冶炼、材料成型、零件加工等各种工业生产过程中，以及楼宇家电控制系统中、交通运输工具控制、航天器控制、自动火力武器、发电厂等行业都有应用。

最常见的测控装置是定值控制系统。检测系统反馈的被测量与设定值进行比较，得到误差信号，根据误差的大小采用一定的控制律调整控制量，从而使得被测量逼近设定值，这就

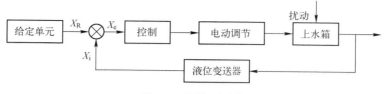

图 1.7　测控型系统

是定值控制系统。各种化工反应釜中的温度测控、压力测控、液位测控等都属于定值控制。图 1.8 是一个液位控制的例子。系统由两个水箱、液位变送器、进水阀门、出水阀门、出水池、水泵和控制器组成。要求两个水箱的水位必须保持各自设定的水平。液位变送器检测各自水箱的水位，并把水位反馈到控制器，控制器根据水箱的实际水位采用一定的控制算法调节水箱的进水阀和出水阀，使水位保持在设定的水平。

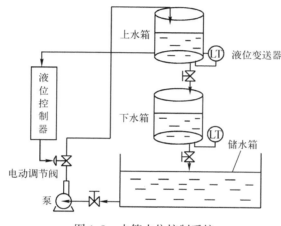

图 1.8　水箱水位控制系统

1.3　检测系统的组成

检测系统一般由传感器、信号采集处理电路、显示与输出单元组成，如图 1.9 所示。

图 1.9　检测系统的基本结构

传感器把被测量的变化转化成模拟或数字电信号。信号采集处理电路对传感器输出的原始信号进行处理，如果是模拟信号则通过信号调理电路进行滤波、转换、放大，然后通过模/数转换器转换成数字信号，如果是数字信号则可以直接读入寄存器或微处理器，然后，在微处理器里进行数字信号处理。微处理器可以是单片机、通用处理器、通用数字处理器、专用数字处理器等不同类型的计算机处理器。数字信号处理后的测量结果通过显示或输出单元进行输出。

在模拟式电子检测仪器中，测量信号一般以模拟信号存在，并以模拟电信号形式进行信号传输、信号处理和显示。模拟型检测系统的组成结构如图1.10所示。传感器把非电量转换成模拟电量。信号调理电路把传感器输出的信号进行模拟放大、滤波、补偿等。中间变换电路则把检测信号放大、调制、转换成符合某种标准的电压或电流信号，以便与模拟显示仪或模拟执行器的输入接口匹配。

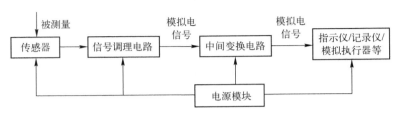

图1.10 模拟型检测系统的组成

现代检测系统大都是数字化检测系统。在数字化检测系统中，检测信号通过模/数转换器转换成数字信号，在数字空间利用微处理器进行数字信号处理和数值运算。数字型检测系统的结构如图1.11所示。数字处理电路通常包括微处理器、存储器、定时器、数字总线等。数字处理单元以单片机、通用数字信号处理器、专用数字处理器等不同类型的计算机处理器为核心，通过软件实现对采集数据的处理和转换。

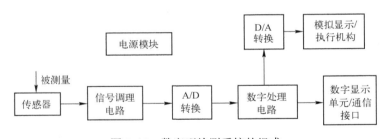

图1.11 数字型检测系统的组成

图1.11中的A/D转换是模/数转换模块，功能是把模拟信号转换为数字信号。A/D转换器有8位、12位、16位等。D/A转换称为数/模转换模块，功能是把数字量转换为模拟信号输出。数字处理后的结果可以通过D/A转换成模拟电信号，经过功率放大后可以驱动模拟显示器或模拟执行器；也可以直接通过数字显示模块输出，或通过通信模块进行远传。

1.3.1 传感器

传感器是检测系统中的核心部件。按照国家标准GB/T 7665—2005，传感器是能感受被测量并按照一定的规律转换成可用输出信号的器件或装置。

传感器一般由敏感元件、转换元件、调理电路三部分组成，如图1.12所示。敏感元件是感知被测量变化的元件，一般利用一些特殊材料或结构对被测参数的敏感性制作而成，是传感器的核心。转换元件/电路把敏感元件的输出转换成电学量（电荷、电压或电流）。调理电路则对该电学量进行处理（放大、滤波、调制、变换等），以输出一定范围、一定制式、便于与后端显示、执行、处理装置接口的电压或电流信号。

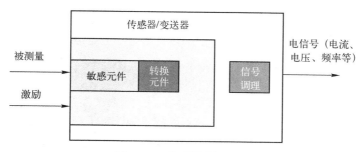

图 1.12　传感器结构示意

随着半导体集成技术和微机电系统（MEMS）加工工艺的发展，传感器的集成度不断提高，敏感元件、调理电路甚至检测及信号处理电路都可以集成到一个硅基片上，出现了很多半导体集成传感器，如半导体压力传感器、半导体温度传感器、半导体加速度传感器等。在这些半导体集成传感器中，敏感结构、转换元件、调理电路等功能模块还存在，但在物理实现上很多已经集成化了。

传感器技术属于制造业的核心技术。传感器用户在选择传感器时往往根据传感器测量的变量类型，把传感器分为电工量传感器、热工量传感器、机械量传感器等。所谓电工量传感器主要是检测电压、电流、电功率、电阻、电容、频率、磁场强度、磁通密度等电工量的传感器。热工量传感器则一般指温度、热量、比热、热流、热分布、压力、压差、真空度、流量、流速、物位、液位等传感器。而机械量传感器一般用以检测位移、形状，力、应力、力矩、重量、质量、转速、线速度、振动、加速度、噪声等力或运动量。此外还有物性和成分量传感器，如气体成分传感器、酸碱度计、浓度计、黏度计、粒度计、密度计、比重计，透明度计、表面质量检测仪等。

另外一种分类方式是根据传感器的敏感机理来分类，例如采用电阻变化原理来检测物理量的称为电阻型传感器，采用光电效应原理来检测的称为光电传感器。传感器的敏感效应从本质上看是能量（信号）从一种形式转为另一种形式（一般是电能），因此常见的传感器类型主要有以下几大类：

- 电磁转换型，例如电阻式、应变式、压阻式、热阻式、电感式、互感式、电容式、阻抗式、磁电式、热电式、压电式、霍尔式、振频式、感应同步器以及磁栅等；
- 光电转换型，例如光电式、激光式、红外式、光栅以及光导纤维式等；
- 其他能/电转换，例如声电换能器、辐射传感器以及化学传感器等。

1.3.2　信号采集与处理

传感器的输出信号不能直接通过显示装置输出，一般需要经过采集与处理后才能显示或输出。在检测系统中，信号采集与处理部分对传感器的输出信号做进一步降噪处理，通过放大电路提高电压信号的幅值，或者通过互阻放大把电流转换为电压信号，或者通过解调电路把调制信号与载波信号分离，然后通过模/数（A/D）转换器把模拟电压信号转换成数字信号，以便与数字显示装置或数字处理器接口。图 1.13 是信号采集处理电路及其实现的一个示例。

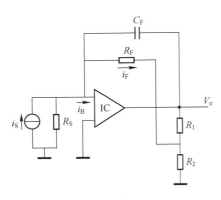

图 1.13　信号采集与处理电路

1.3.3　数字显示装置

　　模拟检测系统一般用指针加表盘这种机械显示装置进行输出。现代检测系统则多采用数字显示装置，一些应用于测控系统中的检测单元则不需要显示输出。

　　常用的数字显示装置有数码管、文字液晶屏、LCD、OLED 等，如图 1.14 所示。常用的执行器有直流电动机、步进电动机、继电器、电磁阀、光电开关等。测控系统中的微处理器则可以是通用型计算机、嵌入式处理器、专用数字集成电路（ASIC）、通用数字信号处理器（DSP）、可编程逻辑门集成电路（CPLD）等不同类型。

图 1.14　不同的显示装置

1.4　现代检测技术的发展趋势

　　从 20 世纪 80 年代开始，计算机技术、微电子制造技术、信息技术以及材料技术的迅猛发展，极大地推动了现代检测技术的进步，出现了很多新型、数字化的传感器和现代检测系统，现代检测技术正不断向集成化、智能化、网络化、微型化、软测量等方向发展。同时伴随着基础科学的突破，一些具有更高检测精度、更好动态性能或更宽检测范围的新型检测技术和检测手段也在不断涌现。

1.4.1 高精度和极限测量范围的检测技术

提高精度和拓宽检测范围是测量系统一直以来追求的目标，尽管两者在很多时候难以同时实现。检测技术发展至今，工业产品中已形成了数量庞大、种类齐全的传感器体系。但这并不意味着目前的检测技术已经能够满足人类探索世界、改造世界的需求。一些工业生产过程，以及很多前沿科学研究领域的物理量、化学量检测尚不能实现，有些物理量能够被检测但检测精度不理想。例如低温超导科学实验要求环境温度接近绝对零度（−273.15℃），在实验中就需要测温范围在 5~100K 的高精度超低温检测仪表，在冶金行业，液态金属的温度可能超过 2000℃，核聚变的反应温度要达到百万摄氏度以上，要对这些过程进行优化控制，必须有可靠的超高温检测仪器。目前温度检测虽有一些成熟技术，但是超高温和超低温检测仍然是难点。又例如，微纳加工技术在微米和纳米尺度处理加工材料，相应地就需要检测精度能达到纳米甚至更小级别的在线检测手段，这对位移等机械量传感器的精度就提出了更高要求。

在工业化、信息化时代，各行各业的生产都离不开自动检测，复杂恶劣环境更是需要用机器来完全替代人力。提高检测精度、拓宽检测范围始终是检测技术发展的重要方向。

1.4.2 集成化

集成化是现代检测系统的一个重要发展趋势。检测系统的集成化来自超大规模集成电路（VLSI）、微机电系统（MEMS）工艺和模块化设计思想的发展。VLSI 设计制造技术的进步使得各种模拟、数字及模数混合芯片体积越来越小的同时功能越来越多，而且功耗也不断减小，降低了仪器内部电路设计的复杂性，提高了检测仪器的性能和稳定性。

微纳加工制造技术的进步则推动了微纳尺度传感器的发展。传统的加速度传感器多采用机加工元件装配成质量-弹簧-阻尼单元，然后配以外部激励电源和检测电路构成加速度测量装置，不仅体积大，而且动态性能也不佳，利用现代 MEMS 工艺生产的集成加速度传感器可以做得比指甲盖还小，而且可靠性极高，如图 1.15 所示。美国密歇根大学设计研发的M3（Michigan Micro Mote）智能微尘传感器不仅具有成像、测温这些传感功能，而且可以利用太阳能进行自供电，其体积只有一个指甲盖那么大，被称为世界上最小的具有传感功能的计算机。

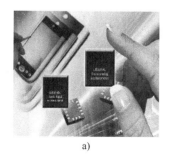
a)

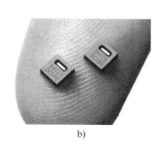
b)

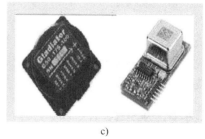
c)

图 1.15　集成传感器
a）加速度传感器　b）温湿度传感器　c）电子陀螺

集成传感器，也可称为片上检测系统，具有成本低、功耗小、可靠性高、动态响应速度快、接口简单等优点，可以嵌入在普通电子设备里面，非常适合于日常生活、各种服务业或一般性工业行业的应用。可以预见的是，随着物联网和智慧+产业的进一步发展，市场对集成的数字型传感器的需求逐渐释放，集成传感器的市场将不断扩大。日益增加的市场份额反过来必将促进集成传感器设计和集成传感器制造技术的进步，从而推动检测系统的集成化程度不断提高。

1.4.3 智能化

检测系统的智能化是现代检测技术发展的另一个重要趋势。现代检测系统中因为有微处理器和存储器，数字化信号分析与处理成为重要手段，同时基于计算机的人工智能算法也可以很方便地在检测系统搭载的处理器平台上实现。更重要的是，由于检测系统内嵌的传感器具有感知与测量未知量的功能，配以装置内的各种数字处理软件及人工智能控制算法，检测系统可以更智能、更灵活、更方便地完成不同环境下的测量任务，实现仪器数据的自动传输、仪器量程的自切换、仪器参数的自校准、仪器故障的自检测、故障的自诊断等功能。

早期的智能数字化检测系统结构以微机扩展式为主。后来出现了嵌入式智能化检测系统，以及更为先进的智能化片上检测系统。片上检测系统把处理器内核、存储单元、数字处理单元、模数混合单元、传感器单元等集成在一个芯片内，虽然尺寸小，但计算能力、信号处理能力、感知能力一一具备，而且具有一定的量程自切换、自诊断、自校准等功能。典型的片上智能化检测系统有片上温湿度传感器、片上生物实验室、电子鼻、基因检测芯片等。

1.4.4 网络化

随着智慧农业、智慧城市、智慧地球等智慧+产业的兴起，传感器网络，或者网络化感知，正成为检测技术发展的一个重要方向。网络化感知体现在两个方面：一个方面是越来越多的检测系统提供有线或无线接入的网络接口，允许用户通过网络接口去访问、控制并获取检测系统的数据；另一个方面是多传感器数据的网络融合，利用有线或无线网络把成百上千个跨地域分布的分立检测系统（传感器）连接起来，构建一个传感器网络，实现对广域环境下的一个或多个物理量的监视和测量，如图1.16所示。

传感器网络这个概念形成于20世纪90年代，一开始主要是用于军事目标跟踪、军情信息采集、战场态势判断等军事项目，后来逐渐向民用推广。传感器网络，尤其是无线传感器网络，非常适用于广域或局域环境的一个或多个物理量的监测。典型的应用包括岛屿生态环境监控、高山雪崩活动监测与预警、人工养殖渔场的环境参数监测、地下矿井的安全监测、智慧农业等。支撑传感器网络发展的技术除了具有无线通信能力的传感器外，还有网络通信技术、多传感器信息融合技术、分布式数据库等。

1.4.5 虚拟测量技术

在工业生产中，有些生产物质浓度或产品质量指标由于技术和成本原因难以直接通过传感器来进行检测，但是从流程管理和产品质量角度又必须对其进行监测。虚拟测量（Virtual Sensing）技术，也称为软测量（Soft-sensing）技术，可以在一定程度上解决此类问题。虚拟测量技术利用最优化准则，选择与被估计量相关且容易测量的一组可测变量（辅助变量），建立一个以可测变量为输入、被估计量为输出的数字化测量模型，然后通过计算机软

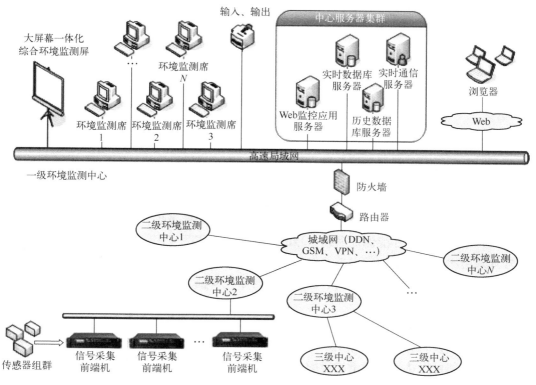

图 1.16　基于传感器网络的大气环境监测系统

件来实现对被估计量的检测。可以说，虚拟测量技术是自动控制理论、检测技术和生产工艺过程相结合的一种创新。虚拟测量技术为生产过程中一些无法直接检测的变量提供了检测或控制手段，对保障自动化生产线的顺利运行、提高生产线效率及保证产品品质都有重要意义。

虚拟测量的实现过程包括辅助变量选择、输入数据处理、软测量模型建立和软测量模型的校正等步骤。辅助变量的选择一般取决于工艺机理分析。通常从系统的自由度出发，确定辅助变量的最小数量，再结合具体过程的特点适当增加，以更好地处理动态性等问题。也可以根据过程机理，分析与被估计变量有关的所有可测量的原始量，选择其中灵敏度高、检测精度高的变量作为辅助变量。还有一种常见的方法是用主成分分析法来发现与被估计量相关度高的量作为辅助变量。

确定辅助变量后，采集被估计量和辅助变量在生产过程中的历史数据，对数据进行筛选、预处理。根据预处理后的输入输出数据，建立被估计量的软测量模型。软测量模型的建立本质上就是建立一个由辅助变量构成的可测信息集 $\{d_2, u, x, y\}$ 到主导变量的估计 $\hat{y}$ 的映射，如图 1.17 所示。常见的软测量模型有基于机理分析的模型、基于统计回归的模型、基于神经网络的模型、基于专家系统的人工智能模型、基于模式识别的模型等。

在建立软测量模型后，还必须对软测量模型进行校正，以使其适应操作过程特性的变化和生产工况的变迁。模型校正可能是参数校正，也可能是结构修正。一般需要根据在线运行的效果进行一段时间的模型学习和改进。

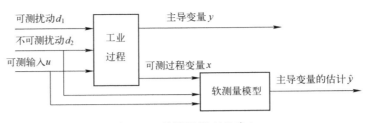

图 1.17　软测量模型的建立

1.4.6　压缩传感技术

压缩传感（Compressive Sensing），是近年来兴起的一种新的检测理论。传统的信号检测技术强调提高采样频率来保证信号检测的完整性。按照采样定理，只有采样频率大于或等于信号最大频率的 2 倍，才能保证采集信号的完整性。在实际应用中，为了避免信息损失，传感器常常采用比较高的采样频率进行信号采集。这导致传感器产生大量数据，增大了数据存储和数据通信的压力。压缩传感则通过采集包含了全局信息的少量数据，然后通过一些算法来恢复完整的全局信息。

压缩传感检测理论认为只要信号是可压缩的或在某个变换域是稀疏的，那么就可以用一个与变换基不相关的观测矩阵将变换所得的高维信号投影到一个低维空间上，然后通过求解一个优化问题就可以从这些少量的投影中以高概率重构出原信号，可以证明这样的投影包含了重构信号的足够信息。压缩传感理论主要包括以下三部分：

1）信号的稀疏表示；

2）设计测量矩阵，要在降低维数的同时保证原始信号 x 的信息损失最小；

3）设计信号恢复算法，利用 M 个观测值无失真地恢复出长度为 N 的原始信号。

压缩传感概念自 2004 年由 E. J. Candes、J. Romberg、T. Tao 等人提出后，在学术界吸引了很多注意力，掀起了信号处理领域的一场革命。目前压缩传感在无线电认知、信道编码、医学成像方面取得了一定程度的应用。

2012 年，美国 Rice 大学发布并演示了一款利用压缩传感原理设计并制作的单像素相机，其原理如图 1.18 所示。相机的关键部件是数字微镜器件（Digital Micromirror Device，DMD）。DMD 由大量微小镜面组成，每块微镜面镀有反光膜，且可以实现两个固定角度的偏转。单

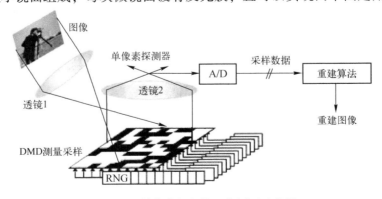

图 1.18　单像素相机的工作原理示意图

像素相机通过设计好的光路将成像目标投影到 DMD 上，DMD 按照程序设定好的偏转方向将光线反射，并经透镜聚焦到一个光电二极管上，光电二极管输出一个电压信号。随机改变 DMD 中微镜面的朝向，重复 M 次测量，就可以获取 M 个像素值。利用这 M 个像素值和压缩传感算法，就可以重建原始的图像。

1.5　习题

1. 试举例说明某个物理量的检测手段在过去 100 年里的演变以及未来的发展趋势。
2. 举例说明现代检测技术在某个你所了解的行业中的应用。
3. 检测技术和基础科学创新具有什么关系？试举例说明两者之间的关系。
4. 检测系统由哪几个部分组成？各部分的功能是什么？
5. 自动化系统里一定包含检测装置吗？检测装置对自动化系统具有什么作用？
6. 智能化系统里是否一定包含检测装置？检测装置的作用是什么？
7. 现代检测技术具有哪些发展趋势？

第 2 章　检测系统特性

检测系统，在实际应用中也经常称为检测装置，是由传感器、检测电路、数字处理单元、显示单元（或通信单元）等构成的测量系统。在设计和选用检测系统时，经常需要对检测系统的输入输出特性进行分析。例如在设计新型检测系统时，根据实验测得的输入输出数据，分析检测系统的静动态特性，进一步提高或完善系统内部环节的设计；在搭建复合式测量系统时，对各个测量环节的静动态特性进行分析，推断复合式测量系统的检测特性；在为控制系统选用传感器模块时，需要考虑传感器的动态响应速度是否能够满足被测信号的需求等。通过对检测系统各环节的输入输出特性进行分析，可以深入了解检测系统各个环节的性能，确定各环节的误差大小，帮助我们更深刻地理解检测系统的测量范围、灵敏度、响应速度等指标，从而保证检测系统能够准确无误地完成测量任务。

检测系统的基本特性可分为静态特性和动态特性。当被测量是不变的，或者变化速度非常缓慢时，只需要考虑检测系统的静态特性是否满足要求即可。当被测量是一个动态变化的信号时，需要同时考虑检测系统的静动态特性指标，尤其是动态特性指标。只有动态性能指标满足要求，检测系统才能跟踪输入量的变化，保证测量信号不失真。如同自动控制系统特性建模一样，检测系统的特性也可以采用数学模型来表示。例如检测系统的静态特性可以采用代数方程来描述，检测系统的动态特性可以用微分方程或差分方程来描述。

2.1　检测系统的静态特性

2.1.1　静态特性的数学描述

检测系统的静态特性是指当被测量不变或变化很慢时检测系统的输出特性。从理论上看，检测系统的静态特性可用一个代数方程（可称为静态特性方程）来描述，方程中的变量为影响输出结果的各项输入量。如检测系统是线性时不变系统，则系统的输出结果可以表达为一组相关变量的线性叠加，如式（2-1）所示。

$$y(x_i) = a_0 + a_1 x_1 + a_2 x_2 + \cdots + a_i x_i + \cdots + a_n x_n \tag{2-1}$$

式中，$x_i(i=1,2,3,\cdots n)$ 为相关输入量；$y(x_i)$ 为被测量；a_i 为常数。

例如基于热膨胀原理的水银温度计利用水银柱的上升高度来输出环境温度，温度计的输入输出方程可以写为：

$$H = kT + h_0 \tag{2-2}$$

式中，H 为水银柱的上升高度或者示值温度；T 为被测温度；k 为灵敏度；h_0 为温度计的零位初始值，即俗称的零点，表示当输入温度为 0℃ 时水银柱的高度。

输入输出特性曲线如图 2.1 所示。

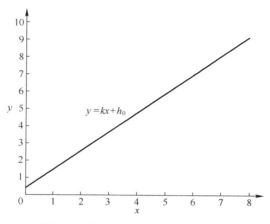

图 2.1　水银温度计的输入输出特性

很多实际的检测装置，其输出曲线往往不是一条直线，静态特性表达式可以写成多项式的形式，如下所示：

$$y = c_0 + c_1 x + c_2 x^2 + \cdots + c_n x^n \tag{2-3}$$

式中，x 为输入量，$c_0, c_1, \cdots, c_n$ 等为系数。

2.1.2　静态特性指标

在工程应用中，检测系统的静态特性一般采用一些定性或定量指标来描述。常用的静态特性指标包括测量范围、灵敏度、线性度、迟滞、重复性、时漂、温漂等。

1. 测量范围

每个用于测量的检测仪器都有其确定的测量范围，它是检测仪器按规定的精度对被测变量进行测量的允许范围。测量范围的最小值和最大值分别称为测量下限和测量上限。量程是测量上限与测量下限的代数差，即

$$量程 = |测量上限值 - 测量下限值|$$

2. 灵敏度

灵敏度是指测量系统在静态测量时，输出量的增量与输入量的增量之比。从系统角度来看，灵敏度就是系统对输入信号的线性增益。

$$K = \Delta y / \Delta x \tag{2-4}$$

对于线性检测系统来说，灵敏度是一个常数。但是大部分检测系统都不是完全意义上的线性系统，因此灵敏度的大小往往与被测量所在区间有关，如图 2.2 所示。

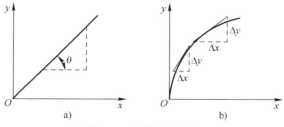

图 2.2　灵敏度的定义

a）线性系统灵敏度示意图　b）非线性系统灵敏度示意图

3. 线性度

线性度是反映检测系统输出曲线与拟合线性模型之间的偏离程度的一个指标。通常用最大非线性误差与满量程输出值的百分比来表示。

$$\delta_L = \frac{|\Delta L_{\max}|}{Y_{FS}} \times 100\% \qquad (2-5)$$

式中，δ_L 为线性度，$\Delta L_{\max}$ 为校准曲线与拟合直线之间的最大非线性误差，Y_{FS} 为以拟合直线方程计算得到的满量程输出值。

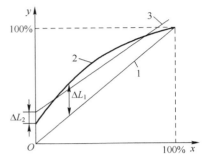

图 2.3　最小二乘线性度和
理论线性度拟合直线

对同一个检测系统来说，采用的拟合直线模型不同，得到的线性度就不同。从拟合直线模型确定的方式来看，常用的有理论线性度和最小二乘线性度。图 2.3 中的 1 为理论（理想的）输入输出直线，2 为实际输入输出曲线，3 为最小二乘拟合得到的直线。

理论线性度又称绝对线性度。它以检测系统理想情况下的线性输入输出特性作为线性模型，与检测系统的实际输入输出曲线进行比较得到非线性误差，进而计算出非线性度。理论线性度计算简单，使用方便，但存在一个缺点，即由于检测系统在工程实现过程中（材料制备、结构加工、器件生产、系统组装）无法避免的各种误差，检测系统的实际输入输出特性与理论输入输出特性往往相差较大，使得理论线性度的值都比较大。

最小二乘线性度根据检测系统的实际数据建立一个最小二乘拟合的直线模型，然后根据检测结果与拟合的最小二乘直线模型之间的偏差来计算线性度。

假设采用最小二乘法拟合的直线方程形式为

$$y(x) = a_0 + a_1 x \qquad (2-6)$$

若测量系统实际输入输出曲线上某点的输入、输出分别为 x_i、y_i，在输入为 x_i 时，最小二乘法拟合直线得到的输出值为 $y(x_i) = a_0 + a_1 x_i$。拟合直线的输出值与实际输出值之间的偏差为

$$e_i = y(x_i) - y_i = (a_0 + a_1 x_i) - y_i \qquad (2-7)$$

最小二乘拟合的原则是使已知的 N 个测量点输出值与拟合函数输出值的差的平方和为最小值，即

$$\min_{a_0, a_1} f(a_0, a_1) = \min \left\{ \sum_{i=1}^{N} \left[(a_0 + a_1 x_i) - y_i \right]^2 \right\} \qquad (2-8)$$

根据极值原理，当 $f(a_0, a_1)$ 的偏导数为零时，函数取得极大值或极小值。令

$$\frac{\partial f}{\partial a_0} = 0, \qquad \frac{\partial f}{\partial a_1} = 0$$

整理可得到最小二乘拟合直线的待定系数 a_0 和 a_1 的两个表达式：

$$a_0 = \frac{\left(\sum\limits_{i=1}^{N} x_i^2 \right)\left(\sum\limits_{i=1}^{N} y_i \right) - \left(\sum\limits_{i=1}^{N} x_i \right)\left(\sum\limits_{i=1}^{N} x_i y_i \right)}{N \sum\limits_{x=1}^{N} x_i^2 - \left(\sum\limits_{i=1}^{N} x_i \right)}, \quad a_1 = \frac{N \sum\limits_{i=1}^{N} x_i y_i - \left(\sum\limits_{i=1}^{N} x_i \right)\left(\sum\limits_{i=1}^{N} y_i \right)}{N \sum\limits_{i=1}^{N} x_i^2 - \left(\sum\limits_{i=1}^{N} x_i \right)} \qquad (2-9)$$

4. 迟滞误差（Hysteresis Error）

迟滞误差，又称滞环误差或回滞误差，指的是检测系统在正向输入（输入量逐步增大）

和反向输入（输入量逐步减小）时输出数据的不一致程度。迟滞误差通常用最大迟滞引用误差 δ_H 来表示，即

$$\delta_H = \frac{\Delta H_{\max}}{Y_{FS}} \times 100\% \qquad (2-10)$$

式中，$\Delta H_{\max}$ 为正反行程输出曲线之间的最大偏差，如图 2.4 所示；Y_{FS} 为检测系统的满量程输出值。

5. 重复性

重复性表示检测系统在输入量按同一方向（正行程或反行程）做全量程连续多次变动时所得特性曲线的不一致程度。重复性好，则检测系统的精密度高。重复性误差可以用多次重复测量得到的输出曲线之间的最大误差与满量程输出值的百分比来表示。

$$\delta_R = \frac{\Delta R_{\max}}{Y_{FS}} \times 100\% \qquad (2-11)$$

式中，$\Delta R_{\max}$ 为同方向重复测量时输出的最大误差，如图 2.5 所示；Y_{FS} 为检测系统的满量程输出值。

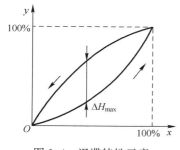

图 2.4　迟滞特性示意

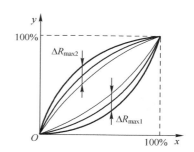

图 2.5　检测系统的重复性

在实际应用中，因为输入值只能取有限个离散点，测量次数也不能做到无限次，所以重复性往往用一个输入点上多次重复测量得到的输出序列的标准差来表示。重复性误差可以定义为

$$\delta_R = \frac{z\sigma_{\max}}{Y_{FS}} \times 100\% \qquad (2-12)$$

式中，z 为置信系数，可以取 2、3 或其他数值；$\sigma_{\max}$ 为正、反向各测量点标准偏差的最大值；Y_{FS} 为检测系统满量程输出值。

6. 精确度

精确度指的是检测仪器的测量精度，是反映检测系统测量结果与真实值之间接近程度的一个综合性技术指标，一般包含准确度（Accuracy）和精密度（Precision）两个方面的含义。经常用以测量仪器的定性描述，例如高精度仪器等。为了区分不同计量仪器的精确度差别，国家标准 GB/T 13283—2008 规定了精确度等级标准，常用的精确度等级有 7 个，分别是 0.1、0.2、0.5、1.0、1.5、2.5 和 5.0。一般工业上常用的仪器精确度等级为 1.0、1.5、2.5 等，0.1 和 0.2 等级的仪器则一般作为计量标准器具保存在计量院里或用作生产线上的校准器。

7. 分辨率

系统能鉴别的最小输入变化量称为检测系统的分辨率。一般用全量程中能引起输出变化的各点最小输入量中的最大值 ΔX_{max} 相对满量程输出值的百分数来表示系统的分辨率。

$$k = \frac{\Delta X_{max}}{Y_{FS}} \tag{2-13}$$

8. 死区 (Dead Zone)

死区又叫失灵区、钝感区、阈值等，它指检测系统在量程零点（或起始点）处能引起输出量发生变化的最小输入量。通常均希望减小死区，对数字仪表来说死区应小于数字仪表最低位的 1/2。

9. 漂移

在输入量不变的情况下，检测系统的输出量逐渐发生变化的现象称为漂移。常见的漂移有时间漂移、温度漂移。时间漂移往往是由于系统中元器件的老化引起的输出漂移。温度漂移则指由温度变化引起的漂移。温度漂移通常用传感器工作环境温度偏离标准环境温度（一般为 20℃）时的输出值的变化量与温度变化量之比（ξ）来表示，即

$$\xi = \frac{y_t - y_{20}}{\Delta t} \tag{2-14}$$

式中，Δt 为工作环境温度与标准环境温度之差，即 $\Delta t = t - t_{20}$；y_t 为传感器在环境温度 t 时的输出；y_{20} 为传感器在环境温度 t_{20} 时的输出。

2.2 检测系统的动态特性

在工程测量中，多数被测量是随时间变化的信号，即动态信号。检测系统的动态特性能够反映检测系统对动态输入信号的响应能力。

一个理想检测系统的输出量 $y(t)$ 与输入量 $x(t)$ 随时间变化的规律应该是相同的，即传递函数是一个常数，才能保证输出与输入在任何时候都是同步且无畸变的。而实际上这样的检测系统是不存在的。对绝大部分检测系统来说，输出量与输入量只能在一定的频率范围和一定的误差范围内保持一致。

检测系统一般包含了机械、电子、电气、物性等多个环节，其动态特性是由各个环节的物理或机械属性确定的。研究检测系统的动态特性可以从时域和频域两个方面来描述然后分析。时域动态特性（瞬态响应特性）可以根据系统各环节的机理来建模，也可以根据实际系统在阶跃信号、脉冲信号或者斜坡信号输入下的输出响应曲线来分析。常用的时域动态指标有上升时间、响应时间、峰值时间和超调量等。常用的频域指标有 3 dB 带宽、工作频带等。

2.2.1 动态特性

检测系统的动态特性可以用微分方程、拉普拉斯传递函数、频率响应函数等不同的数学模型来描述。

通过对检测系统机理进行分析，可以建立系统输出变量与输入变量之间的微分方程模型。

$$a_n \frac{d^n Y(t)}{dt^n} + a_{n-1} \frac{d^{n-1} Y(t)}{dt^{n-1}} + \cdots + a_1 \frac{dY(t)}{dt} + a_0 Y(t) = b_m \frac{d^m X(t)}{dt^m} + \cdots + b_1 \frac{dX(t)}{dt} + b_0 X(t) \tag{2-15}$$

式（2-15）中的 $Y(t)$ 为输出变量，$X(t)$ 是输入变量，t 是时间，系数 $a_1, a_2, \cdots, a_n$ 和 $b_1, b_2, \cdots, b_m$ 可能是时间 t 的函数，也可能为常数。如果这些系数不随时间变化，则称检测系统为线性时不变系统或定常系统。该检测系统具有线性时不变系统的所有特性，如叠加性、齐次性、微分特性、积分特性、频率保持特性等。实际应用中，大部分测量系统在其工作范围内都可以看成是线性时不变系统。

检测系统输出变量的拉普拉斯变换 $Y(s)$ 与输入变量的拉普拉斯变换 $X(s)$ 的比称为检测系统的传递函数 $H(s)$。假设系统初始时刻（$t=0$），输入变量、输出变量以及它们的高阶微分都为 0，从式（2-1）可以得到检测系统的传递函数模型

$$H(s) = \frac{Y(s)}{X(s)} = \frac{b_m s^m + b_{m-1} s^{m-1} + \cdots + b_1 s + b_0}{a_n s^n + a_{n-1} s^{n-1} + \cdots + a_1 s + a_0} \tag{2-16}$$

传递函数模型是经典控制理论用来描述系统输入输出特性的常用模型，其中的 s 为复变量。通过拉普拉斯变换，把高阶微分方程转换为复变量 s 的多项式，这样比较有利于进行系统之间的变换、运算和分析。

在对检测系统进行实验研究时，经常以正弦信号作为输入得到系统的稳态响应。假设输入为一组正余弦信号，记为 $x(t) = X_0(\cos\omega t + j\sin\omega t)$，根据线性时不变系统的频率保持特性，输出信号的频率保持不变，但幅值和相位可能会变化，输出信号可描述为

$$Y(t) = Y_0 \left[\cos(\omega t + \varphi) + j\sin(\omega t + \varphi) \right]$$

用指数形式来表示，则

$$x(t) = X_0 e^{j\omega t}, \quad Y(t) = Y_0 e^{j(\omega t + \varphi)} \tag{2-17}$$

代入式（2-15）可以得到

$$\left[a_n(j\omega)^n + a_{n-1}(j\omega)^{n-1} + \cdots + a_0 \right] Y_0 e^{j(\omega t + \varphi)} = \left[b_m(j\omega)^m + \cdots + b_0 \right] X_0 e^{j\omega t} \tag{2-18}$$

根据傅里叶变换的定义：

$$Y(j\omega) = \int_0^\infty y(t) e^{-j\omega t} dt, \quad X(j\omega) = \int_0^\infty x(t) e^{-j\omega t} dt$$

式（2-18）两边都乘以 $e^{-j\omega t}$，然后对 t 进行积分，可以得到

$$\left[a_n(j\omega)^n + a_{n-1}(j\omega)^{n-1} + \cdots + a_0 \right] Y(j\omega) = \left[b_m(j\omega)^m + \cdots + b_0 \right] X(j\omega)$$

把检测系统的输出 $Y(t)$ 的傅里叶变换 $Y(j\omega)$ 与输入 $X(t)$ 的傅里叶变换 $X(j\omega)$ 之比称为检测系统的频率响应函数，简称频率特性，通常用 $H(j\omega)$ 来表示。式（2-15）描述的高阶系统的频率特性如下：

$$H(j\omega) = \frac{Y(j\omega)}{X(j\omega)} = \frac{b_m(j\omega)^m + b_{m-1}(j\omega)^{m-1} + \cdots + b_1 j\omega + b_0}{a_n(j\omega)^n + a_{n-1}(j\omega)^{n-1} + \cdots + a_1 j\omega + a_0} \tag{2-19}$$

具有工程实践经验的读者都知道，传统的传感器或检测系统基本都属于一阶系统，或者至少在一定条件下可以近似为一阶系统。现代检测系统因为大量采用数字技术和计算机软件，有时系统会具有比较高的阶次。面对复杂的检测系统，在建模时可以按照环节分别建模，然后利用系统工具进行变换、简化，最后进行检测系统的特性分析。下面着重讨论一阶和二阶检测系统的动态特性。

2.2.2 一阶系统

典型的一阶检测系统有带阻尼的弹簧式拉力计、液柱式温度计、电容式位移计等，如

图 2.6 所示。

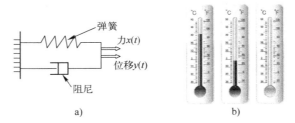

图 2.6　一阶检测系统

a）弹簧拉力计　b）液柱式温度计

一阶系统的微分方程形式如下：

$$a_1 \frac{\mathrm{d}y(t)}{\mathrm{d}t} + a_0 y(t) = b_0 x(t) \qquad (2\text{-}20)$$

化简后可写成

$$\tau \frac{\mathrm{d}y(t)}{\mathrm{d}t} + y(t) = Kx(t) \qquad (2\text{-}21)$$

式中，$\tau = a_1 / a_0$，为一阶系统的时间常数；$K = b_0 / a_0$，为检测系统的静态灵敏度。

一阶系统的传递函数模型如下：

$$H(s) = \frac{Y(s)}{X(s)} = \frac{K}{\tau s + 1} \qquad (2\text{-}22)$$

写成频率响应函数模型如下：

$$H(\mathrm{j}\omega) = \frac{K}{1 + \mathrm{j}\omega\tau} \qquad (2\text{-}23)$$

具体的幅值和相位表达式如下：

$$A(\omega) = |H(\mathrm{j}\omega)| = \frac{k}{\sqrt{1 + (\omega\tau)^2}} \qquad \varphi(\omega) = -\arctan\omega\tau \qquad (2\text{-}24)$$

一阶传感器对不同频率的输入信号的幅值变化和相位变化特性如图 2.7 所示。显然，要

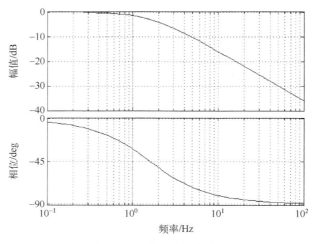

图 2.7　一阶系统的伯德图

保证传感器能够无失真地检测被测信号，被测信号的频率必须小于一阶传感器的截止频率 $1/\tau$，如果取截止频率的 $1/10$ 甚至以下时，幅值变化是很小的，可以近似为常数，相位变化与频率近似为一条直线。

也可以通过时域的阶跃响应曲线来分析一阶传感器的动态特性。当形如式（2-21）的一阶系统在零时刻受到单位阶跃信号作用时，其瞬态响应曲线如图 2.8 所示。图中的 τ 称为时间常数，当过渡时间到达 τ 时，系统响应信号上升到最大值的 63.2%，到达 4τ 时，输出信号上升到最大值的 98.2% 左右。显然上升时间越短，传感器的动态响应速度越快，动态特性越好。

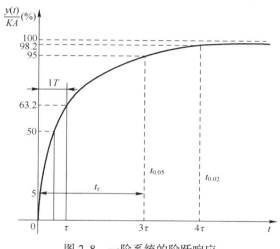

图 2.8　一阶系统的阶跃响应

2.2.3　二阶系统

在微分方程模型即式（2-15）中，若 Y 的二阶以上的高阶微分项以及 X 的微分项的系数都为零，则可以得到二阶系统的微分方程形式：

$$a_2 \frac{\mathrm{d}^2 y(t)}{\mathrm{d}t} + a_1 \frac{\mathrm{d}y(t)}{\mathrm{d}t} + a_0 y(t) = b_0 x(t) \tag{2-25}$$

对式（2-25）做简单变换，可以得到如下方程：

$$\frac{\mathrm{d}^2 y(t)}{\mathrm{d}t^2} + 2\xi\omega_n \frac{\mathrm{d}y(t)}{\mathrm{d}t} + \omega_n^2 y(t) = K\omega_n^2 x(t) \tag{2-26}$$

式（2-26）是描述二阶环节的标准形式。对方程两边做拉普拉斯变换，可以得到二阶系统的传递函数模型：

$$H(s) = \frac{Y(s)}{X(s)} = \frac{K\omega_n^2}{s^2 + 2\xi\omega_n s + \omega_n^2} \tag{2-27}$$

式（2-27）中有 3 个未知数，其中 K 是系统的静态增益，ξ 称为二阶系统的阻尼系数，ω_n 是自然角频率，即二阶系统阻尼系数为零时的自然振荡角频率。

式（2-27）中的 s 用 $\mathrm{j}\omega$ 代入，可以得到频率响应函数：

$$H(\mathrm{j}\omega) = \frac{K\omega_n^2}{\omega_n^2 - \omega^2 + 2\xi\omega_n \mathrm{j}\omega} \tag{2-28}$$

所以，二阶检测系统的幅频和相频特性如下：

$$|A(\omega)| = |H(\mathrm{j}\omega)| = \frac{K}{\sqrt{\left[1-\left(\dfrac{\omega}{\omega_{\mathrm{n}}}\right)^2\right]^2 + \left[2\xi\dfrac{\omega}{\omega_{\mathrm{n}}}\right]^2}}$$

$$\varphi(\omega) = -\arctan\frac{2\xi\dfrac{\omega}{\omega_{\mathrm{n}}}}{1-\left(\dfrac{\omega}{\omega_{\mathrm{n}}}\right)^2}$$

二阶检测系统的幅频特性是阻尼比 ξ 和自然角频率 ω_{n} 的函数。阻尼比 ξ 越小，固有频率附近的共振峰值越高，随着 ξ 增大，共振峰值下降，当 ξ 大于或等于 0.7 时，系统的幅值增益会衰减，因此二阶装置的阻尼比 ξ 经常取 0.5~0.7 之间的值，以保证系统在增益和瞬态超调量两个方面的平衡。二阶系统的动态响应特性也可以通过阶跃响应曲线来反映，如图 2.9 所示为不同阻尼比下的二阶系统的阶跃响应曲线。

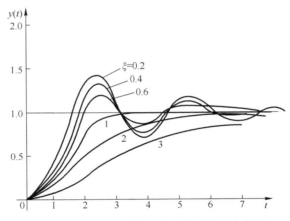

图 2.9　不同阻尼比的二阶系统阶跃响应曲线

ξ 和 ω_{n} 是反映二阶系统动态特性最重要的理论参数。在实际应用中，因为很难获得二阶系统的准确理论模型，也常用阶跃响应过程的一些实验指标来衡量系统的动态响应特性，内容如下：

- 延迟时间 t_{d}，系统输出响应值达到稳态值的 50% 所需的时间；
- 上升时间 t_{r}，系统输出响应值从 10% 到达 90% 稳态值所需的时间；
- 响应时间 t_{s}，阶跃输入时系统输出响应达到允许误差范围内的稳态值，并永远保持在这一允许误差范围内所需的最小时间；
- 峰值时间 t_{p}，输出响应曲线达到第一个峰值所需的时间；
- 超调量 σ，输出响应曲线的最大偏差与稳态值比值的百分数；
- 衰减率 d，衰减振荡型二阶系统过渡过程曲线上相差一个周期 T 的两个峰值之比。

常见的二阶检测系统有质量-弹簧-阻尼结构的拉力计、弹性式加速度传感器、电磁动圈式角位移计等，如图 2.10 所示。

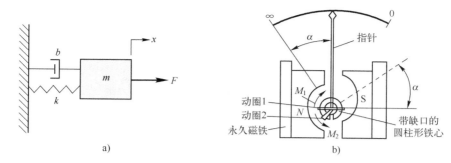

图 2.10　具有二阶系统特性的检测系统

a）拉力计　b）动圈式角位移计

2.3　检测系统的标定

传感器或检测系统在制造及装配完成后必须对其静动态特性进行校准，以确保其达到设定的指标。如果是批量生产的测量装置，就必须在生产线上采用高等级的标准器具对生产完成的检测系统的输入输出特性在整个量程范围内进行测试比对，根据实验数据计算检测装置的静动态特性指标，这一测试过程称为标定。有些传感器或检测系统在使用一段时间后性能下降或者出现不稳定现象，这种情况下检测系统也要送回厂家进行校验，重新确定传感器的参数，此过程被称为校准。标定和校准名称不同，但其操作过程是相似的，都是通过高精确度等级标准器具对检测系统的输出特性进行比对试验，然后根据输出数据对传感器的输入输出特性中的参数进行确定。一般把仪器在出厂前的特性测试过程称为标定，仪器入市前送到标准计量单位与标准器或标准件进行比对的过程称为校准。

根据标定特性不同，检测系统标定分为静态标定和动态标定两种。静态标定的目的是确定检测系统的静态特性指标，例如灵敏度、线性度、迟滞等。动态标定则是通过实验方法确定检测系统的动态特性指标，例如时间常数、上升时间、频率特性等。

2.3.1　静态标定

检测系统的静态标定要在静态标准条件下进行。静态标准条件一般指室温在（20±5）℃，相对湿度小于或等于 85%，1 atm（标准大气压，1 atm = 101.325 kPa）下，没有加速度、振动、冲击（除非这些参数本身就是被测量）的影响。

静态标定可以采用标准件法或标准仪器法。所谓标准件法是利用一系列高精度的标准件逐一作为检测系统的输入，对比检测系统的输出是否与各标准件的量值一致。简言之，就是用一些标准计量单元来检验仪器。而标准仪器法则是利用更高精确度等级的检测仪器输出作为比对，比较被测系统和标准仪器在相同输入条件下的输出值，进而获得被测系统的性能指标。以压力传感器的标定为例，常用的静态特性标定标准仪器有活塞压力计、杠杆式压力标定计等。图 2.11 是活塞式压力计的示意图。

由于标准件难以获取而且标准件的量值也有限，工业上最常用的还是标准仪器法。

一般说来，静态标定包括以下步骤。

1）根据标准器或整个量程的情况，把检测系统的整个测量范围分成若干等间距点。

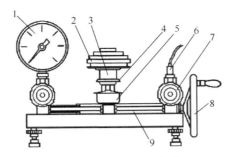

图 2.11 活塞式压力计

1—标准压力表 2—砝码 3—活塞 4—进油阀 5—油杯
6—被标传感器 7—针形阀 8—手轮 9—手摇压力泵

2）由小到大增加输入值，记录输入值和被校准检测系统的输出值。

3）将输入值由大到小逐渐减小，记录输入值和被校准检测系统的输出值。

4）重复 2）、3）两步进行多次测试，把输入和输出结果导入表格。

5）对测试数据进行处理，根据处理结果获得检测系统的线性度、灵敏度、重复性等静态指标。

例 2.1 假设有一压力传感器进行静态标定，传感器的量程为 100kPa ~ 1MPa，利用活塞式压力计进行标定，输入压力分别为 200kPa、400kPa、600kPa、800kPa、1000kPa，正反行程各做了 5 次，得到的数据如图 2.12 所示，计算该传感器的灵敏度和最小二乘线性度。

	输入压力 x ($\times 10^5$ Pa)	传感器输出电压 y (mV)				
		第一次	第二次	第三次	第四次	第五次
正行程	2	190.9	191.1	191.3	191.4	191.4
	4	382.8	382.2	382.5	382.8	382.8
	6	575.8	576.1	576.6	576.9	577
	8	769.4	769.8	770.4	770.8	771
	10	962.9	964.6	965.2	965.7	966
负行程	10	964.4	965.1	965.7	965.7	966
	8	770.6	771	771.4	771.4	772
	6	577.3	577.4	572.1	578.1	578.5
	4	384.1	384.2	384.1	384.9	384.9
	2	191.6	191.6	192	191.9	191.9

图 2.12 压力传感器的测试数据

解：对 5 次正行程的输出值求平均值，得到：191.2、383.4、576.5、770.3、965.1；

对 5 次反行程的输出值求平均值，得到：191.8、384.4、577.9、771.3、965.4；

对正负 10 次行程的输出值求平均值，得到：191.5、383.9、577.2、770.8、965.2。

根据正负行程的输出平均值和对应的输入压力值，利用最小二乘拟合求得输出方程：

$$y = 0.000967x - 2.56 \ （x 取值范围为 200 ~ 1000kPa）$$

因此，该压力传感器在量程范围内的灵敏度为 $k = 0.000967$ mV/Pa。

根据最小二乘拟合直线求得对应输入点的输出值为 190.9、384.3、577.7、771.2、964.6，例题中对应各输入点的非线性偏差为：0.64、-0.37、-0.55、-0.37、0.65。也就是说，与最小二乘拟合直线比较得到的最大非线性偏差绝对值为 0.65。如果满量程输出值用 1000 mV，则最小二乘线性度为 （0.65/1000）×100% = 0.065%。

2.3.2 动态标定

检测系统的动态标定主要是研究系统的动态响应能力，进而获得系统的动态特性参数。对一阶系统来说，动态特性参数就是时间常数；对二阶系统来说，动态特性参数包括固有频率 ω 和阻尼比 ξ。在生活中或工业生产中用到的传感器或检测系统大部分都属于一阶或二阶系统。所以本节着重讨论一阶系统和二阶系统的动态特性标定。

1. 一阶系统

2.2 节介绍了一阶系统的理论模型。一阶系统的微分方程如式（2-21）所示。频率响应函数如式（2-23）所示。一阶检测系统的动态特性参数只有一个，即时间常数 τ。τ 越大，则系统响应越慢，检测系统的工作频带越小。

如何通过实验方法确定一阶系统的时间常数 τ 呢？方法主要有两种。

一种方法是通过阶跃响应来测定检测系统的时间常数。在 $t = 0$ 时刻给系统一个阶跃输入信号，采集检测系统在该时刻以后的输出信号，记录并拟合成曲线。一阶系统的阶跃响应曲线形状如图 2.13 左图所示。从阶跃响应曲线可以看到，经过一段时间后系统输出趋于一个稳定值。从 0 时刻上升到稳态值的 63.2% 的时间，就是时间常数 τ。在实际应用中，由于稳态值的大小不好准确判断，可以采用如下方法来确定 τ。

一阶系统的阶跃响应函数解析表达式可写为：

$$y(t) = 1 - e^{-\frac{t}{\tau}} \tag{2-29}$$

令 $z = \ln[1 - y(t)]$，则式（2-29）可变为

$$z = -\frac{t}{\tau}$$

简单变换，可得

$$\tau = -\frac{t}{z}$$

根据检测系统在单位阶跃信号作用下不同时刻的输出值绘制出 z-t 散点图，如图 2.13 所示，然后对这些散点进行最小二乘直线拟合，得到拟合直线的斜率，此斜率即为 $-1/\tau$。

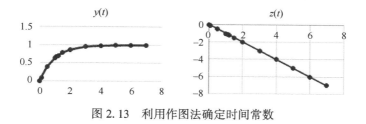

图 2.13 利用作图法确定时间常数

另一种方法是频域响应法，即通过检测系统实际的频域响应数据绘制成图来获得时间常数 τ。采用不同频率的正弦稳态信号作为输入，记录检测系统在不同频率正弦信号激励下的输出，绘制出检测系统的对数幅频特性曲线和相频特性曲线，即伯德图，通过求幅频特性曲线的渐近线与横轴的交点获得 ω，如图 2.14 所示，进而得到时间常数 $T = 1/\omega$，图中的 T 即为 τ。

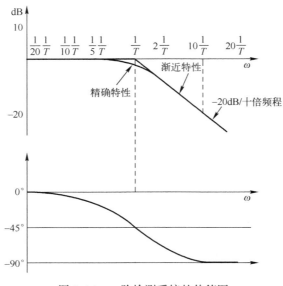

图 2.14 一阶检测系统的伯德图

2. 二阶系统

二阶系统的动态特性主要由自然角频率 ω_n 和阻尼比 ξ 这两个参数决定。要获得这两个参数，同样可以根据传感器的阶跃响应曲线或伯德图来估计。

在阶跃信号的作用下，二阶传感器的输出响应表达式为

$$y(t)=1-\frac{\sin(\sqrt{1-\xi^2}\,\omega_n t+\arcsin\sqrt{1-\xi^2}\,)}{\sqrt{1-\xi^2}}\mathrm{e}^{-\omega_n t} \tag{2-30}$$

二阶系统的阶跃响应曲线形状如图 2.15 所示。曲线的最大峰值 $M=\mathrm{e}^{-\left(\frac{\xi\pi}{\sqrt{1-\xi^2}}\right)}$，反过来已知 M 值，可求出 $\xi=\dfrac{1}{\sqrt{\left(\dfrac{\pi}{\ln M}\right)^2+1}}$。

如果测得阶跃响应的较长瞬变过程，则可利用任意两个过冲量 M_i 和 M_{i+n} 按公式求得阻尼比 ξ，如式（2-30）所示。

$$\xi=\frac{\delta_n}{\sqrt{\delta_n^2+4\pi^2 n^2}} \tag{2-31}$$

式中，$\delta_n=\ln\dfrac{M_i}{M_{i+n}}$。

此外，根据阶跃响应曲线可以测出有阻尼时的振荡周期 T_d，有阻尼的振荡频率 $\omega_d=\dfrac{2\pi}{T_d}$。

求出 ξ 以后，利用自然频率和有阻尼振荡频率 ω_d 的关系可以求出 ω_n：

$$\omega_n=\frac{\omega_d}{\sqrt{1-2\xi^2}} \tag{2-32}$$

如果得到二阶检测系统的伯德图，也可以根据幅频特性曲线来估计自然角频率 ω_n 和阻

尼比 ξ 这两个动态参数。根据式（2-28）可知，对于有阻尼的二阶装置，幅频响应的峰值不在自然角频率处，而是在其附近，记为有阻尼振荡频率 ω_d，最大共振峰值为 $A(\omega)=\dfrac{A_t}{A_0}=\dfrac{1}{2\xi\sqrt{1-\xi^2}}$。根据最大峰值可以估计出 ξ 的大小。求得 ξ 后，利用有阻尼振荡频率 ω_d 和自然角频率 ω_n 的关系式可以求得自然角频率 ω_n，如图 2.16 所示。

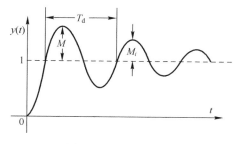

图 2.15　阶跃响应法

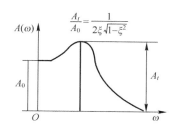

图 2.16　频域响应法

　　只要能获得检测系统在阶跃信号作用下的动态响应数据，利用公式来计算检测系统的动态特性参数并不难。在实际应用中，最大难点是如何产生阶跃式的物理信号或稳定的周期型输入信号，以及采集信号的完整性。激波管常被用来对压力传感器进行动态标定。激波管的结构如图 2.17 所示。激波管是一根两端封闭的细长管子，中间用膜片隔开，膜片的左边是高压室，连着高压的气源，膜片的右边是低压室，当高压室的压力达到一定程度时，膜片破裂，高压气体向低压室迅速传播，低压室的气压迅速提升到一个新的恒定值，类似于一个阶跃信号，在激波管的侧面或底部连接待标定的压力传感器，记录传感器在压力突然提升下的输出数据，根据输出数据绘制动态响应曲线并对响应曲线进行分析。

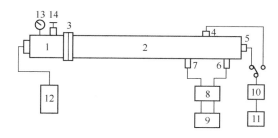

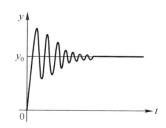

图 2.17　激波管结构示意图及传感器记录曲线

1—高压室　2—低压室　3—膜片　4—侧面待标定传感器　5—底面待标定传感器　6、7—测速压力传感器
8—测速前置级　9—数字频率计　10—测压前置级　11—记录装置　12—气源　13—气压表　14—泄气门

　　若要得到检测系统实际的频域响应曲线，可以利用周期性稳态信号作为输入然后记录检测系统的输出并进行频率响应分析。频域法标定的难点在于创建周期性可调的、稳定的正弦信号源。图 2.18 是一个活塞式稳态周期性压力源的示意图，通过活塞运动输出按周期性变化的压力信号，1 和 2 是压力输出端口。图 2.19 则显示了一种凸轮控制式稳态周期性压力源，图中凸轮 3 的转动使得压力管的体积周期性变化，进而改变压力管内的压力。

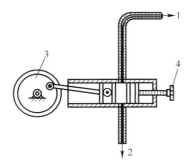

图 2.18　活塞式稳态周期性压力源
1—被检压力输出端口　2—标准压力输出端口
3—飞轮　4—调节手柄

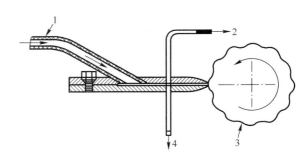

图 2.19　凸轮控制式稳态周期性压力源
1—恒定压力输入端口　2—被检压力输出端口
3—凸轮　4—标准压力输出端口

2.4　习题

1. 检测系统的静态特性指标有哪些？

2. 什么是不失真测量？不失真测量对检测系统的频率特性有什么要求？

3. 有一压力传感器，测量压力范围为 $0 \sim 100\,\text{kPa}$，输出电压范围为 $0 \sim 1000\,\text{mV}$，实测某压力值，传感器输出电压为 $512\,\text{mV}$，标准传感器的输出电压为 $510\,\text{mV}$。假设此点测量误差最大。

（1）求非线性误差。

（2）若重复 10 次测量，最大误差为 $3\,\text{mV}$，求重复性误差。

（3）若正反行程各 10 次测量，正反行程间最大误差为 $4\,\text{mV}$，求迟滞误差。

（4）设传感器为线性传感器，求灵敏度。

4. 简述检测系统的动态特性含义、描述方法及标定方法。

5. 某压力传感器的校验数据如图 2.12 所示（见例 2.1），试求其最小二乘线性度，并计算迟滞和重复性误差。

6. 已知一个二阶检测系统的固有频率为 $1\,\text{kHz}$，阻尼比为 0.5，用它来测量频率为 $500\,\text{Hz}$ 的振动，幅度测量误差至少是多少？用它来测量 $800\,\text{Hz}$ 的振动，幅度测量误差又是多少？

7. 某检测系统的动态特性可以用下述一阶微分方程表示：

$$30\frac{\mathrm{d}y}{\mathrm{d}t}+3y=0.15x$$

其中 x 为输入，单位是℃，y 是输出电压，单位是 mV，求该检测系统的时间常数和灵敏度。

8. 简述检测系统静态标定的环境要求与步骤。

9. 什么是检测系统的通频带？通频带和工作频带有区别吗？

第 3 章　检测误差分析

检测系统的测量值与被测量的真实值之间的偏差称为检测误差，或测量误差。在检测过程中，误差是不可避免的。检测系统中的机械、电子、电气等部件都会存在材料属性差异、加工误差、组装误差、漂移误差等，这会给系统的输出带来一定程度的不确定性，也就是误差。其次，任何一种测量技术都存在一定的应用局限，其工程实现模型也往往采用一定程度的简化和近似（例如忽略了某些材料的动态特性，部分环节存在一定程度的非线性，某些条件的不完备等），这种原理和实现上的缺陷会给检测系统带来误差。再者，各种环境变量的变化、测量条件的变化以及测量人员的操作等也会给测量过程带来不同程度的干扰，进而产生测量误差。

本章首先对与测量误差相关的基本概念进行介绍，在对误差进行分类的基础上，认识不同类型误差的来源、特点和表现规律，寻找减小误差的途径和方法，同时对国际上通用的测量不确定度的定义以及计算进行简单介绍，以便读者掌握基本的误差理论知识。

3.1　测量误差的基本概念

检测系统的测量值是指检测系统的输出值，也称示值。

被测量的真实值称为真值。除了测量某些特定的常数或恒定值外，一般检测过程中被测量的真值是不可能知道的，所以误差分析中有理论真值、约定真值和相对真值这些概念。

1. 理论真值

被测量的值是一个理论上确定的、可以定量描述的值。比如平面直角是 90°，圆周率是 π，三角形的内角和是 180°等。

2. 约定真值

由一些机构或学者人为约定的真值。约定真值被认为是真值的最佳估计值，其不确定度可以忽略不计。

约定真值可以是由国际或国家计量机构通过标准化的方式进行指定，例如国际温标中定义的固定点温度，7 个 SI 基本单位（长度单位米、质量单位千克、时间单位秒、电流单位安培、热力学温度单位开尔文、发光强度单位坎德拉、物质的量的单位摩尔）的基准量值。

约定真值也可以由标准计量机构通过约定的方式确定。例如在量值传递或计量检定中，通常约定某等级计量器具的不确定度与高一等级的不确定度之比的倒数小于或等于 1/2 时，高一等级的计量器具的量值为约定真值，其不确定度可以忽略。

在实际测量实践中，当高精确度等级器具的测量精确度完全满足规定的测量不确定度要求时，也可以直接采用高精确度等级测量器具测得的值作为约定真值。

3. 相对真值

采用有限次数重复测量值的算术平均值或者高一级精确度等级测量器具所得的测量值可

以作为相对真值。相对真值的前提是其必须能够满足应用在测量精确度方面的要求。

4. 标称值

测量器具上标注的量值，即所标出的刻度代表的量值，如砝码上标出 1 kg，仪表盘上的刻度 1 mA、2 mA 等。

5. 精确度等级

精确度等级是由国家计量机构按照国家标准给予检测仪器测量精确度的一个定量描述。在我国常用的有 0.1、0.2、0.5、1.0、1.5、2.5、5.0 共 7 个精确度等级。其中精确度等级为 0.1 的仪器，一般作为计量的标准器具。

6. 测量不确定度

测量不确定度是国际法制计量组织和国际标准化组织联合定义的、用来描述测量结果可信度的一个概念。与误差不同，测量不确定度不依赖于不可测得的真值，而是建立在统计基础之上的、对测量结果可信程度的一个量化描述。

7. 置信概率

置信概率是指被测量的真实值出现在以测量结果为期望值的一个置信区间内的概率，表征了测量结果的可信程度。

8. 等精确度测量

同等外部条件下重复多次进行的测量称为等精确度测量。

9. 非等精确度测量

在不同外部条件下重复多次进行的测量称为非等精确度测量。

3.2 误差的表示方法

测量值与真实值总是有差异的。在实际测量中，经常用绝对误差、相对误差、引用误差等方法来表达测量误差。

3.2.1 绝对误差

检测系统的测量值 X 与被测量的真值 X_0 之间的代数差 Δx 称为测量值的绝对误差，即

$$\Delta x = X - X_0 \tag{3-1}$$

式（3-1）中，真值 X_0 可以是约定真值，也可是由高精确度标准器所测得的相对真值。

绝对误差说明了检测系统示值偏离真值的大小，其值可正可负，具有和被测量相同的量纲单位。

3.2.2 相对误差

检测系统测量值的绝对误差 Δx 与被测参量真值 X_0 的比值，称为检测系统的相对误差。常用百分数表示：

$$\delta = \frac{\Delta x}{X_0} \times 100\% \tag{3-2}$$

相对误差 δ 没有量纲。相对误差越小，测量数据的精确度越高。

在实际应用中，也可用绝对误差与测量值之比作为相对误差，称为测量值相对误差。

3.2.3　引用误差与最大引用误差

检测系统测量值的绝对误差 Δx 与检测系统的量程 L 的比值，称为检测系统的引用误差 γ。引用误差 γ 通常以百分数表示：

$$\gamma = \frac{\Delta x}{L} \times 100\% \qquad (3-3)$$

式中，L 为检测系统的满量程值。

在仪器测量范围内，各测量点的绝对误差是不相同的，因此引入最大引用误差，即把在规定条件下进行全量程测量，测量过程中得到的绝对误差最大值与量程比值的百分数，称为最大引用误差，用符号 γ_{max} 表示：

$$\gamma_{max} = \frac{|\Delta x|_{max}}{L} \times 100\% \qquad (3-4)$$

最大引用误差是检测系统的一个重要性能指标，能很好地表征检测系统的测量精确度。测量仪器的精确度等级就是根据最大引用误差来确定的。

检测仪表的最大引用误差不能超过它给出的精确度等级的百分数，即

$$\gamma_{max} \leqslant \alpha\% \qquad (3-5)$$

式中，α 为仪器的精确度等级。

国家标准 GB/T 13283—2008《工业过程测量和控制用检测仪表和显示仪表精确度等级》给出了 7 个常用的精确度等级，分别是 0.1、0.2、0.5、1.0、1.5、2.5、5.0。如果已知仪器的量程是 L，精确度等级为 α，则可求出该检测仪器的最大测量误差：

$$|\Delta x|_{max} \leqslant L\alpha\% \qquad (3-6)$$

3.2.4　容许误差

容许误差是指检测仪器在规定使用条件下可能产生的最大测量误差范围，与绝对误差的量纲一致，计算公式如下：

$$e_{max} = \pm(m\alpha\% + L\beta\% + n) \qquad (3-7)$$

式中，m 为测量值，L 为量程，α 为测量值相关的误差系数，β 为固定误差系数，n 为数字仪器仪表的显示误差，一般为最小分辨率的 n 倍。

检测仪器的准确度、稳定度等指标都可用容许误差来表征。

3.3　误差的类型

根据误差的性质，测量误差可以分为系统误差、随机误差和粗大误差。一般说来，粗大误差大于系统误差，系统误差大于随机误差。

3.3.1　系统误差

在相同条件下，对同一被测量进行多次重复测量，测量误差的大小和符号保持不变，或者误差的大小按照一定的规律变化，这种误差称为系统误差。其中数值和符号保持不变的误差称为恒值系统误差。数值或符号按照一定规律变化的系统误差称为变值系统误差。

图 3.1 中，误差曲线 1 表示的是一种恒值系统误差。误差曲线 2 表示的是一种线性系统误差，即误差随着测量时间的增加逐渐增大。误差曲线 3 表示的是一种周期性的系统误差。要注意的是，实际测量过程得到的误差曲线往往不会形如曲线 1、曲线 2 或曲线 3 那样简单，而更可能形如曲线 4。实际系统可能既包含了恒值系统误差，又包含了变值系统误差，甚至还包含了周期性系统误差。来自不同部件或环节的系统误差叠加到一块，使得检测系统的实际误差曲线呈现出各种复杂的形式。

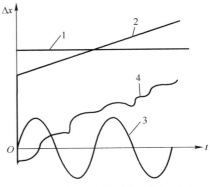

图 3.1　常见的系统误差曲线形式

系统误差是由测量装置本身设计缺陷、安装偏差、机械变形、零位漂移、温度效应等系统性缺陷造成的、具有一定规律的误差。系统误差可以通过补偿方式来消除。如果检测系统的测量结果存在系统误差，首先可以寻找系统误差源，然后尽量减小或控制检测系统中的误差源，如果不能控制，则只能通过标定实验找到系统误差的大小以及变化规律，然后对检测系统的输出示值进行修正或补偿。

3.3.2　随机误差

在相同测量条件下多次重复测量同一被测量时，误差的数值大小及符号均发生无规律变化，这类误差称为随机误差。随机误差是由测量过程中许多独立、微小的偶然因素，例如机械部件的摩擦、外部振动、温湿度变化、电源噪声、材料的不一致等引起的综合结果，是一个随机变量。

随机误差的特点是每次测量产生的误差的数值和符号变化是随机而没有规律的。但从总体来看，随机误差还是符合一定的统计规律。例如一些随机误差在统计上具有正态分布的特点，还有一些随机误差具有均匀分布、瑞利分布等特征。

3.3.3　粗大误差

粗大误差是指明显超出规定条件下预期的误差，特点是误差数值大，明显歪曲了测量结果。含有粗大误差的测量值一般被称为坏值。正常的测量结果中不应该含有坏值，所以要根据一定的统计检验规则来剔除坏值。

粗大误差产生的原因可能是由于人为的操作失误，例如观测者粗心大意导致操作失误或读数错误，或者设备突然出现异常，或者测量条件在某个瞬时有变化等。

在对测量结果进行分析前一般要先剔除含有粗大误差的数据，然后对数据中的系统误差和随机误差进行分析。

3.4　误差分析

在一般工程测量中，系统误差与随机误差总是同时存在的，但系统误差往往远大于随机误差。为保证和提高测量精度，需要研究发现系统误差，进而设法校正和消除系统误差。

3.4.1 系统误差的分析与处理

对检测系统来说，系统误差的存在是不可接受的。恒值性系统误差和线性系统误差比较容易发现，通过把传感器或检测系统的输出与高精确度等级的可靠仪器的输出进行比对，如果误差曲线近似为一条直线，则肯定存在线性系统误差；如果误差曲线不过零点，则存在恒值系统误差。恒值型系统误差往往是由于传感器零位漂移，传感器和调理电路之间阻抗不匹配或系统某个环节存在非线性引起的。如果通过系统分析能找出恒值系统误差的原因，则应该尽量消除误差源。如果系统误差的源头难以改善，可以通过软件补偿来消除恒值型系统误差。

变值型系统误差可以通过观察测量数据的残差来发现。在同等测量条件下测量 N 次，得到 N 个测量数据 $(X_1, X_2, \cdots, X_N)$，每项测量数据与所有测量结果的平均值相减得到的差，称为残差，如式（3-8）所示。

把残差按先后次序列表，观察残差的大小值和符号标号，如果残差序列呈递增或递减，且残差序列减去其中值后的新数列在以中值为原点的数轴上呈正负对称分布，则存在累进性的线性系统误差；如果残差序列呈有规律交替重复变化，则存在周期性系统误差。

$$v_i = X_i - \frac{1}{n}\sum_{i=1}^{n} X_i = X_i - \overline{X} \tag{3-8}$$

还可以进一步采用马利科夫准则和阿贝-赫梅特准则来判断。

1. 马利科夫准则

马利科夫准则适用于判断和发现检测数据中的线性系统误差。准则的使用方法是将同一条件下重复测量得到的一组测量值 $X_1, X_2, \cdots, X_i, \cdots, X_n$ 按序排列，并求出相应的残差 $v_1, v_2, \cdots, v_i, \cdots, v_n$，将残差序列以中间的 v_k 为界分为前后两组，分别求和，然后把两组残差和相减，即

$$D = \sum_{i=1}^{k} v_i - \sum_{i=s}^{n} v_i \tag{3-9}$$

当 n 为偶数时，取 $k=n/2$、$s=n/2+1$；当 n 为奇数时，取 $k=(n+1)/2=s$。

若 D 近似等于零，表明不含线性系统误差；若 D 明显不为零（且大于 v_i），则表明存在线性系统误差。

2. 阿贝-赫梅特准则

阿贝-赫梅特准则适用于发现和确定检测数据中的周期性系统误差。准则的使用方法是将同一条件下重复测量得到的一组测量值 $X_1, X_2, \cdots, X_n$ 按序排列，并求出残差 $v_1, v_2, \cdots, v_n$，然后计算

$$A = \left| \sum_{i=1}^{n-1} v_i v_{i+1} \right| \tag{3-10}$$

如果 $A > \sigma^2 \sqrt{n-1}$，其中的 σ^2 为该测量数据序列的方差，则表明测量数据存在周期性系统误差。

在确定系统误差的存在以及系统误差的类型后，可以想办法减小或消除系统误差。消除系统误差的最好方法当然是找到系统误差产生的原因，然后从根源上消除。可以对测量过程的各个环节进行仔细分析，找到产生系统误差的原因并采取对应的措施来消除系统误差源，

如果不能消除，则要想办法对系统误差进行补偿。

减小系统误差的方法主要有以下几种。

1. 用误差修正表进行修正

测量前通过标准件法或标准仪器法比对，得到该检测仪器系统误差在不同输入条件下的修正值，制成系统误差修正表。具体测量时将测量值与修正值相加，从而减小或消除该检测仪器原先存在的系统误差。

2. 交叉读数然后平均

在时间上将测量顺序等间隔对称安排，取各对称点两次交叉读入测量值，然后取其算术平均值作为测量值，即可有效地减小测量的线性系统误差。

3. 半周期性读数然后平均

对周期性系统误差，可以相隔半个周期进行一次测量。取两次读数的算术平均值，即可有效地减小周期性系统误差。因为相差半周期的两次测量，其误差在理论上具有大小相等、符号相反的特征，所以这种方法在理论上能很好地减小和消除周期性系统误差。

4. 发现系统误差的规律然后进行软件补偿

由于系统误差的大小或符号具有一定规律，通过函数拟合或参数回归等方法发现系统误差的数学规律，然后在数字检测系统的测量软件中对采集数据进行误差补偿，可以减小检测系统输出数据中的系统误差。

3.4.2 随机误差的分析与处理

对每一次测量结果来说，所含随机误差的大小和符号都是不可预测的。但是就随机误差的总体来说，其数值还是具有一定的统计规律，往往服从某种概率分布。实验证明，随机误差往往具有以下统计特性：

- 绝对值相等的正误差与负误差出现的次数相当；
- 绝对值小的误差比绝对值大的误差出现的次数多；
- 在一定的测量条件下，随机误差的绝对值不会超过一定界限；
- 当测量次数增多，随机误差的代数和趋向零。

随机误差的概率分布形式有正态分布、均匀分布、t 分布、三角分布等。最常见的随机误差分布形式是正态分布。正态分布（Normal Distribution），也称为高斯分布（Gaussian Distribution），是一种比较典型的随机分布过程，具有单峰性、有界性、对称性和抵偿性特点。

所谓单峰性是指绝对值小的随机误差比绝对值大的随机误差出现次数多，出现次数最多是在随机误差绝对值为零位置的附近。有界性，则指在一定的测量条件下，随机误差的绝对值不会超过一定的界限。对称性是指等值而符号相反的随机误差出现的概率接近相等。当测量次数增加时，随机误差的代数和趋向于零，这一特点称为抵偿性。

对符合正态分布规律的随机变量，其概率密度函数的数学表达式为：

$$P(x) = \frac{1}{\sqrt{2\pi}\sigma} e^{-\frac{x^2}{2\sigma^2}} = \frac{1}{\sqrt{2\pi}\sigma} e^{-\frac{(m-R)^2}{2\sigma^2}} \tag{3-11}$$

其中随机变量 x 表示随机误差，m 是测量值，R 为被测量的实际值，σ 和 σ^2 分别是随机误差的标准差和方差。具有正态分布特征的随机误差概率密度分布曲线如图 3.2 所示。

如果随机误差服从均匀分布，则随机误差的概率密度函数是一条直线段，如图 3.3 所示。公式如（3-12）所示。

$$\varphi(x) = \begin{cases} \dfrac{1}{2a} & -a \leq x \leq a \\ 0 & |x| > a \end{cases} \tag{3-12}$$

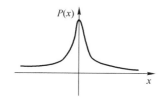

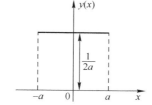

图 3.2 （均值为零时的）正态分布曲线　　　图 3.3 均匀分布的概率密度函数

正态分布概率密度曲线的位置和形状分别由随机变量的均值 μ 和方差 σ^2 这两个参数决定。均值参数决定了钟形曲线的中心位置，对于随机误差来说，均值一般为零。方差参数决定了曲线的形状，方差小，曲线就陡直，方差大，曲线就平缓，如图 3.4 所示。

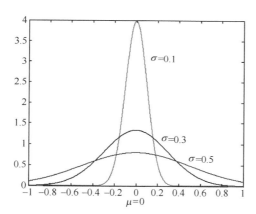

图 3.4 零均值不同标准差的正态概率密度分布

学过概率论和数理统计的读者应该知道均值和方差的概念。下面介绍一下如何确定具有正态分布特征的随机误差的均值和标准差。

1. 随机变量的期望值（均值）

在同等测量条件下，对被测量进行多次测量得到一组数据序列，剔除系统误差和随机误差后，各次测量值还会存在差异。假设测量得到的数据用 $m_1, m_2, \cdots, m_n$ 表示，用绝对误差形式表示的随机误差列为

$$x_i = m_i - R \quad (i = 1, 2, 3, \cdots, n)$$

由正态分布的抵偿性，当 n 趋于无穷大时

$$\lim_{n \to \infty} \frac{\sum_{i=1}^{n} x_i}{n} = 0$$

也即

$$\lim_{n \to \infty} \frac{\sum\limits_{i=1}^{n} (m_i - R)}{n} = \lim_{n \to \infty} \frac{\sum\limits_{i=1}^{n} m_i - nR}{n} = 0$$

所以

$$\lim_{i \to \infty} \frac{1}{n} \sum_{i=1}^{n} m_i = R$$

即 R 是测量值的数学期望，当 n 为有限值时，可以用测量值的算术平均值 $\overline{m}$ 替代，即

$$\overline{m} = \frac{1}{n} \sum_{i=1}^{n} m_i \tag{3-13}$$

因为是有限次测量，$\overline{m}$ 与期望值是有差距的。把每次测量值 m_i 与算术平均值 $\overline{m}$ 的差称为剩余误差，或残差。

$$v_i = m_i - \overline{m} \tag{3-14}$$

2. 随机误差的方差和标准差

均值是数学期望的替代值，方差和标准差则可以表征测量值序列相对于期望值的离散程度。标准差越小，测量值序列越紧凑，误差小的测量数据比重大，说明测量结果可靠性高，反之则相反。

如前所述，假设测量得到的数据用 $m_1, m_2, \cdots, m_n$ 表示，则单次测量结果的方差为：

$$\sigma^2 = \frac{\sum\limits_{i=1}^{n} (m_i - R)^2}{n} \tag{3-15}$$

标准差为

$$\sigma = \sqrt{\frac{\sum\limits_{i=1}^{n} (m_i - R)^2}{n}} \tag{3-16}$$

按照（3-16）计算标准差，需要用到真值 R。在实际应用中，我们往往不知道真值，而用算术平均值 $\overline{m}$ 替代期望值 R，由于测量次数是有限的，这种替代是有误差的，所以要用贝塞尔（Bessel）公式来估计方差和标准差，即

$$\hat{\sigma}^2 = \frac{\sum\limits_{i=1}^{n} (m_i - \overline{m})^2}{n-1} \tag{3-17}$$

$$\hat{\sigma} = \sqrt{\frac{\sum\limits_{i=1}^{n} (m_i - \overline{m})^2}{n-1}} \tag{3-18}$$

式（3-18）中的 $\hat{\sigma}$ 称为样本标准偏差，简称样本标准差。

在实际检测应用中，经常用数次测量结果的算术平均值作为示值输出。例如在相同测量条件下，对同一个数值进行 j 组重复的系列测量，每一组测量 n 次，如果每组用 n 次测量结果的平均值作为代表值，这 j 个平均值也会存在差异，并围绕被测量的真值形成一个有分散性的离散数据序列。这一分散性可以用算术平均值的标准差 $\hat{\sigma}(\overline{m})$ 来表示，且

$$\hat{\sigma}(\overline{m}) = \frac{1}{\sqrt{n}} \hat{\sigma}(m_i) = \sqrt{\frac{\sum\limits_{i=1}^{N}(m_i - \overline{m})^2}{n(n-1)}} \qquad (3-19)$$

由式（3-19）可知，算术平均值的标准差是单次测量结果标准差的 $1/\sqrt{n}$ 倍，测量次数越多，算术平均值的标准差越小，即越接近于真值。所以采用算术平均值作为输出，可以提高测量结果的精密度。从理论上看，n 越大，算术平均值的标准差越小，但要注意的是，n 越大，测量时间就越长，而随着时间延长，等精度测量条件又很难保证，所以考虑到时间和成本问题，n 的取值一般在 10~20 之间。

如果各次测量结果是不等精度的，可以采用加权的方式对测量值进行处理。权值用来表征测量结果的可靠程度，可靠性高，则权值大，反之则相反。通过对测量结果进行加权，可以求得加权的算术平均值和标准差。

$$M = \frac{w_1\overline{m}_1 + w_2\overline{m}_2 + \cdots + w_j\overline{m}_j}{w_1 + w_2 + \cdots + w_j} = \frac{\sum\limits_{i=1}^{j} w_i\overline{m}_i}{\sum\limits_{i=1}^{j} w_i} \qquad (3-20)$$

加权平均值的标准差则为：

$$\hat{\sigma}(M) = \hat{\sigma}(\overline{m}_i)\sqrt{\frac{w_i}{\sum\limits_{i=1}^{j} w_i}} \qquad (3-21)$$

3.4.3 粗大误差的判断

粗大误差的数值都比较大，会对测量结果产生明显的歪曲。因此测量结果中应尽量剔除含有粗大误差的测量值，即所谓的坏值。当测量样本较多时，可以用拉伊达准则来判断是否存在粗大误差；如果样本较少，则用格拉布斯（Grubbs）准则来判断。

1. 拉伊达准则

拉伊达准则用于对服从正态分布的等精度测量序列，其某次测量误差 $|X_i - X_0|$ 大于 3σ 的可能性仅为 0.27%。因此，把测量误差大于标准误差 σ（或其估计值）的 3 倍测量值作为测量坏值予以舍弃。实际应用的拉伊达准则表达式为

$$|\Delta X_k| = |X_k - \overline{X}| > 3\hat{\sigma} \qquad (3-22)$$

2. 格拉布斯准则

格拉布斯准则是面向小样本测量数据，以 t 分布为基础用数理统计方法推导得出的一种用以发现一组测量结果中的单次坏值的检验方法。

假设被测量为服从正态分布的随机变量，对一组小样本（一般 10~15 个）测量结果，如果其中某个残差满足表达式（3-23），则该残差对应的测量数据可以被认为是坏值。

$$|\Delta x_k| = |X_k - \overline{X}| > G(n,\alpha)\hat{\sigma}(x) \qquad (3-23)$$

式（3-23）中的 $G(n,\alpha)$ 是取决于统计样本数 n 和错误概率 α 的一个常数。表 3.1 列出了当 $\alpha = 0.05$ 和 $\alpha = 0.01$ 时对应不同样本数目的 $G(n,\alpha)$ 值。错误概率 $\alpha = 0.05$ 或 0.01 对应的置信概率 P 分别为 0.95 和 0.99，即按式（3-22）得出的测量值大于按表 3.1 查得的鉴别值 $G(n,\alpha)$ 的可能性仅分别为 5% 和 1%，说明该数据是正常数据的概率很小，可以认定该测

量值为坏值并予以剔除。

表 3.1 $G(n,\alpha)$ 取值表

n \ α	0.01	0.05	n \ α	0.01	0.05	n \ α	0.01	0.05
3	1.16	1.15	12	2.55	2.29	21	2.91	2.58
4	1.49	1.46	13	2.61	2.33	22	2.94	2.60
5	1.75	1.67	14	2.66	2.37	23	2.96	2.62
6	1.91	1.82	15	2.70	2.41	24	2.99	2.64
7	2.10	1.94	16	2.74	2.44	25	3.01	2.66
8	2.22	2.03	17	2.78	2.47	30	3.10	2.74
9	2.32	2.11	18	2.82	2.50	35	3.18	2.81
10	2.41	2.18	19	2.85	2.53	40	3.24	2.87
11	2.48	2.23	20	2.88	2.56	50	3.34	2.96

例 3.1 对某一电压进行 12 次等精度测量，测量值如表 3.2 所示，若这些测量值已消除系统误差，试判断有无粗大误差，并写出测量结果。

表 3.2 测量数据

序号	1	2	3	4	5	6	7	8	9	10	11	12
测量（mV）	20.42	20.43	20.40	20.39	20.41	20.31	20.42	20.39	20.41	20.4	20.40	20.43

解： 首先计算 12 次测量的算术平均值及标准差：

$$\overline{U}_1 = \frac{1}{12}\sum_{i=1}^{12} U_i = 20.401 \text{ mV}$$

$$\sigma_s = \sqrt{\frac{1}{12-1}\sum_{i=1}^{12} v_i^2} = \sqrt{\frac{0.011\ 372}{12-1}} = 0.032 \text{ mV}$$

采用格拉布斯准则，已知测量次数 $n = 12$，取置信概率 $P_a = 0.95$，查表，得格拉布斯系数 $G(12, 0.05) = 2.29$。

$$G_\sigma = 2.29 \times 0.032 = 0.073 < |v|$$

故 U_6 应剔除，剔除后重新计算算术平均值和标准差。

$$\overline{U}_2 = \frac{1}{11}\sum_{i=1}^{11} U_i = 20.409 \text{ mV}$$

$$\sigma_{s2} = \sqrt{\frac{1}{11-1}\sum_{i=1}^{11} v_i^2} = 0.0145 \text{ mV}$$

$$\overline{U}_2 = \frac{1}{11}\sum_{i=1}^{11} U_i = 20.409 \text{ mV}$$

$$\sigma_{s2} = \sqrt{\frac{1}{11-1}\sum_{i=1}^{11} v_i^2} = 0.0145 \text{ mV}$$

再次判断粗大误差，查表得格拉布斯系数 $G(11, 0.05) = 2.23$。

$$G\sigma_{s2} = 2.23 \times 0.0145 = 0.032$$

所有 v_{i2} 均小于 $G\sigma_{s2}$，故其他 11 个测量值中无坏值。

计算算术平均值的标准差，$\sigma_{\bar{x}} = \dfrac{\sigma_{s2}}{\sqrt{n}} = \dfrac{0.0145}{\sqrt{11}} = 0.005 \text{ mV}$

3.5 误差合成

在实际工程检测中，测量装置往往由多个环节组成，总误差是各个环节单项误差的累积。根据一定的规则对各个环节的单项误差进行综合求得测量装置的总误差，这一过程称为误差合成。误差合成时，一般只考虑各环节的系统误差和随机误差。

3.5.1 系统误差合成

根据对系统误差的了解程度，可以分为定值系统误差和未确定系统误差。两种系统误差的合成方法有所不同。

1. 定值系统误差的合成

定值系统误差指的是大小和变化方向都确定的系统误差。假设有 r 个定值系统误差，分别为 $\varepsilon_1, \varepsilon_2, \cdots, \varepsilon_r$，则总的系统误差为：

$$\varepsilon = \varepsilon_1 + \varepsilon_2 + \cdots + \varepsilon_r = \sum_{i=1}^{r} \varepsilon_i$$

当误差个数较多时，也可以按照平方和根的方式合成，即

$$\varepsilon = \sqrt{\varepsilon_1^2 + \varepsilon_2^2 + \cdots + \varepsilon_r^2} = \sqrt{\sum_{i=1}^{r} \varepsilon_i^2}$$

2. 未确定系统误差的合成

对于未确定系统误差，可以估计单个未定系统误差的最大误差范围 $\pm e$，然后进行合成。

合成的一种方法是进行绝对值求和，即

$$e = e_1 + e_2 + \cdots + e_s$$

这种方法计算简便，合成后的极限误差可靠性高，但算出的误差会比较大。

合成的另一种方法是求最大误差的平方和的根，即

$$e = \sqrt{e_1^2 + e_2^2 + \cdots + e_r^2} = \sqrt{\sum_{i=1}^{r} e_i^2}$$

3.5.2 随机误差的合成

若测量数据中包含了 q 个相互独立的随机误差，标准差分别为 $\sigma_1, \sigma_2, \cdots, \sigma_q$，按照平方根方法合成，则

$$\sigma = \sqrt{\sigma_1^2 + \sigma_2^2 + \cdots + \sigma_q^2} = \sqrt{\sum_{i=1}^{q} \sigma_i^2}$$

若各个随机误差是相关的，则总随机误差的标准差为

$$\sigma = \sqrt{\sum_{i=1}^{q} \sigma_i^2 + 2 \sum_{1 < i < j < q}^{q} \rho_{ij} \sigma_i \sigma_j}$$

例 3.2 用光学显微镜测量工件长度，等精度条件下测了两次，测量结果分别为 $L_1 = 50.026\ mm$，$L_2 = 50.025\ mm$，测量过程中主要有随机误差和系统误差。

随机误差包括：瞄准误差 $\delta_1 = \pm 0.8\ \mu m$，读数误差 $\delta_2 = \pm 1\ \mu m$

系统误差包括：光学刻度尺误差 $e_1 = \pm 1.25\ \mu m$，温度误差 $e_2 = \pm 0.35\ \mu m$

求测量结果及极限误差。

解：等精度测量两次，测量结果可以取平均值：

$$L_0 = \frac{1}{2}(L_1 + L_2) = \frac{1}{2}(50.026 + 50.025) = 50.0255\ mm$$

该测量值包含了随机误差和系统误差，极限误差为：

$$\Delta_{总} = \pm \sqrt{\sum_{i=1}^{2} e_i^2 + \frac{1}{2}\sum_{i=1}^{2} \delta_i^2} = \pm \sqrt{(1.25^2 + 0.35^2) + \frac{1}{2}(1^2 + 0.8^2)} = 1.58\ \mu m$$

因此，测量结果可以表示为 $L_0 = 50.0255 \pm 0.0016\ mm$。

3.6 测量不确定度

测量不确定度是建立在概率论和统计学基础上的，用来描述测量结果中的随机误差的一个概念。测量不确定度可能来源于测量方法的不完美、环境因素的变化、取样的偏差、读数误差、计量仪器的误差等多种不同原因。因此，实际检测数据的测量不确定度经常由多个分量组成，其中有些分量具有统计性，有些分量不具有统计性。这些不确定性的综合效应也有可能使得测量结果的可能值服从某种概率分布。

在我国推行的 ISO 17025《校准和检测实验室通用能力的要求》以及 ISO 9001 质量体系标准中对测量结果的不确定度表示均有明确要求。ISO 17025 规定校准实验室出具的每份证书或报告都应包括有关测量结果不确定度评定的说明；在检测实验室出具的检测报告中，必要时也应予以说明。ISO 9001 也规定生产过程中所涉及的所有测量设备的测量不确定度应是已知的。

测量不确定度可以用标准差表示，用标准差表示的不确定度称为标准不确定度。如果用标准差的倍数或置信区间的半宽度来表示不确定度则称为扩展不确定度。

3.6.1 标准不确定度

用被测参量概率分布的标准差表示的不确定度称为标准不确定度，用符号 u 表示。标准不确定度的评定方法有 A 类和 B 类。

A 类标准不确定度的评定是基于测量数据进行统计分析的，然后用实验标准偏差来表征。假设在同一条件下对被测参量 X 进行 n 次等精度测量，测量值为 $X_i (i = 1, 2, \cdots, n)$。该样本数据的算术平均值为：

$$\overline{X} = \frac{1}{n} \sum_{i=1}^{n} X_i \tag{3-24}$$

这 n 个测量数据的实验标准差，即样本标准差，根据贝塞尔公式计算得到：

$$s(x_i) = \sqrt{\frac{\sum\limits_{i=1}^{n}(x_i - \bar{x})^2}{n-1}} \tag{3-25}$$

n 次测量值的平均值 $\bar{x}$ 的实验标准差则为:

$$s(\bar{x}) = \frac{\sigma(x_i)}{\sqrt{n}} \tag{3-26}$$

如果取观测列的任一次测量结果 x_i 作为输出,则对应的 A 类标准不确定度为:

$$u(x) = \sigma(x_i)$$

若取观测列中 n 个值的算术平均值作为输出结果时,对应的 A 类标准不确定度为:

$$u(x) = \sigma(\bar{x})$$

当没有大量直接观测的数据时,标准不确定度 u 也可用 x_i 的相关信息和资料来评定,这种方法得到的不确定度称为 B 类标准不确定度。

B 类评定的信息来源有以下 6 项:

- 以前的观测数据;
- 对有关技术资料和测量仪器特性的了解和经验;
- 生产部门提供的技术说明文件;
- 校准证书、检定证书或其他文件提供的数据、准确度的等级或级别;
- 手册或某些资料给出的参考数据及其不确定度;
- 规定实验方法的国家标准或类似技术文件中给出的重复性极限 r。

如果被测量 Y 的估计值 y 的标准不确定度是通过对其相应的多个输入量 $x_1, x_2, \cdots, x_N$ 的标准不确定度合成求得的,则称为合成标准不确定度,记为 $u_c(y)$。

当全部输入量是独立、互不相关的,合成标准不确定度 $u_c(y)$ 根据下式求得:

$$u_c^2(y) = \sum_{i=1}^{N}\left(\frac{\partial f}{\partial x_i}\right)^2 u^2(x_i)$$

其中 f 是被测量 y 与各直接测得量 x_i 的函数关系,$u(x_i)$ 是各测得量的标准不确定度。

例 3.3 测量某设备电路中电阻在温度 t 时的损耗功率 P,该电阻两端的电压测得为 V,电阻在温度为 t_0 时的阻值是 R_0,电阻的温度系数为 α,被测量 P 与 V、R_0、α 和 t 的关系为:

$$P = f(V, R_0, \alpha, t) = \frac{V^2}{R_0[1+\alpha(t-t_0)]}$$

求 P 的合成标准不确定度。

解: 根据上面公式

$$u_c^2(P) = \left(\frac{\partial P}{\partial V}\right)^2 u^2(V) + \left(\frac{\partial P}{\partial R_0}\right)^2 u^2(R_0) + \left(\frac{\partial P}{\partial \alpha}\right)^2 u^2(\alpha) + \left(\frac{\partial P}{\partial t}\right)^2 u^2(t)$$

$$= [c_1 u(V)]^2 + [c_2 u(R_0)]^2 + [c_3 u(\alpha)]^2 + [c_4 u(t)]^2$$

其中

$$c_1 = \frac{\partial P}{\partial V} = 2P/V$$

$$c_2 = \frac{\partial P}{\partial R_0} = -P/R_0$$

$$c_3 = \frac{\partial P}{\partial \alpha} = -P(t-t_0) / [1+\alpha(t-t_0)]$$

$$c_4 = \frac{\partial P}{\partial t} = -\frac{V^2\alpha}{\{R_0[1+\alpha(t-t_0)]\}} = -P\alpha / [1+\alpha(t-t_0)]$$

如果 $t_0 = 19.5℃$，输入量 V、R_0、α 和 t 的估计值分别为：

$$V = 10.00\,V, \quad R_0 = 1000.0\,\Omega, \quad \alpha = 2×10^{-5}/℃, \quad t = 21.5℃$$

可求得被测量 P 的估计值为 $P = 0.099996\,W$，代入前述式子，可求得：

$$c_1 = \frac{\partial P}{\partial V} = 2P/V = 0.0199992\,A \approx 0.02\,A$$

$$c_2 = -\frac{P}{R} = -\frac{0.099996\,mW}{\Omega} \approx -0.1\,mW/\Omega$$

$$c_3 = -0.002\,mW/℃$$

$$c_4 = -\frac{0.0019998\,mW}{℃} \approx -0.002\,mW/℃$$

因为各分量互不相关，所以合成方差为：

$$u_c^2(P) = [20\,mA \cdot u(V)]^2 + [(-0.1\,mW/\Omega) \cdot u(R_0)]^2 + [(-0.002\,mW \cdot ℃) \cdot u(\alpha)]^2$$
$$+ [(-0.002\,mW/℃) \cdot u(t)]^2$$

3.6.2 扩展不确定度

扩展不确定度采用标准差的倍数 U 或具有概率 p 的置信区间的半宽 U_p 来表示。把标准不确定度乘以包含因子 k 即得到：

$$U = ku$$

被测量则可以表示为：

$$Y = y \pm U$$

其中 y 是被测量 Y 的最佳估计值，被测量 Y 以较高的置信概率落于区间 $[y-U, y+U]$ 内。

若给定置信概率 p，扩展不确定度记为 U_p，表示为：

$$U_p = k_p u_c(y)$$

如果标准不确定度的自由度较小且被测量接近正态分布时，要求区间具有规定的置信水准 p，包含因子 k_p 可以采用 t 分布临界值。常采用的置信水准 p 为 99% 和 95%，对应的包含因子可以写成 k_{99} 和 k_{95}。若自由度充分大且测量结果接近正态分布，可以近似认为 $k_{95} = 2$，$k_{99} = 3$。相对应的扩展不确定度即为：

$$U_{95} = 2u_c(y) \quad 或 \quad U_{99} = 3u_c(y)$$

3.7 习题

1. 根据误差性质和特点，检测系统的误差分为哪几类？各有什么特点？

2. 测量某电路电流共 5 次，测得数据（单位为 mA）分别为 168.41、168.54、168.59、168.40、168.50，试求算术平均值和标准差。

3. 测量某物质中铁的含量为 1.52、1.46、1.61、1.54、1.55、1.49、1.68、1.46、1.83、1.50、1.56，试用 3sigma 准则检查测量值中是否有坏值。

4. 对某恒温箱的箱内温度进行检测，测得数据为 20.06、20.07、20.06、20.08、20.10、20.12、20.14、20.18、20.18、20.21，请判断这组检测数据中是否存在系统误差。

5. 对某电阻进行等精度测量，已知测得的一系列数据 R_i 服从正态分布。

1）若标准差为 1.5，求被测电阻的真值落在区间 $[R_i-2.8, R_i+2.8]$ 的概率是多少？

2）如果被测电阻的真值 $R_0 = 510$，标准差为 2.4，按照 95% 的可能性估计测量值分布区间。

6. 在等精度测量条件下，对某电阻进行了 10 次测量，测量结果如下（单位为 Ω）：905、908、914、918、910、908、906、905、913、911。若以算术平均值作为该电阻的估计值，求该电阻的估计值及该估计值的 A 类标准不确定度。

7. 测量不确定度表示方法有哪几种？A 类标准不确定度是如何确定的？

第4章 电参数传感器

传感器是检测系统中的关键部件。从简单的无源传感器到复杂的片上测量系统，从模拟传感器到现代数字传感器，传感器技术一直处于不断的发展中。对一些常见的物理量，例如温度、压力、位移、加速度等，市场上的传感器产品种类非常多。对传感器进行分类介绍有助于更好地了解不同类型传感器的基本原理、静动态系统特性、适用条件和应用特点等，为将来从事检测系统设计和应用打下基础。

传统的电类传感器可以分为两大类：电参数型传感器和电能量型传感器。电参数型传感器通过敏感元件的电参数（电阻、阻抗、容抗等）的变化来获得外部物理量/化学量的变化。常见的电阻式传感器、电容式传感器、电感式传感器就属于这一类型传感器。电能量型传感器则直接把物理量（或变化量）转化为电能（或电信号）输出。本章将主要介绍电参数型传感器。

4.1 电阻式传感器

利用被测量对导体导电性能的影响，把被测量转化成导体电阻的变化的传感器称为电阻式传感器。常见的电阻式传感器有金属应变片、半导体压阻传感器、热电阻、光敏电阻、磁敏电阻等。此外还有湿度及一些气体成分传感器也是采用电阻变化来进行检测的。

电阻式传感器的接口电路相对简单，所以应用非常普遍。电阻式传感器的阻值变化可以通过分压器电路转换成电压信号然后输出到模数转换器件（Analog - Degital Converter, ADC）。当电阻变化比较小或者需要精密检测时，则可以采用惠斯顿电桥电路把电阻变化转换成电桥不平衡电压输出。传统的惠斯顿电桥属于零示测量法，即调节一个已知的电位器使得其两臂电压与电阻传感器的分压器电路达到平衡，连在两个分压器之间的电流表电流为零表示电桥达到平衡，此时电阻传感器的阻值变化即可根据电位器的阻值比求得。在现代检测仪器中，惠斯顿电桥用作电阻传感器的测量电路，当传感器阻值发生变化时，电桥输出的不平衡电压可以直接放大输出给 ADC，然后利用计算机进行数字信号处理、变换和显示。

4.1.1 应变型电阻传感器

应变式电阻传感器是基于金属应变效应的一种传感器。在力的作用下，金属或半导体材料发生机械形变，导致其阻值发生变化，这种现象称为"电阻应变效应"。

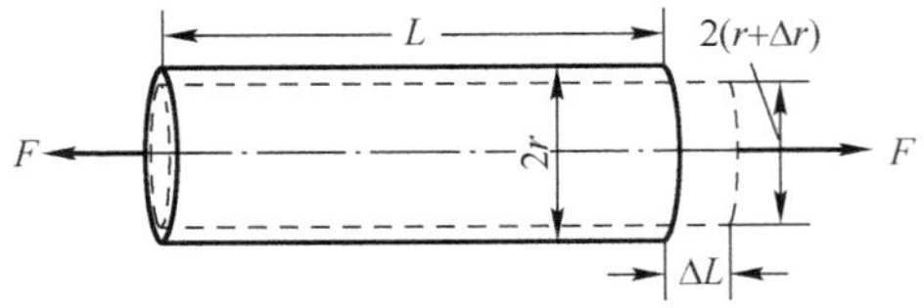

以图 4.1 中的圆柱形导体为例，导体的电阻由导体的长度、导体的横截面面积和导体材料的电阻率决定，见式（4-1）。当导体受到拉力 F 的作用时，导体的长度和截面积都发生变化，导体

图 4.1　圆柱形导体

的电阻值因而也发生变化。

$$R = \rho \frac{l}{A} \tag{4-1}$$

$$\mathrm{d}R = \frac{\rho}{A}\mathrm{d}l - \frac{\rho l}{A^2}\mathrm{d}A + \frac{l}{A}\mathrm{d}\rho \tag{4-2}$$

对于半径为 r 的圆导体，$A = \pi r^2$，$\Delta A/A = 2\Delta r/r$

又由材料力学可知，在弹性范围内，

$$\Delta l/l = \varepsilon，\Delta r/r = -\mu\varepsilon，\Delta\rho/\rho = C(1-2\mu)\varepsilon$$

$$\frac{\mathrm{d}R}{R} = [(1+2\mu)+C(1-2\mu)]\varepsilon = K_0\varepsilon \tag{4-3}$$

对金属材料来说，K_0 主要取决于材料的泊松比 μ，$K_0 = 1+2\mu$，可看作常数。

应变片一般由敏感栅、基底、盖片和引线组成，如图 4.2 所示。根据制造工艺的不同，金属应变片可分为丝式应变片、箔式应变片和薄膜应变片。其中丝式应变片采用绕丝的方法制成，工艺简单，但性能较低，实际应用比较少。箔式应变片是利用光刻技术把金属箔材（$1 \sim 10\,\mu\mathrm{m}$）固定在绝缘基底上，箔式应变片形状多样，具有应变传递性能好，横向效应小，散热性能高等优点，应用比较广泛。薄膜应变片采用真空蒸镀、溅射等工艺把金属材料沉积在绝缘基底上形成厚度在 $0.1\,\mu\mathrm{m}$ 以下的薄膜，该薄膜即为敏感栅。薄膜应变片具有灵敏系数高，允许电流大，易于生产等优点。图 4.3 是箔式应变片和薄膜应变片的显示图。

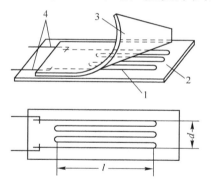

图 4.2　电阻应变片构造示意图

1—敏感栅　2—基底　3—盖片　4—引线

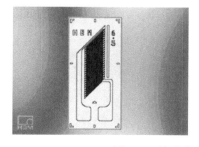

图 4.3　箔式应变片和薄膜应变片

虽然应变片的制造工艺各有不同，但应变片的基本结构都是相似的：在绝缘基底上贴上不同形状的应变片，加上覆盖层，然后引出导线与外部电路相连。

1. 应变片的灵敏系数

应变片的灵敏系数 K 与电阻丝的灵敏系数是不同的，必须通过实验测定。一般通过抽样来测定同批生产的应变片的灵敏系数。测定时将电阻应变片粘贴在一定应力作用下的试件上。试件材料一般为泊松系数 $\mu = 0.283$ 的钢件。用电阻电桥测出应变片的电阻变化，然后根据电阻变化率及应变的大小，求出应变片的灵敏系数。

$$\frac{\Delta R}{R} = K\varepsilon \rightarrow K = \frac{\Delta R/R}{\varepsilon} \tag{4-4}$$

应变片的敏感栅除了有纵向栅外，还有圆弧型或直线型横栅。应变片在轴向拉力作用下，纵向栅拉长，产生正的应变，电阻增大，此时横栅与轴向拉力方向垂直，会产生一定程度的收缩，导致该段的阻值减小，抵消了一部分纵向栅的应变效应，导致应变片的灵敏度下降，这就是应变片的横向效应，如图4.4所示。为了减小横向效应，可以让应变片的横向部分缩短，横栅越短，宽度越大，应变片的横向效应越小。

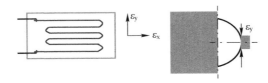

图 4.4　应变片的横向效应

2. 应变片的温度误差

应变片具有较显著的温度效应，当温度改变时，即使没有应变发生，应变片的阻值也会发生变化。这种由温度改变引起的附加误差称为应变片的温度误差。

应变片的温度误差主要受两个因素的影响：

- 金属丝电阻温度系数的影响；
- 试件材料和金属丝的线膨胀系数不同的影响。

首先看金属电阻温度效应。若电阻丝的温度系数为 α，当温度上升 ΔT 时，应变片的电阻值 $R_T = R_0(1 + \alpha \Delta T)$，对应的阻值变化为 $\Delta R_{T\alpha} = R_T - R_0 = R_0 \alpha \Delta T$。

再看线膨胀系数的影响。线膨胀系数是指单位温度变化引起的材料长度的相对变化量。当试件和电阻丝材料的线膨胀系数不同时，随温度改变，电阻丝会产生附加变形，引起电阻的变化。若应变电阻丝和试件的线膨胀系数分别为 β_s 和 β_g，应变片和试件的原长为 I_0，当温度变化 ΔT 时，应变金属丝的长度为：

$$I_{T\beta_s} = I_0(1 + \beta_s \Delta T)$$

试件的长度为：

$$I_{T\beta_g} = I_0(1 + \beta_g \Delta T)$$

由于两者不同，金属丝会有一个附加长度改变：

$$\Delta I_{T\beta} = I_0(\beta_g - \beta_s)\Delta T$$

产生的阻值变化为：$\qquad \Delta R_{T\beta} = R_0 K_0(\beta_g - \beta_s)\Delta T$

综合金属丝电阻温度效应和线膨胀系数不同造成的阻值影响总和为：

$$\Delta R_T = \Delta R_{T\alpha} + \Delta R_{T\beta} = R_0 \alpha \Delta T + R_0 K_0(\beta_g - \beta_s)\Delta T$$

产生的温度应变为：

$$\varepsilon_T = \frac{\Delta R_T / R_0}{K_0} = \frac{\alpha \Delta T}{K_0} + (\beta_g - \beta_s) \Delta T \qquad (4-5)$$

温度应变对应变片阻值影响较大，要保证应变式传感器的检测精度一般需进行温度补偿。补偿方法主要如下。

（1）应变片的自补偿

采用特殊应变片，当温度变化时，产生的附加应变为零或相互抵消，这就是自补偿应变片的原理，又分为单丝自补偿和双丝自补偿两种。

单丝自补偿应变片只有一种金属丝，通过选择合适的敏感栅材料使温度变化引起的应变片电阻变化导致的虚假应变和线膨胀系数不同导致的虚假应变互相抵消。单丝应变片只适用特定材料，补偿范围窄。

双丝自补偿选用两种具有相反符号（正与负）电阻温度系数的金属丝，通过调整两种金属丝电阻 R_1 和 R_2 的比例，使温度变化时产生的两种金属丝的电阻变化互相抵消。采用这种方法进行自补偿的应变片可达到 $\pm 0.45\ \mu m / ℃$ 的高精度。

（2）电桥补偿方法

桥路补偿，也称电桥补偿法，是引入补偿应变片构成测量电桥，是最常用而且效果较好的温度补偿方法。电桥连接方式可参考后面的测量电路部分。

电桥补偿法优点是方法简单。缺点是当温度变化梯度较大时，补偿效果会受较大影响。

（3）热敏电阻补偿

也可以通过热敏电阻进行温度补偿。热敏电阻 R_t 处在与应变片相同的温度条件下，当应变片的灵敏度随温度升高而下降时，热敏电阻 R_t 的阻值也下降，使电桥的输入电压随温度升高而增加，从而提高电桥的输出，以补偿因应变片引起的输出下降。选择分流电阻 R_s 的值，可以得到良好的补偿效果。

3. 应变片的动态特性

应变片的动态特性决定了应变片测量动态变化的力或者机械振动的能力。由于应变片具有一定的物理尺寸，应变片在力作用下的总应变是敏感栅各点应变的总和。当被测力是一个动态变化力时，同一时刻敏感栅上各点所受的应力不一定相同，产生的应变也不一定相同。以正弦变化的应变为例，当应变按正弦规律变化时，应变片反映出来的是应变片敏感栅上各点应变量的平均值，与某一"点"的应变值不同，应变片所反映的波幅将低于真实应变波，从而带来一定的误差。这种误差随着应变片基长的增加而增大。

设有一波长为 λ、频率为 f 的正弦应变波 $\varepsilon = \varepsilon_0 \cdot \sin(2\pi x / \lambda)$，在试件中以速度 v 沿应变片栅长方向传播，应变片的基长为 l_0。图 4.5 所示为某一时刻应变片正处于应变波达到最大幅值时的瞬时关系图。假设应变片两端的坐标为：$x_1 = \lambda / 4 - l_0 / 2$，$x_2 = \lambda / 4 + l_0 / 2$，此时应变计输出的平均应变 ε_p 达到最大值：

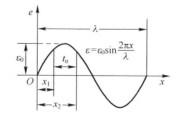

图 4.5　应变片对正弦波应变的
瞬态响应特性

$$\varepsilon_p = \frac{\int_{x_1}^{x_2} \varepsilon_0 \sin\left(\frac{2\pi x}{\lambda}\right) \mathrm{d}x}{x_2 - x_1} = \frac{-\lambda \varepsilon_0}{2\pi l_0}\left(\cos\frac{2\pi x_2}{\lambda} - \cos\frac{2\pi x_1}{\lambda}\right) = \frac{\lambda \varepsilon_0}{\pi l_0}\sin\frac{\pi l_0}{\lambda}$$

所产生的应变测量相对误差为： $\mathrm{e} = \varepsilon_p - \varepsilon_0 = \varepsilon_0\left(\frac{\lambda}{\pi l_0}\sin\frac{\pi l_0}{\lambda}\right)$ (4-6)

由式（4-6）可知，动态测量误差主要取决于应变波波长与应变片基长的比值 $n = \lambda/l_0$，当 λ/l_0 越大，则误差越小。一般可取 $\lambda/l_0 = 10 \sim 20$，这时测量误差为 1.6% ~ 0.4%。因为 $\lambda = v/f$，且 $\lambda = nl_0$，应变片可测应变波的频率 f 与应变波传播速度 v 以及波长基长比 n 的关系为：

$$f = \frac{v}{nl_0}$$ (4-7)

除了前面介绍的灵敏系数和温度误差外，应变片还有机械滞后、蠕变、应变范围、标称电阻、最大工作电流等参数。常用的电阻应变片规格有 $60\,\Omega$、$120\,\Omega$、$350\,\Omega$、$600\,\Omega$、$1000\,\Omega$ 等。选择应变片时，要综合考虑应变片的性能参数，包括静态性能指标，如应变片的电阻值、灵敏度、温度误差、蠕变、最大允许电流、应变极限等，和应变片的动态响应特性。

例 4.1 一个应变系数为 2.1 的 $350\,\Omega$ 应变片粘贴到一个圆环形铝支柱上，已知该铝材的弹性模量为 $E = 73\,\mathrm{GPa}$，环形支柱的外径为 50 mm，内径为 47.5 mm。计算该支柱承受 1000 kg 负荷时电阻的变化。

解： 材料所受应变等于单位面积的应力除以杨氏弹性模量，所以

$$\Delta R = R\Delta k\varepsilon = R\Delta k\Delta\frac{F/A}{E}$$

环形支柱的截面积为：

$$A = \frac{\pi(D^2 - d^2)}{4} = \frac{\pi \times 97.5 \times 2.5}{4} = 191\,\mathrm{mm^2}$$

根据题意，$R = 350\,\Omega$，$k = 2$，$F = 1000\,\mathrm{kg} \times 9.8\,\mathrm{N/kg} = 9800\,\mathrm{N}$，$E = 73\,\mathrm{GPa}$，所以

$$\Delta R = 350 \times 2.1 \times \frac{9800}{191 \times 10^{-6} \times 73 \times 10^9} = 0.52\,\Omega$$

即应变片的阻值减小了 0.52 Ω。

4. 应变片的接口电路

应变片的阻值变化非常小，基于应变片的检测系统中一般采用电阻平衡电桥（即惠斯顿电桥）作为应变片接口电路。采用直流电源供电的电阻电桥称为直流电桥，采用交流电供电的阻抗式电桥为交流电桥。

直流电桥测量电路由一个四臂电桥和直流电源构成，如图 4.6 所示。四个桥臂 R_1、R_2、R_3、R_4 按顺时针为序，ac 为电源端，bd 为输出端。当一个桥臂、两个桥臂甚至四个桥臂接入电阻传感器（如应变片）时，就分别构成了单臂、双臂和全臂直流电桥。

单臂电桥的一个桥臂上为电阻应变片，其他三个桥臂上为固定电阻，如图 4.7 所示。设 R_1 为电阻应变片，R_2、R_3 和 R_4 为固定电阻。设应变片未承受应变时阻值为 R_1，电桥处于平衡状态，即满足 $R_1R_3 = R_2R_4$，电桥输出电压为 0；当承受应变时，应变片产生 ΔR_1 的变化，R_1 的实际阻值变为 $R_1 + \Delta R_1$，电桥不再平衡，输出电压为：

$$U_0 = U \cdot \frac{(R_1+\Delta R_1)R_3 - R_2 R_4}{(R_1+\Delta R_1+R_2)(R_3+R_4)} = U \cdot \frac{\Delta R_1/R_1}{(1+\Delta R_1/R_1+R_2/R_1)(1+R_4/R_3)} \tag{4-8}$$

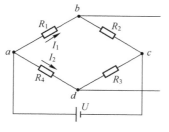

图 4.6　直流电桥

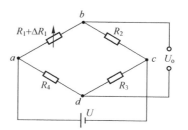

图 4.7　单臂直流电桥

若 $\dfrac{R_1}{R_2} = \dfrac{R_4}{R_3} = n$，忽略（4-8）式分母中的 Δ 项，则上式可近似为：

$$U_0 \approx U \cdot \frac{n}{(1+n)^2} \cdot \frac{\Delta R_1}{R_1} = K_u \frac{\Delta R_1}{R_1} \tag{4-9}$$

式（4-9）即为单臂电桥输出电压表达式，式中的 K_u 是电桥电压灵敏度。

提高电源电压 U 或调节桥臂比 n，可以提高单臂电桥的灵敏度。当电源电压一定时，如果 $n=1$，则可以有最大的电压灵敏度。所以，电阻电桥的桥臂比一般取值 1。此时，电压灵敏度为 $K_u = U/4$，输出电压为：

$$U_0 = \frac{1}{4}\frac{\Delta R_1}{R_1} \tag{4-10}$$

单臂电桥的输出存在较大非线性误差。在实际应用中，常采用双桥差动或全桥差动电路进行测量。

在电桥的两个桥臂上接入电阻应变片，其他桥臂上为固定电阻，则构成双臂工作电桥，如图 4.8 所示。设 R_1、R_2 为电阻应变片，R_3 和 R_4 为固定电阻。设应变片未受应变时的阻值为 R_1、R_2，电桥处于平衡状态，即满足 $R_1 R_3 = R_2 R_4$，电桥输出电压为 0；当承受应变时，应变片 R_1 的电阻增大 ΔR_1，应变片 R_2 的电阻减小 ΔR_2，且有 $\Delta R_1 = \Delta R_2$，这种电桥也称为差动电桥。双臂差动电桥的输出电压为：

$$U_0 = U \cdot \frac{(R_1+\Delta R_1)R_3 - (R_2-\Delta R_2)R_4}{(R_1+\Delta R_1+R_2-\Delta R_2)(R_3+R_4)} = \frac{U}{2} \cdot \frac{\Delta R_1}{R_1} \tag{4-11}$$

由上式可知，差动电桥的输出是线性的，没有非线性误差问题。与单臂电桥相比，双臂差动电桥的灵敏度提高了一倍。

若四个桥臂上都是电阻应变片，则构成全桥工作电路，如图 4.9 所示。未承受应变时电桥处于平衡状态，即满足 $R_1 R_3 = R_2 R_4$；当承受应变时，应变计 R_1 的电阻增大 ΔR_1，应变计 R_2 的电阻减小 ΔR_2，R_3 的电阻增大 ΔR_3，R_4 的电阻减小 ΔR_4，且有 $\Delta R_1 = \Delta R_2 = \Delta R_3 = \Delta R_4$，这种电桥也称为差动全桥。差动全桥的输出电压为：

$$U_0 = U \cdot \frac{\Delta R_1 R_3 + \Delta R_3 R_1 + \Delta R_2 R_4 + \Delta R_4 R_2}{(R_1+R_2)(R_3+R_4)} = U \cdot \frac{\Delta R_1}{R_1} \tag{4-12}$$

比较式（4-12）、式（4-11）、式（4-10）可知，在桥臂比为 1、应变片灵敏度相同、相邻桥臂应变片所受应变大小相同方向相反时，全桥电路的灵敏度是单臂电桥的 4 倍，是双臂差动电桥的 2 倍。

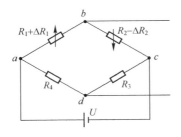 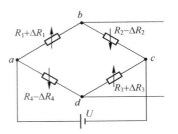

图 4.8 双臂差动电桥　　　　　　　图 4.9 全臂差动电桥

在双臂差动电桥和差动全桥电路中，相邻桥臂的应变大小相同方向相反，电桥的非线性误差从理论上可以完全消除，温度误差也大大减小，提高了电桥的线性度。所以在实际检测电路中，经常采用双臂差动电桥或差动全桥电路。

5. 金属应变片的应用

电阻式应变传感器具有结构简单，体积小，性能稳定，灵敏度高，动态响应快，使用方便，价格便宜，使用寿命长，能够在恶劣环境条件下工作等优点。常用于力、压力、位移、加速度的检测。应变式压力传感器可以用于液体和气体的静动态压力测量，如内燃机的进气口，出气口的压力测量，炮管内部压力测量，汽车发动机喷口的压力等。金属应变传感器的缺点是应变值都很小，一般在微应变数量级，容易受温度和其他外界环境干扰。

电阻应变片在应用时，一般粘贴在结构件上，所以也称结构型传感器。结构件的设计样式很多，有悬臂梁式、固定梁式、筒式、柱式等。图 4.10 的左图是一种等截面悬臂梁式力传感器的结构。悬臂梁的自由端受到力 F 的作用，此时距离端部 l 处的应变为：

$$\varepsilon_l = \frac{6lF}{Ebh^2} \tag{4-13}$$

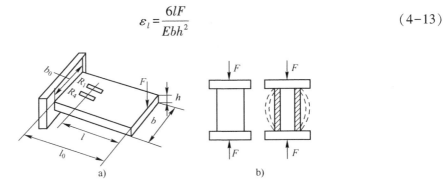

图 4.10 金属应变片的应用

a）等截面悬臂梁式力传感器　b）柱式（筒式）结构

对悬臂梁式结构来说，应变的幅值与距离受力点的距离成正比。在悬臂梁的上表面平行粘贴应变片 R_1、R_4，在下表面相同距离处平行粘贴应变片 R_2 和 R_3，则 R_1、R_2、R_3、R_4 处的应变大小相等，且上表面和下表面的应变方向相反。当悬臂梁受到向下的压力时，上表面受拉应力，贴在上表面的应变片 R_1、R_4 受正应变，而下表面受压应力，应变片 R_2 和 R_3 的应变值为负。当悬臂梁受到向上的拉力时，应变的方向相反。把 R_1、R_2、R_3、R_4 连接成图 4.11 中右侧的形式，就可以构成差动全桥应变电路。

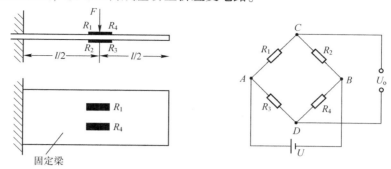

图 4.11　应变片的粘贴和连接

对于图 4.10 右图中的柱式或筒式结构，横向粘贴的应变片和纵向粘贴的应变片所受应变的极性相反，大小分别为：

$$\varepsilon_p = \frac{F}{SE} \qquad \varepsilon_h = -\mu\varepsilon_p \qquad (4\text{--}14)$$

其中，S 是柱的横截面积，E 是弹性模量，μ 是材料泊松系数。所以只要选择合适的位置沿不同方向粘贴应变片，也可以构成差动全桥或差动半桥电路。

4.1.2　半导体压阻传感器

金属应变片性能稳定，测量精度高，但灵敏系数低。在力和压力的测量中，也经常用到半导体压阻传感器。与金属应变片不同，压阻传感器的阻值变化主要来自半导体的压阻效应。

1. 半导体的压阻效应

压阻效应是指单晶半导体材料沿某一轴向受到作用力时电阻率发生变化的现象。

长度为 L，截面积为 S，电阻率为 ρ 的均匀条形半导体受到纵向的应力时，其电阻变化为 $\dfrac{\Delta R}{R} = (1 + 2\mu)\varepsilon + \dfrac{\Delta \rho}{\rho}$

电阻率的变化为 $\dfrac{\Delta \rho}{\rho} = \pi_L \sigma = \pi_L E \varepsilon$

其中 π_L 是压阻系数，σ 是应力，E 是杨氏弹性模量，ε 是应变。

对半导体来说，压阻系数远远大于泊松系数 μ，电阻变化率可近似为：

$$\frac{\Delta R}{R} = (1 + 2\mu + \pi_L E)\varepsilon \approx \pi_L E \varepsilon = \pi_L \sigma \qquad (4\text{--}15)$$

2. 半导体压阻传感器的结构和应用

半导体一般采用扩散硅工艺，即在 N 型硅晶片上用集成电路工艺按一定方向扩散一定规格的 P 型半导体，形成半导体应变薄膜，径向应变电阻随压力增大阻值减小，切向应变电阻随压力增大阻值增大，把径向和切向电阻连接成四臂平衡电桥，然后输出，如图 4.12 所示。

很多半导体压力传感器属于压阻式传感器。内部敏感元件为硅膜片，硅膜片两边有两个压力腔，一个是与被测对象相连的高压腔，一个是与大气相通的低压腔。当膜片两边存在压

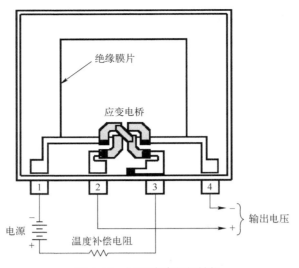

图 4.12　压阻传感器的结构

力差时，膜片产生变形，膜片上各点产生应力，径向应力和切向应力方向相反，导致径向和切向的应变电阻变化方向也相反，合理安排应变电阻，可以构成一个差动应变电桥，输出电压能够反映压力差的大小。

电桥供电可以采用恒压源或恒流源供电。尤其是恒流源供电，可以完全消除温度的影响，如图 4.13 所示。

$$U_o = \frac{1}{2}I(R+\Delta R+\Delta R_t) - \frac{1}{2}I(R-\Delta R+\Delta R_t) = I\Delta R \tag{4-16}$$

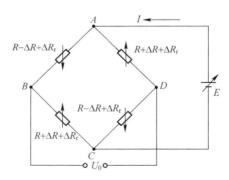

图 4.13　恒流源供电电桥电路

4.1.3　电阻式温度传感器

电阻式温度传感器（Resistive Temperature Device）利用金属或半导体的阻值随温度变化的特性来进行温度测量，主要有铂热电阻、铜热电阻和半导体热敏电阻等。RTD 的表示符号如图 4.14 所示。

1. 金属热电阻

金属热电阻主要有铂热电阻和铜热电阻。

铂电阻测温稳定性好，测温范围在−200℃ ~630℃，阻值与温度的关系为：

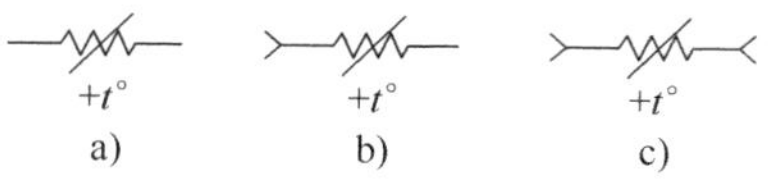

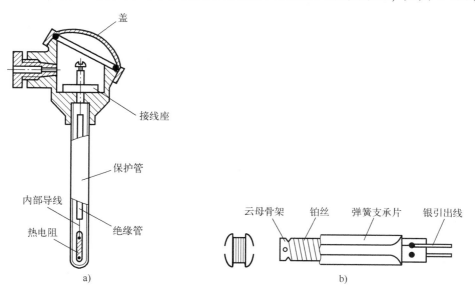

图 4.14

a）具有正温度系数的电阻式温度传感器符号　b）三线制热电阻　c）四线制热电阻符号

$$R_t = \begin{cases} R_0 \left[1 + At + Bt^2 + Ct^3(t-100) \right], t < 0\text{℃} \\ R_0 (1 + At + Bt^2), t \geq 0\text{℃} \end{cases} \qquad (4-17)$$

铂电阻的精度与铂的纯度有关。一般用百度电阻比 W（100）来表示纯度。纯度一定的铂热电阻，A、B、C 为常数。

国内最常用的铂电阻有 Pt100 和 Pt1000。Pt100 的标称阻值是 100 Ω，Pt1000 的标称阻值是 1000 Ω。不同阻值所对应的温度可以根据铂电阻的分度表来查。当对测量精度要求不高时，也可以直接根据金属热电阻的简化热电公式来计算：

$$R_t = R_0 (1 + \alpha t) \qquad (4-18)$$

其中的 α 取值等于热电阻的灵敏度。

铜热电阻测温范围为 $-50\text{℃} \sim 150\text{℃}$。铜的温度系数 $\alpha = 4.28 \times 10^{-3}/\text{℃}$。铜热电阻的两种分度号为 Cu50 和 Cu100。

工业用热电阻结构一般由电阻体、绝缘管、保护套管、引线和接线盒组成，如图 4.15a 所示。电阻体由电阻丝绕在由云母、石英等绝缘材料构成的电阻支架上，如图 4.15b 所示。

图 4.15　热电阻外形及结构

a）热电阻的外形　b）铂热电阻的结构

在动态性能方面，因为电阻本身的热容量关系，金属热电阻可以看成是一阶低通环节。如果是带外罩的热电阻（如铠装热电阻）则其动态特性类似于二阶过阻尼系统。

在应用中，要避免测量电路引起的传感器自热情况，否则传感器温度会高于被测介质的温度。导体的热耗散能力一般用热耗散因数 $\delta(\text{mW/K})$ 表示，δ 与周围介质的流动情况和流动速度有关。

例 4.2 用 Pt100 测量水温。已知 Pt100 在静止不动的水中的热耗散因数 δ 是 100 mW/K，若使传感器自热误差小于 0.1℃ （=0.1K），试计算允许流过传感器的最大电流。

解：传感器温升 $\Delta T = \dfrac{P}{\delta} = \dfrac{I^2 R}{\delta}$

根据题意 $\Delta T < 0.1℃$，所以

$$I_{max} = 10^{-2}\ A = 10\ mA$$

即流过传感器的最大电流不超过 10 mA。

2. 半导体热敏电阻

半导体热敏电阻是利用半导体材料的电阻率随温度变化而变化的性质制成的温敏元件。半导体热敏电阻分为正温度系数（PTC）热敏电阻、负温度系数（NTC）热敏电阻和临界温度系数（CTR）热敏电阻。

PTC 热敏电阻多由钛酸钡掺杂稀土元素烧结而成，温度系数为正，即热敏电阻的电阻率随温度升高而增大。PTC 热敏电阻广泛用于各类电子产品的控温和温度保护。

NTC 主要由 Mn、Fe、Co、Ni、Cu 等过渡金属氧化物混合烧结而成，电阻率随温度升高逐渐下降。NTC 热敏电阻常用于电路测温和热电偶温度补偿等。NTC 的阻值与温度关系近似为指数关系：

$$R_1 = R_0 e^{B(1/T - 1/T_0)} \tag{4-19}$$

其中 T 为当前温度，单位是 K，T_0 是阻值为 R_0 时的参考温度，单位也是 K，B 是热敏电阻的材料常数。

CTR 热敏电阻主要以三氧化二钒与钡、硅等氧化物，在磷、硅氧化物的弱还原气氛中混合烧结而成，其温度系数也是负值。当温度达到某个临界温度后，CTR 的电阻率会迅速下降到一个相对稳定水平，如图 4.16 所示。图 4.17 是不同封装形式的热敏电阻。CTR 热敏电阻常用于温控开关电路。

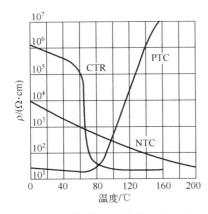

图 4.16　热敏电阻的电阻率变化

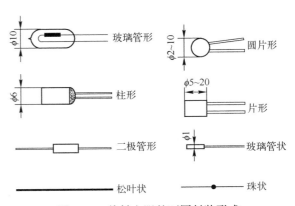

图 4.17　热敏电阻的不同封装形式

半导体热敏电阻的优点包括温度系数大，灵敏度高，体积小，热惯性小，适于测量点温、表面温度及快速变化的温度。缺点是线性度较差，复现性和互换性较差。

3. 热电阻传感器的应用

工业上广泛采用金属热电阻来进行测温，测量电路一般采用电桥电路。为了减小导线电

阻，工业用热电阻的引线一般不是两根，而是三根或四根，具有三根（四根）导线的热电阻被称为三线（四线）热电阻，相应的测量电路称为三线制（四线制）测量电路。

三线制测量电路如图 4.18a 和 b 所示。铂电阻一端的引出线接到电桥的一个桥臂上，另一端的两条引出线分别接到电路（a 是输出端，b 是供电端）和电桥的另一个桥臂。电阻电桥采用恒压源或恒流源供电。由于电桥的相邻桥臂增加了相同的导线电阻，三线制测量电路可以消除大部分导线电阻的影响。

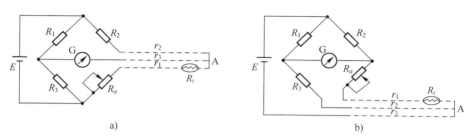

图 4.18　三线制热电阻测量电路

四线制测温电路如图 4.19 所示。铂电阻两端各有两根引出线，其中的两根线通过电阻接到恒流源上，另外两根线接到输出端上，恒流源输出的恒定电流流过铂电阻，把阻值变化转换成电压，电压可以通过电压表测量，或通过运算放大器放大后再输出。

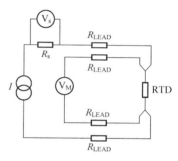

热敏电阻主要用作温度控制和补偿，适用于对温度控制精度要求不高的场合，如烤箱、电炉等。图 4.20 是一个基于热敏电阻的温度控制器电路，当实际温度低于设定温度时，热敏电阻 R_t 的阻值较大，三极管 VT_1 的基极——发射

图 4.19　四线制测量电路

极间的电压大于导通电压，VT_1 导通，VT_2 也导通，继电器 J 通电，触点吸合，电热丝 R_5 通电加热，LED 发光。当实际温度高于设定温度时，热敏电阻阻值较小，VT_1 的基极——发射极电压小于导通电压，VT_1 截止，VT_2 也截止，继电器失去电流，触点断开，电热丝断电。

图 4.21 是一温度补偿电路。大部分金属具有正温度系数，采用负温度系数的热敏电阻进行补偿，可以消除温度变化产生的误差。实际应用时一般将负温度系数的热敏电阻与小阻值锰铜电阻并联后再与被补偿元件串联。

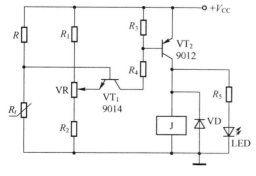

图 4.20　温度控制器电路

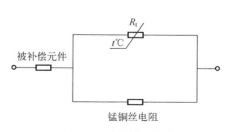

图 4.21　温度补偿电路

4.1.4 光敏电阻

光敏电阻是基于半导体光电导效应的一种简单光敏器件，没有极性，属于电阻器件。光敏电阻大都采用硫化镉（CdS）材料制作，适用于紫外和可见光光谱。

光敏电阻结构如图4.22所示。在玻璃板上淀积一层硫化镉化合物半导体，然后在半导体两端接上金属电极，把整个材料封装在塑脂内就构成一个光敏电阻。光敏电阻的受光面是透明的，即光线可以透过玻璃（透明塑料）照射到内部的半导体材料上。

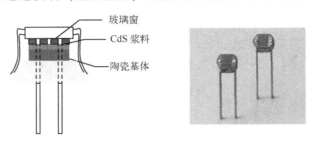

图4.22 光敏电阻的结构和外形

无光照时，光敏电阻的阻值很大，大多数光敏电阻的阻值在兆欧以上，电路电流很小；当光照发生时，由于光电导效应导致电导率提高，光敏电阻阻值下降，电回路的电流增大。光电导效应属于内光电效应的一种，也遵循光电效应方程，光敏电阻的临界波长取决于内部半导体材料的禁带宽度。硫化镉制成的光敏电阻临界波长为513 nm。即硫化镉光敏电阻只对波长小于513 nm的光波敏感。在红外光谱范围，可以采用以铅为基础的材料，如硫化铅。

光敏电阻体积小、质量轻、灵敏度高，但是光谱响应范围小，线性度不好，一般用于防盗报警、火灾报警等自动化控制装置中，较少用于光电检测系统。

4.1.5 磁敏电阻

1856年，开尔文首先发现了铁和镍中的磁阻效应。对于大多数导体，磁阻效应远小于霍尔效应，但各向异性材料（如铁磁性材料）的电阻则取决于它们的磁矩，即

$$R = R_{min} + (R_{max} - R_{min})\cos^2\theta$$

当磁化方向与电流方向一致时，电阻R最大，而在磁化方向与电流垂直时，电阻R最小，这种效应称为各向异性磁阻效应。利用各向异性磁阻效应制成的磁阻传感器称为AMR。AMR传感器是在有磁场的情况下由沉积到硅片上的坡莫合金（Ni80Fe20）形成薄膜，然后利用制版工艺制成电阻条。AMR电阻的最大变化一般为2%~3%。

1988年，法国物理学家A.Fert和德国物理学家P.Grunberg各自独立发现了在由磁性材料和非磁性材料构成的多层结构中的巨磁阻（Giant Magnetic Resistance）效应。利用这一新型材料制成的巨磁阻传感器随后得到了大规模的市场应用。GMR传感器也由半导体沉积技术制成，但制造工艺更复杂。在超低温情况下，GMR的电阻变化率可以达到50%。在常规温度下，GMR的电阻变化率也可以达到5%，甚至20%。

磁敏电阻可以用来检测磁场或者通过磁场变化来测量其他物理量。如一些电子罗盘、计算机磁盘读写头、磁性标签读卡器等就是用磁敏电阻来进行磁场检测。磁敏电阻也常见于线位移、角位移、角度检测系统中。

4.2 电感式传感器

电感式传感器通常指的是利用线圈的感抗变化来进行传感的装置。其中最常见的方式是利用物理量来改变磁感应回路中的磁阻进而实现感抗的变化，也称为变磁阻式传感器。电感式传感器广泛用在位移、振动、压力、流量、质量等多种物理量的检测系统中。

电感式传感器种类很多，根据感抗的不同可分为自感式、互感式、电涡流式传感器等。根据结构形式的不同可分为变气隙式、变截面积式和螺管式。电感式传感器的核心是产生可变自感或可变互感，在被测量转换成线圈自感或互感的变化时，一般要利用磁场作为媒介或利用铁磁体的某种磁化现象。

电感式传感器普遍具有结构简单、灵敏度高、线性度好、阻抗小、可靠性高等优点，适于在恶劣环境下工作。

4.2.1 自感式传感器

线圈的自感是线圈产生的磁链与通过线圈的电流的比值，反映了线圈的电磁耦合能力。当磁场强度一定时，线圈的电磁感应能力很大程度上取决于磁路磁阻的大小。通过物理或机械方式改变磁路磁阻进而改变线圈的自感系数来进行检测的一类传感器称为自感传感器。常见的自感传感器结构有变气隙式、变截面积式和螺线管式，如图 4.23 所示。

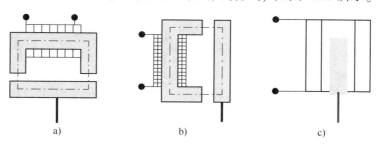

图 4.23 自感传感器的结构

a）变隙式　b）变截面积式　c）螺线管式

根据电感的定义，一定匝数的线圈通以有效值为 I 的交流电产生的磁链为 Ψ，则该线圈的电感为：

$$L=\frac{\Psi}{I}$$

磁链等于单个线圈磁通量 Φ 乘以线圈的匝数。根据磁路欧姆定律，磁通 Φ 等于：

$$\Phi=\frac{WI}{R_m}$$

所以线圈的电感可以表示为线圈的匝数的平方和磁路磁阻的比值：

$$L=\frac{W\Phi}{I}=\frac{W^2 \cdot I}{I \cdot R_m}=\frac{W^2}{R_m} \tag{4-20}$$

假设自感传感器的结构如图 4-23a 所示，整个磁路的磁阻可写为：

$$R_m = \sum l_i/\mu_i S_i + 2\delta/\mu_0 S \tag{4-21}$$

其中 l_i 是各段导磁体的长度，μ_i 是各段导磁体的磁导率；S_i 是各段导磁体的截面积；δ 是空气隙的厚度；μ_0 是真空磁导率；S 是空气隙截面积。

从式（4-21）可以看出，改变气隙厚度、气隙截面积和磁导体的长度均可以改变磁阻。如果铁芯与衔铁之间的气隙厚度发生改变，磁路的磁阻就会发生变化，进而改变线圈的自感系数，这就是变气隙式自感传感器的结构。当衔铁在与截面平行的方向移动时可以改变气隙的截面积，从而导致自感的变化，这是变截面积式自感传感器。当衔铁在缠绕线圈的螺线管内移动时，改变的是磁路上磁导体的长度，这是螺线管式自感传感器。

1. 变气隙式自感传感器的灵敏度与特性

变气隙式自感传感器的结构如图 4.23a 所示。由于气隙的磁阻远远大于铁芯和衔铁的磁阻，磁路的磁阻可以写成：

$$R_m \approx \frac{2\delta}{\mu_0 S_0} \tag{4-22}$$

因此，自感 L 可以写成如下表达式：

$$L = \frac{W^2}{R_m} = \frac{W^2 \mu_0 S_0}{2\delta} \tag{4-23}$$

用图形表示，L-δ 之间的关系如图 4.24 所示。

假设衔铁处于初始位置时的初始电感量为 $L_0 = \dfrac{W^2 \mu_0 S_0}{2\delta_0}$

当衔铁移动 $\Delta\delta$ 时，气隙减小或增加 $\Delta\delta$，即 $\delta = \delta \mp \Delta\delta$，此时输出电感为：

$$L = L_0 \pm \Delta L = \frac{W^2 \mu_0 S_0}{2(\delta_0 \mp \Delta\delta)} = \frac{L_0}{1 \mp \dfrac{\Delta\delta}{\delta_0}} \tag{4-24}$$

当 $\Delta\delta / \delta_0 \ll 1$ 时，上式可以用泰勒级数展开为：

$$L = L_0 \left[1 \pm \frac{\Delta\delta}{\delta_0} + \left(\frac{\Delta\delta}{\delta_0} \right)^2 \pm \cdots \right]$$

亦即

$$\Delta L = L_0 \frac{\Delta\delta}{\delta_0} \left[1 \pm \frac{\Delta\delta}{\delta_0} + \left(\frac{\Delta\delta}{\delta_0} \right)^2 \pm \cdots \right]$$

忽略上式中的高次项，可得变隙式自感传感器的灵敏度为：

$$K = \frac{\Delta L / L_0}{\Delta\delta} = \frac{1}{\delta_0} \tag{4-25}$$

从式（4-25）可以看出，变气隙式电感传感器的灵敏度与气隙的初始厚度成反比，气隙越小，灵敏度越大。因此变气隙式自感传感器的气隙都比较小，只能测量微小位移量。

从图 4.24 可以看出，变气隙式自感传感器的自感与气隙厚度的关系是非线性的。为了减小非线性误差同时提高灵敏度，实际电感传感器一般采用差动式变气隙传感器。

在差动式变气隙电感传感器中，两个材料结构完全相同的变气隙式电感传感器共用一个活动衔铁，如图 4.25 所示。衔铁通过导杆与被测对象相连，当被测对象移动时，导杆带动衔铁也上下移动，两个变气隙式电感传感器的气隙厚度发生相反的变化，使得两个磁回路中

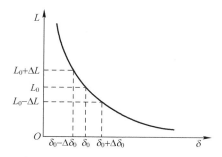

图 4.24　变气隙式自感传感器自感与气隙厚度之间的关系

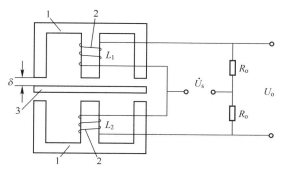

图 4.25　差动式变气隙传感器

的磁阻发生大小相等、方向相反的变化，进而使线圈的电感一个增大，另一个减小，形成差动式传感器。

假设衔铁处于初始位置时：

$$L_1 = L_2 = L_0 = \frac{W^2 \mu_0 S_0}{2\delta}$$

当衔铁向上移动 $\Delta\delta$ 时，线圈 L_1 的自感增大，而线圈 L_2 的自感减小：

$$\Delta L_1 = L_0 \frac{\Delta\delta}{\delta_0} \left[1 + \frac{\Delta\delta}{\delta_0} + \left(\frac{\Delta\delta}{\delta_0}\right)^2 + \cdots \right]$$

$$\Delta L_2 = L_0 \frac{\Delta\delta}{\delta_0} \left[1 - \frac{\Delta\delta}{\delta_0} + \left(\frac{\Delta\delta}{\delta_0}\right)^2 - \cdots \right]$$

因此差动式电感传感器的电感变化量为：

$$\Delta L_1 + \Delta L_2 = 2L_0 \frac{\Delta\delta}{\delta_0} \left[1 + \left(\frac{\Delta\delta}{\delta_0}\right)^2 + \left(\frac{\Delta\delta}{\delta_0}\right)^4 + \cdots \right] \tag{4-26}$$

忽略公式中的高次项，可得

$$\frac{\Delta L}{L_0} = \frac{2\Delta\delta}{\delta_0} \tag{4-27}$$

更进一步

$$K = \frac{\Delta L / L_0}{\Delta\delta} = \frac{2}{\delta_0} \tag{4-28}$$

也就是说，在初始气隙厚度不变的情况下，差动式自感传感器的灵敏度比普通自感传感器的灵敏度提高了一倍。此外，式（4-26）中只有偶数幂的高次项。忽略高次项引起的非线性误差相比于普通自感传感器要小很多，因而差动式传感器的线性度也得到提高。

2. 变截面积式自感传感器的灵敏度与特性

在变面积式自感传感器中，气隙厚度不变，与被测量相连的衔铁与铁芯之间的相对面积发生变化，引起磁通截面积发生改变，从而改变线圈的感抗。如果衔铁与铁芯的材料相同，磁导率为 μ_r，铁芯加衔铁的磁导体长度为 l，气隙厚度为 δ，磁通截面积为 s，则线圈的电感为：

$$L = \frac{W^2}{\dfrac{2\delta}{\mu_0 s} + \dfrac{l}{\mu_0 \mu_r s}} = \frac{W^2 \mu_0 \mu_r}{2\delta\mu_r + l}s \qquad (4-29)$$

变面积式自感传感器的灵敏度为：

$$k_0 = \frac{\mathrm{d}L}{\mathrm{d}s} = \frac{W^2 \mu_0 \mu_r}{2\delta\mu_r + l} \qquad (4-30)$$

根据式（4-30），在忽略气隙磁通边缘条件的情况下，变截面积式自感传感器的电感变化与截面积变化成正比，且灵敏度是常数。灵敏度的大小与线圈的匝数平方以及真空磁导率成正比。由于空间有限，线圈的匝数是有限的，所以变截面积式自感传感器的灵敏度很难做到很大。

3. 螺线管式自感传感器的灵敏度与特性

螺线管式电感传感器，尤其是两个结构材料相同、匝数也相同的线圈绕在同一根螺线管上构成的差动式螺线管自感传感器，是一种结构简单、灵敏度较高的自感传感器类型。

在图 4.26 中，1、2 是线圈，3 是螺线管，4 是衔铁。线圈 1 和线圈 2 的匝数分别是 W_1 和 W_2。初始时，衔铁位于螺线管中间位置，两个线圈的电感相同。当衔铁在螺线管内左右移动时，线圈 1 和线圈 2 的电感一个增大，另一个减小，当线圈的参数完全相同时，两个线圈的电感变化大小相等，方向相反，具有差动的特征。

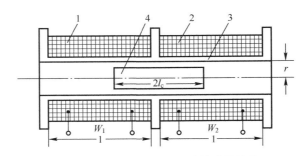

图 4.26　差动式螺线管自感传感器结构

两个线圈的初始电感系数为：

$$L_0 = L_{10} = L_{20} = \frac{\pi r^2 \mu_0 W^2}{l}\left[1 + (\mu_r - 1)\left(\frac{r_c}{r}\right)^2 \frac{I_c}{l}\right] \qquad (4-31)$$

当铁心移动（如右移）后，使右侧电感值增大，左侧电感值减小，电感为：

$$L_2 = \frac{\pi r^2 \mu_0 W^2}{l}\left[1+(\mu_r-1)\left(\frac{r_c}{r}\right)^2\left(\frac{I_c+\Delta x}{l}\right)\right] \tag{4-32}$$

$$L_1 = \frac{\pi r^2 \mu_0 W^2}{l}\left[1+(\mu_r-1)\left(\frac{r_c}{r}\right)^2\left(\frac{I_c-\Delta x}{l}\right)\right] \tag{4-33}$$

因此两个螺线管式自感传感器的灵敏度为

$$k_1 = \frac{\mathrm{d}L_1}{\mathrm{d}x} = -\frac{\pi\mu_0 W^2(\mu_r-1)r_c^2}{I^2}, \quad k_2 = \frac{\mathrm{d}L_2}{\mathrm{d}x} = \frac{\pi\mu_0 W^2(\mu_r-1)r_c^2}{I^2} \tag{4-34}$$

其中 μ_r 为铁心的相对磁导率，在一般情况下 $\mu_r \gg 1$，因此

$$k_2 = -k_1 \approx \frac{\pi\mu_0 W^2 \mu_r r_c^2}{I^2} \tag{4-35}$$

作为感抗式传感器，差动式自感传感器可以采用变压器电桥作为检测电路。变压器电桥如图 4.27 所示，Z_1、Z_2 为自感传感器两个线圈的感抗，电桥另外两臂由电源变压器的二次侧线圈构成。

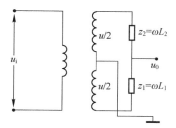

图 4.27　变压器电桥电路

输出空载电压为:

$$u_0 = \frac{u}{Z_1+Z_2}Z_1 - \frac{u}{2} = \frac{u}{2}\frac{Z_1-Z_3}{Z_1+Z_2}$$

假设初始平衡时，$Z_1 = Z_2 = Z$，$u_0 = 0$。

当衔铁偏离中间点，如向下移动时，设 $Z_1 = Z+\Delta Z$，$Z_2 = Z-\Delta Z$，此时

$$u_0 = -(u/2)\times(\Delta Z/Z)$$

当衔铁反向移动时，$Z_1 = Z-\Delta Z, Z_2 = Z+\Delta Z$，此时

$$u_0 = -(u/2)\times(\Delta Z/Z)$$

传感器线圈的阻抗 $Z = R+\mathrm{j}\omega L$，阻抗变化量 $\Delta Z = \Delta R+\mathrm{j}\omega\Delta L$，通常线圈的品质因数 Q 很高，$R \ll \omega L, \Delta R \ll \omega\Delta L$，所以

$$u_0 = \pm\frac{u}{2}\cdot\frac{\Delta L}{L}$$

即输出空载电压的幅值与电感的变化呈线性关系。但由于输出电压是交流电压，无法根据电压的极性来判断位移方向。若要判断位移方向，需加上相敏整流电路。经过相敏整流后的输出电压为直流电压，电压的大小与位移大小成正比，且极性反映位移的方向。相敏整流电路还可以消除差动电感式传感器的零点残余电压的影响，如图 4.28 所示。

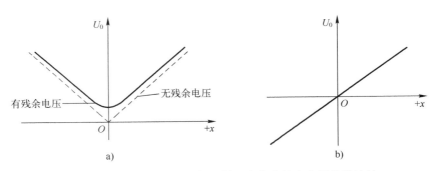

图 4.28　非相敏整流电路与相敏整流电路输出电压曲线比较

4.2.2　互感式传感器

把被测的非电量转变为线圈间互感系数变化的传感器称为互感式电感传感器。这种传感器是根据变压器的基本原理制成的。不同的是变压器为闭合磁路，而互感传感器为开磁路。另外变压器的初/次级间的互感为常数，而互感传感器的初/次级间的互感随衔铁移动而变化，且两个次级绕组用差动形式连接。由于原理与变压器类似，差动式互感传感器也称为差动变压器式传感器，或者线性可调差动变压器（Linear Variable Differential Transformer），简称 LVDT。

与自感传感器类似，互感式传感器从结构上也可以分为变气隙式、变截面积式和螺线管式三大类。其中最常见的是螺线管式差动变压器传感器，可以测量 1~100 mm 的位移，具有测量精度高、灵敏度高、结构简单、性能可靠等优点。螺线管式差动变压器一般由绝缘骨架、绕在骨架上的一次侧线圈、绕在骨架上的两个对称的二次侧线圈及活动螺线管组成。图 4.29 展示了不同结构类型的互感传感器。其中 a、b 是变气隙式，c、d 和 e 是变截面积式，f 是螺线管式。

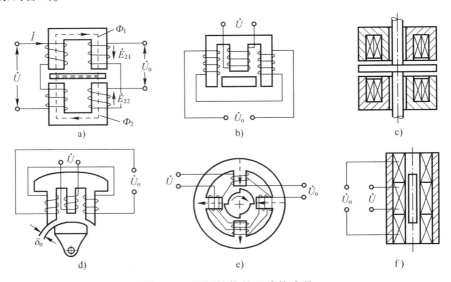

图 4.29　不同结构的互感传感器

1. 互感式传感器的等效电路

在忽略线圈寄生电容、铁心损耗、漏磁以及变压器次级开路（或负载阻抗足够大）的情况下，差动变压器的等效电路如图 4.30 所示。图中 r_1 与 L_1、r_{2a} 与 L_{2a}、r_{2b} 与 L_{2b} 分别为初级绕组、两个次级绕组的导线电阻与电感。

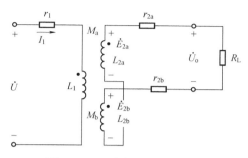

图 4.30　差动变压器等效电路

在图 4.29 中，根据电磁感应定律，两个次级绕组的感应电势为：

$$\dot{E}_{2a} = -j\omega M_1 \dot{I}_1, \quad \dot{E}_{2b} = -j\omega M_2 \dot{I}_1 \tag{4-36}$$

原边电路中的电流变化率为：

$$\dot{I}_1 = \frac{\dot{U}_1}{r_1 + jwL_1} \tag{4-37}$$

由于两个次级绕组反相串联，根据变压器原理，传感器开路输出电压为两次级线圈感应电势之差，即

$$\dot{U}_0 = \dot{E}_{2a} - \dot{E}_{2b} = -\frac{j\omega(M_1 - M_2)}{r_1 + j\omega L_1}\dot{U}_1 \tag{4-38}$$

输出电压的有效值为：

$$U_0 = \frac{\omega(M_1 - M_2)}{\sqrt{r_1^2 + (\omega L_1)^2}}U_1 \tag{4-39}$$

如果是变隙式差动互感传感器，如图 4-27 中 a 所示：

$$\dot{U}_0 = -\frac{\delta_b - \delta_a}{\delta_b + \delta_a}\frac{W_2}{W_1}\dot{U}_1 \tag{4-40}$$

如果被测物体带动衔铁移动 $\Delta\delta$，则

$$\dot{U}_0 = -\frac{W_2}{W_1}\frac{\dot{U}_1}{\delta_0}\Delta\delta \tag{4-41}$$

当衔铁向上移动时，$\Delta\delta$ 为正，输出电压与电源电压反相；当衔铁向下移动时，$\Delta\delta$ 为负，输出电压与电源电压同相。输出特性曲线如图 4.31 所示。

同样地，如果是螺线管式差动变压器，如图 4.32 所示，两个次级绕组的匝数分别为 W_{2a} 和 W_{2b}。在理想情况下，当衔铁处于中心位置时，M_1 等于 M_2，输出为零；当衔铁向右移动时，M_1 增大，M_2 减小，输出电压与输入电压同相，电压幅值与移动距离成正比；当衔铁向左移动时，M_1 减小，M_2 增大，输出电压与输入电压反相，电压幅值与移动距离成正比。

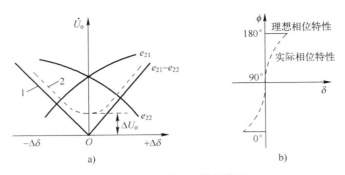

图 4.31　差动变压器的特性

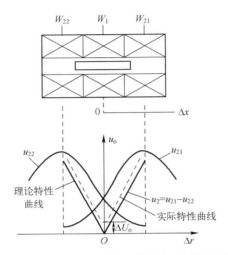

图 4.32　螺线管式差动变压器输出电压特性曲线

在实际情况下，差动变压器的输出电压特性往往与理想特性曲线有距离，如图4.30中的实线和虚线所示。当位移输入为零时，两个互感传感器的输出电压并不完全相同，导致差动变压器的输出电压不为零。差动变压器在零位移时的这个输出电压被称为零点残余电压。零点残余电压主要是由传感器的两个次级绕组的电气参数不一致，线圈的几何尺寸不对称，以及磁性材料本身的非线性等因素引起的。

要减小零点残余电压，首先必须提高框架和线圈的对称性，特别是两个二次线圈的材料均匀性和结构对称性。其次，在实际应用中，可以通过电路补偿等手段来减小甚至消除零点残余电压，例如并联一个电位器进行调零，或者在次级线圈端并联一个电容，或者串联电阻等，如图4.33所示。

2. 差动变压器的检测电路

差动变压器的输出电压是交流调幅电压，若用交流电压表测量，只能反映衔铁位移的大小，不能反映移动的方向。另外，其测量值中包含零点残余电压。为了既能辨别衔铁移动方向和大小，又能消除零点残余电压，实际测量时，可以采用差动整流电路和相敏检波电路对交流调幅电压进行处理，把传感器信号从交流电压中分离出来，转变成一个直流电压信号。

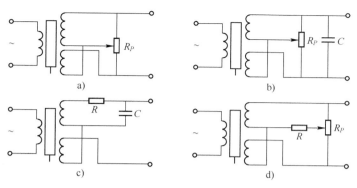

图 4.33　零点残余电压补偿电路

差动整流电路把差动变压器的两个次级输出电压分别整流，然后输出，如图 4.34 所示。整流电流可以采用半波整流，如图 4.34 左侧，或全波整流如图 4.34 右侧。整流后的输出电压变为直流电压，其极性可以反映衔铁位移的方向。差动整流电路实现简单，不需要参考电压，不需考虑相位调整和零位电压的影响，对感应和分布电容影响也不敏感，但是信号损失大，而且不能抑制直流共模干扰。

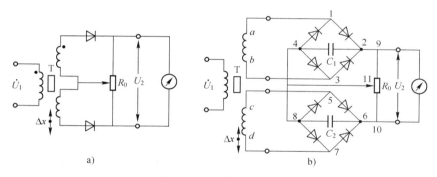

图 4.34　差动整流电路

图 4.35 是差动变压器与带相敏检波电路的交流电桥连接示意图。相敏检波电路中的参考电压 U_s 与差动变压器次级输出电压 U_2 为同频信号，但幅值远大于 U_2。当螺线管位移为 0

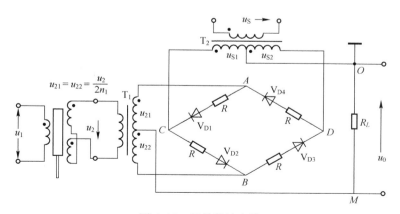

图 4.35　相敏检波电路

时，差动变压器电压 U_2 为零，相敏检波电路输出 U_0 为 0；当螺线管向下移动时，螺线管差动变压器的位移为正，相敏检波电路的输出电压 U_0 大于 0；当螺线管向上移动时，螺线管差动变压器的位移为负，相敏检波电路的输出电压 U_0 小于 0。

在图 4.35 中，当差动变压器电压 U_2 与参考电压 U_s 同相，即螺线管差动变压器的位移大于 0 时，在电压正半周，二极管 VD_2 和 VD_3 导通，U_{s1} 和 U_{22} 反向连接，U_{s2} 则和 U_{22} 正相连接，等效电路如图 4.36a 所示，输出电压 u_0。

$$u_0 = \frac{u_{22}R_L}{R_L + R/2} = \frac{u_2}{2n}\Delta\frac{2R_L}{2R_L + R} = \frac{u_2 R_L}{n(R + 2R_L)}$$

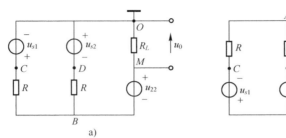

图 4.36　U_2 与 U_s 同相

a）正半周时等效电路　b）负半周时等效电路

在电压负半周，二极管 VD_1 和 VD_4 导通，等效电路如图 4.36b 所示，输出电压也等于上式。也就是说当螺线管位移为正时，无论处于电压正半周还是负半周，相敏检波电路的输出电压都大于零，且电压幅值与位移成正比。类似地，也可分析差动变压器电压 U_2 与参考电压 U_s 反相时的情况。

此外，载波放大器可以同时实现对交流调制信号的放大、解调和低通滤波功能，有的还包括振荡器。市场上有集成的载波放大器产品，也可用分立元件自己设计适合应用的载波放大器电路。采用相干放大器对交流信号进行放大，然后利用计算机采集模拟信号并进行处理，最后通过与参考信号进行同步取样，实现信号的数字锁相放大，是另外一种比较先进的模数混合交流信号处理技术，常用于激光测距、光纤传感等测量仪器中。

4.2.3　电涡流式传感器

将块状的金属导体置于变化的磁场中或者在恒定的磁场中做切割磁力线的运动，金属导体内会产生旋涡式的感应电流，简称涡流，这种现象称为电涡流效应。利用电涡流效应来进行物理量检测的传感器就称为电涡流传感器。电涡流传感器的最大特点是能够对位移、厚度、应力、材料内部损伤等进行非接触式测量，因此广泛应用在相关工业生产和科学研究中。

电涡流传感器的工作原理如图 4.37a 所示。检测头上的激励线圈通以交流电产生一个交变的磁场 H_1，被测金属导体在该磁场作用下产生电涡流 I_2，I_2 对应产生的磁场为 H_2，H_2 反过来作用于 H_1 并削弱 H_1，传感器线圈中的等效阻抗因而发生变化，线圈阻抗的变化与被测金属导体内产生的电涡流的强弱程度有关。而导体内的电涡流效应与导体的电阻率 ρ、磁导

率 μ、导体的几何形状、激励电流频率 f、线圈半径 r、激励线圈与导体之间的距离 x 等有关系。因此传感器线圈的等效阻抗 Z 可以看作多个变量的函数式：

$$Z = f(\rho, \mu, r, f, x) \tag{4-42}$$

改变式（4-42）中的一个参量同时保持其他参数不变，就可以得到线圈阻抗与该参量之间的单值对应关系，实现对该参数的测量，从而得到测量不同物理量的电涡流传感器。

图 4.37b 是电涡流传感器的等效电路。设线圈的电阻为 R_1，电感为 L_1，短路环的电阻为 R_2，电感为 L_2，线圈与短路环之间的互感系数为 M，M 随它们之间的距离 x 减小而增大。加在线圈两端的激励电压为 U_1。根据基尔霍夫定律，可列出电压平衡方程组：

$$\begin{aligned} R_1 \dot{I}_1 + j\omega L_1 \dot{I}_1 - j\omega M \dot{I}_2 &= \dot{U}_1 \\ R_2 \dot{I}_2 + j\omega L_2 \dot{I}_2 - j\omega M \dot{I}_1 &= 0 \end{aligned} \tag{4-43}$$

因此，线圈受金属导体涡流影响后的等效阻抗为：

$$Z_1 = \frac{\dot{U}_1}{\dot{I}_1} = R_1 + j\omega L_1 + \frac{\omega^2 M^2}{R_2 + j\omega L_2} = R + j\omega L(1 + K^2) \frac{1}{\dfrac{1}{j\omega L K^2} + \dfrac{1}{R_e L K^2}} \tag{4-44}$$

式中，ω 是信号源的角频率；K 是耦合系数，$K^2 = M^2 / (L \cdot L_E)$。

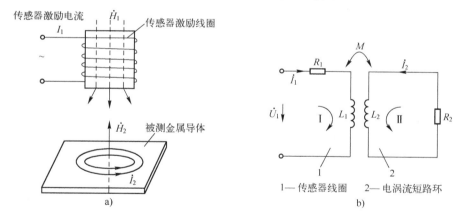

图 4.37 电涡流传感器原理及等效电路

a）工作原理 b）等效电路

涡流式传感器的工作不需要任何磁性材料，可以工作在超过材料居里温度的高温下，而且不受非导磁介入材料如油、灰尘、水和蒸汽的影响。某些涡流传感器不需要任何机械环节，从而具有比变磁阻式传感器更小的负荷效应，而且没有机械磨损，因而具有更高的可靠性，非常适合应用在工业现场。图 4.38a 是电涡流传感器的结构示意图，图 4.38b 是透射式电涡流传感器的示意图。

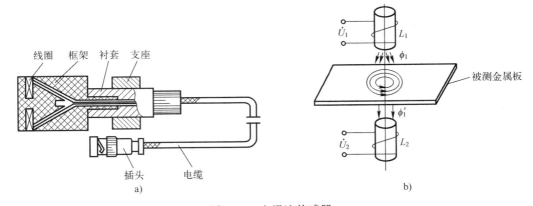

图 4.38　电涡流传感器

a）电涡流传感器的结构　b）透射式电涡流传感器

4.3　电容式传感器

任意两个用绝缘介质或真空隔开的电导体之间都会存在电容效应。导体之间的电压差 V 与导体上积聚的电荷 Q 之间的关系可以用电容 C 表示，且 $C=Q/V$。电容 C 的大小取决于导体相对位置和导体之间的介质材料。如图 4.39 所示。以我们熟知的平行板电容器为例，当两个平行的导电极板相对面积为 S，间距为 d，极板间介质的介电常数为 ε，则平行板电容器的电容为：

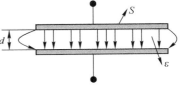

$$C = \frac{\varepsilon S}{d} = \frac{\varepsilon_0 \varepsilon_r S}{d} \qquad (4-45)$$

图 4.39　平行板电容器

式（4-45）中，ε_0 是真空介电常数，$\varepsilon_0 = 6.85\,\mathrm{pF/m}$，$\varepsilon_r$ 是介质的相对介电常数。空气的相对介电常数近似为 1，水的相对介电常数则随温度变化较大。改变式（4-45）中的极板面积、相对介电常数或者极板距离 d 等任一项，都会引起电容的变化。如果保持其中两个参数不变，仅改变其中一个参数时，就可把该参数的变化与电容量的变化关联起来，进而得到电容传感器。根据改变参数的不同，电容式传感器可以分为三种基本类型，即变面积型、变介电常数型和变极距（或称变间隙）型。图 4.40 是常见的一些电容传感器结构，其中 a 和 e 属于变极距型，b、c、d、f、g、h 属于变面积型，i、j、k、l 属于变介电常数型。

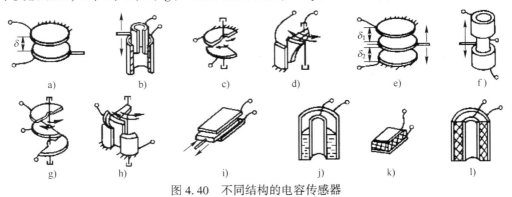

图 4.40　不同结构的电容传感器

4.3.1 电容式传感器的主要类型

电容式传感器主要分为以下 3 种类型:

1. 变面积式电容传感器

电容器的两个极板一个固定,另一个可以移动,当动极板相对于定极板沿着长度方向平移时,其电容变化量为:

$$C = C_0 - \Delta C = \frac{\varepsilon_0 \varepsilon_r (a - \Delta x) b}{d} = \frac{\varepsilon_0 \varepsilon_r a b}{d} - \frac{\varepsilon_0 \varepsilon_r \Delta x b}{d} \tag{4-46}$$

图 4.41a 和图 4.41b 分别是变面积式线位移电容传感器和变面积式角位移电容传感器的示意图。

对角位移电容式传感器来说,当 $\theta = 0$ 时,$C_0 = \dfrac{\varepsilon_0 \varepsilon_r s_0}{d_0}$,

当 $\theta \neq 0$ 时,

$$C = \frac{\varepsilon_0 \varepsilon_r s_0 \left(1 - \dfrac{\theta}{\pi}\right)}{d_0} = C_0 \left(1 - \frac{\theta}{\pi}\right) \tag{4-47}$$

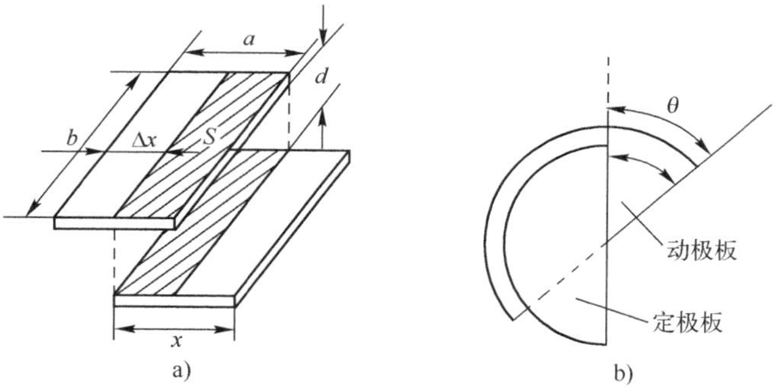

图 4.41 变面积式线位移及角位移传感器
a) 变面积式线位移电容传感器 b) 变面积式角位移电容传感器

2. 变介电常数式电容传感器

比较常见的变介电常数式电容传感器有液位传感器,湿度传感器,气体传感器,化学成分传感器等。

图 4.42a 是一个液位传感器,两个圆柱形金属面构成电容器的两个极板,当液位变化时,即极板之间的液体介质高度发生变化,介电常数就发生变化,导致电容器的电容发生变化。这种电容液位传感器可以用于非导电液体的液位测量。

假设圆柱面内极板的内径是 d,外极板的内径是 D,圆柱形电容器的高度是 H,如果初始液位为零,则液位传感器的初始电容为:

$$C_0 = \frac{2\pi\varepsilon_0 H}{\ln \dfrac{D}{d}} \tag{4-48}$$

假设液位高度为 h,则电容为:

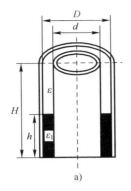
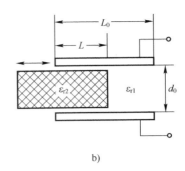

图 4.42　变介电常数式电容传感器

a）变介电常数式液位传感器　b）变介电常数式位移传感器

$$C=\frac{2\pi\varepsilon_1\varepsilon_0 h}{\ln\frac{D}{d}}+\frac{2\pi\varepsilon_0(H-h)}{\ln\frac{D}{d}}=C_0+\frac{2\pi h\varepsilon_0(\varepsilon_1-1)}{\ln\frac{D}{d}} \tag{4-49}$$

所以电容的变化正比于液位的高度 h。

图 4.42b 是一个可以测量固体介质位移的电容传感器，固体介质或者被测对象关联的固体介质在电容器极板间移动，改变电容器的介电常数，进而改变电容。

当位移 L 为 0，初始介质为空气时，电容器的电容为：

$$C_0=\frac{\varepsilon_0\varepsilon_{r1}L_0 b_0}{d_0}=\frac{\varepsilon_0 L_0 b_0}{d_0} \tag{4-50}$$

当被测电介质进入极板间 L 深度后，

$$C=C_1+C_2=\varepsilon_0 b_0\frac{\varepsilon_{r1}(L_0-L)+\varepsilon_{r2}L}{d_0}$$

电容的相对变化为：

$$\frac{\Delta C}{C_0}=\frac{C-C_0}{C_0}=\frac{(\varepsilon_{r2}-1)L}{L_0} \tag{4-51}$$

所以电容的变化量与介质移动距离成正比。

3. 变极距式电容传感器

电容器的一个极板固定，另一个极板是活动的，当活动极板与被测物体相连，就可以构成变极距式电容传感器。在图 4.38 中，假设电容器的初始极距为 d，若极距缩小 Δd，则电容器的电容为：

$$C=C_0+\Delta C=\frac{\varepsilon_0\varepsilon_r S}{d-\Delta d}=\frac{C_0}{1-\frac{\Delta d}{d}}=\frac{C_0\left(1+\frac{\Delta d}{d}\right)}{1-\left(\frac{\Delta d}{d}\right)^2} \tag{4-52}$$

根据式（4-52），变极距式电容传感器的电容变化与极距变化之间的关系是非线性的。若 $\Delta d/d\ll 1$，一般极板位移要小于极板初始极距的十分之一，上式可简化为：

$$C=C_0+C_0\frac{\Delta d}{d} \tag{4-53}$$

这样电容变化 ΔC 与 Δd 就近似为线性关系。

如果有三个极板，上下两个极板固定，中间极板能够上下移动，中间极板和上下极板就构成两个变极距式电容器，如图 4.43 所示。当中间极板移动时，这两个电容器的电容变化相同但方向相反，构成一组差动电容器 C_1 和 C_2，两个电容器的电容分别为：

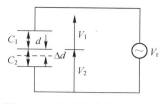

图 4.43　变极距式差动电容器

$$C_1 = \frac{\varepsilon_0 \varepsilon_r S}{d + \Delta d} \qquad (4\text{-}54\text{a})$$

$$C_2 = \frac{\varepsilon_0 \varepsilon_r S}{d - \Delta d} \qquad (4\text{-}54\text{b})$$

电容器两端相应的压降为：

$$V_1 = \frac{V_r}{\dfrac{1}{j\omega C_1} + \dfrac{1}{j\omega C_2}} \cdot \frac{1}{j\omega C_1} = V_r \cdot \frac{C_2}{C_1 + C_2} \qquad (4\text{-}55\text{a})$$

$$V_2 = \frac{V_r}{\dfrac{1}{j\omega C_1} + \dfrac{1}{j\omega C_2}} \cdot \frac{1}{j\omega C_2} = V_r \cdot \frac{C_1}{C_1 + C_2} \qquad (4\text{-}55\text{b})$$

两式相减得 $V_1 - V_2 = V_r \dfrac{C_2 - C_1}{C_1 + C_2}$

代入式（4-54a）和式（4-54b），可得

$$V_1 - V_2 = V_r \cdot \frac{\dfrac{1}{d - \Delta d} - \dfrac{1}{d + \Delta d}}{\dfrac{1}{d + \Delta d} + \dfrac{1}{d - \Delta d}} = V_r \cdot \frac{2\Delta d}{2d} = V_r \frac{\Delta d}{d}$$

也就是说差动电容器的压降与极板位移的变化成正比，这种差动电容器可以用于 0.1 pm ~ 10 mm 范围内的位移测量。

4.3.2　电容式传感器的等效电路

电容式传感器可以等效为电容、电阻和电感的串联电路，如图 4.44a 所示。图中 L 是引线电缆电感和电容式传感器本身的电感，R 由引线电阻、极板电阻和金属支架电阻组成，C_0 为传感器本身的电容，C_p 为引线电缆、所接测量电路及极板与外界所形成的总寄生电容，R_g 是极间等效漏电阻。

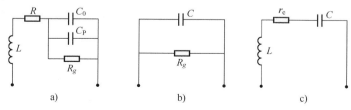

图 4.44　电容式传感器

a）等效电路　b）低频等效电路　c）高频等效电路

当被测信号频率比较低时，电容阻抗高，可以忽略电阻和电感的影响。上述电路可以简化为等效电容 C 和极板间漏电阻 R_g 的并联，如图 4.44b 所示。等效电容 C 等于电容器的初始电容和寄生电容 C_p 的和。

当被测信号频率较高时，电感和导线电阻不能忽略，漏电阻可以忽略，电容式传感器可以等效为引线电感、导线电阻和电容的串联，如图 4.44c 所示。等效电容可根据下式求出。

$$\frac{1}{j\omega C_e} = j\omega L + \frac{1}{j\omega C} + R \tag{4-56}$$

4.3.3 电容式传感器的性能及特点

电容式传感器结构简单，静态灵敏度较高，尤其是采用现代 MEMS 工艺可以制造出体积很小、质量很轻的电容器极板，使得电容器的固有频率可以做得很高，具有很好的动态响应特性，可以测量高速变化的参数如振动、动态压力等。

电容式传感器的缺点是输出阻抗高，负载能力差，另外容易受寄生电容的影响。一般传感器的零位电容都很小，而传感器的引线电缆电容、测量电路的杂散电容以及传感器极板与其周围导体构成的电容等“寄生电容”却较大，会影响测量精度。解决方法是采用差动电容结构和差动放大电路来减小这些共模电容的干扰。

此外电容式传感器还存在边缘效应，即在电容极板边缘的电场方向会发生弯曲，电场强度也因此减小，这会带来传感器的非线性，并降低电容传感器的实际灵敏度。除非电容极板间的距离远小于极板尺寸，否则边缘效应不可忽略。为了消除边缘效应的影响，可以采用带有保护环的结构，如图 4.45 所示，保护环上接恒定电压，使电力线限制在两个电容极板相对的体积内。

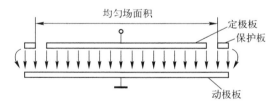

图 4.45　带有保护环的电容式传感器结构

4.3.4 电容式传感器的检测电路

电容式传感器把被测量的大小转变为电容的变化，而在一般情况下，模拟显示器、模数转换器或执行器等的输入信号为电压或电流信号，所以需要通过接口电路把电容的变化量转换成电压或电流信号。常用的电容电压转换电路有运算放大器电路、脉宽调制电路、双 T 型电桥电路、调频电路等。

1. 运算放大器电路

把传感器电容作为反馈电容接入电容积分放大电路，放大电路的输出电压与反馈电容之间存在一定关系。如图 4.46a 所示，A 是运算放大器，C_x 是传感器电容，C 是固定电容，V_e 是一恒定的交流电压，假设运算放大器的开环放大倍数为无穷大，输入阻抗也是无穷大，忽略反馈回路的电阻 R，则放大电路的输出电压 V_0 可表示为：

$$V_0 = -V_e \cdot \frac{Z_x}{Z} = -V_e \frac{\dfrac{1}{\mathrm{j}\omega C_x}}{\dfrac{1}{\mathrm{j}\omega C}} = -V_e \frac{C}{C_x} \tag{4-57}$$

式（4-57）中，输出电压与传感器电容 C_x 成反比。当电容传感器是变极距型时，传感器电容与极距成反比：

$$C_x = \frac{\varepsilon S}{d + \Delta d}$$

所以输出电压与极距的变化成正比：

$$V_0 = -V_e \frac{C(d + \Delta d)}{\varepsilon S} = -V_e \frac{C}{C_0}(1 + \Delta d) \tag{4-58}$$

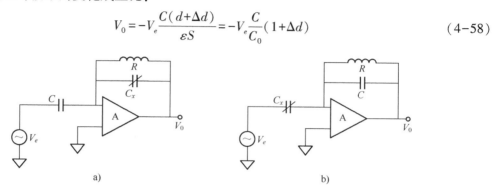

图 4.46　运算放大电路

a）具有线性导纳的电容式传感器接口电路　b）具有线性阻抗变化的电容式传感器接口电路

从式（4-58）可以看到，该电路的输出电压变化与电容极板位移 Δd（被测位移）成正比，尽管变极距型电容传感器的电容与距离之间是非线性关系。

如果是变介电常数或变面积型电容传感器，电容变化与被测量变化是线性的，则可以采用 4.46b 这种电荷放大器电路。电容式传感器接到运算放大器的负相输入端，采用恒定的交变电源作激励，传感器电容的变化转变成反馈支路上电流的变化。忽略电阻 R 和杂散电容的影响，输出电压为：

$$V_0 = -V_e \frac{C_x}{C_0}$$

要注意的是，采用图 4.45 所示的运算放大器接口电路，必须对与电容器极板相连的引线进行屏蔽，以减小杂散电容。电路中的电阻 R 是为了对运算放大器进行直流偏置，R 一般远大于在激励频率上的传感器阻抗。

2. 差动脉冲调宽电路

差动脉冲调宽电路的原理是利用电容充放电和电压比较器来控制双稳态触发器的触发，得到可变宽度的脉冲波信号，再通过低通滤波器把脉冲信号转换为对应被测量变化的直流信号输出。如图 4.47 所示，一对差动传感器电容 C_{x1} 和 C_{x2} 与电阻 R_1 和 R_2 构成电容充放电电路，分别连到双稳态触发器的 Q 和 $\overline{Q}$ 端，C_{x1} 和 C_{x2} 的共同极板接地，另外两个极板分别通过导线连到两个电压比较器 A_1 和 A_2 的输入端，与参考电平 u_r 进行比较，比较器 A_1 和 A_2 的输出信号接到双稳态 JK 触发器的两个输入端。图中的 VD_1 和 VD_2 是两个旁路二极管，便于电容器快速放电。双稳态触发器的两个输出端之间的电压为输出信号 u_{AB}，该信号的脉冲宽度随传感器电容量变化而变化，如图4.48所示。

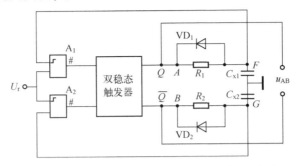

图4.47 电容式传感器的差动脉宽调制接口电路

电容器 C_{x1} 和 C_{x2} 的充电时间为：

$$T_1 = R_1 C_{x1} \ln \frac{U_1}{U_1 - U_r}$$

$$T_2 = R_2 C_{x2} \ln \frac{U_1}{U_1 - U_r}$$

输出电压为：

$$U_0 = U_A - U_B = \frac{T_1}{T_1 + T_2} U_1 - \frac{T_2}{T_1 + T_2} U_1 = \frac{T_1 - T_2}{T_1 + T_2} U_1 \tag{4-59}$$

当 R_1 等于 R_2，C_{x1} 等于 C_{x2} 时，T_1 等于 T_2，输出信号 U_{AB} 为占空比50%的方波，如图4.48a所示。当差动传感器电容不同，例如 C_{x1} 大于 C_{x2} 时，C_{x1} 积分达到参考电平的时间延长，Q 输出端的高电平保持时间延长，输出信号 U_{AB} 的占空比增大，如图4.48b所示。

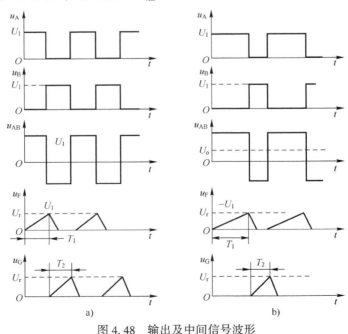

图4.48 输出及中间信号波形
a）电容 C_{x1} 和 C_{x2} 相同时 b）$C_{x1} > C_{x2}$ 时

差动脉冲调宽电路能适用于不同类型的差动式电容传感器，并具有理论上的线性特性，是一种较好的电容传感器接口电路。

3. 二极管双 T 型电路

　　二极管双 T 型电路是一种常见的选频电路。采用双 T 型电路可以把电容传感器的差动电容转换为电压输出。电路原理如图 4.49a 所示。供电电压是幅值为 $\pm U_E$、周期为 T、占空比为 50% 的方波。

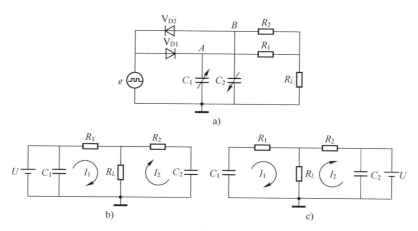

图 4.49　二极管双 T 型转换电路

a）双 T 型电路　b）正半周等效电路　c）负半周等效电路

　　若将二极管理想化，则当电源为正半周时，电路等效成典型的一阶电路，如图 4.49b 所示。其中二极管 VD_1 导通、VD_2 截止，电容 C_1 被以极短的时间充电到 U_E，电容 C_2 的初始电压为 U_E，负载 R_L 从 U 充电到 $\dfrac{R_L U_E}{R+R_L}$，利用等效电源定理，可估算 C_2 的放电回路的放电电流（从地流出）为：

$$i_{c2} = \left(\frac{U_E + \dfrac{R_L}{R+R_L}U_E}{R + \dfrac{RR_L}{R+R_L}} \right) \mathrm{e}^{\frac{-t}{\left(R+\frac{RR_L}{R+R_L}\right)c_2}} \tag{4-60}$$

　　在 $[R+(RR_L)/(R+R_L)]C_2 \ll T/2$ 时，电流 i_{c2} 的平均值 I_{C2} 可以写成

$$I_{c2} = \frac{1}{T}\int_0^{T/2} i_{c2}\mathrm{d}t \approx \frac{1}{T}\int_0^{\infty} i_{c2}\mathrm{d}t = \frac{1}{T}\frac{R+2R_L}{R+R_L}U_E C_2 \tag{4-61}$$

　　同理，负半周时，VD_1 截止，VD_2 导通，电容 C_2 快速充电到 $-U$，C_1 初始电压为 U，把二端口网络电路等效成一阶动态电路，如图 4.49c 所示。C_1 放电回路流经 R_L 的放电电流（流向地）为：

$$i_{c1} = \left(\frac{U_E + \dfrac{R_L}{R+R_L}U_E}{R + \dfrac{RR_L}{R+R_L}} \right) \mathrm{e}^{\frac{-t}{\left(R+\frac{RR_L}{R+R_L}\right)c_1}}$$

在 $[R+(RR_L)/(R+R_L)]C_2 \ll T/2$ 时，电流 i_{C1} 的平均值 I_{C1} 可以写成

$$I_{c1} = \frac{1}{T}\int_0^{T/2} i_{C1}\mathrm{d}t \approx \frac{1}{T}\int_0^\infty i_{C1}\mathrm{d}t = \frac{1}{T}\frac{R+2R_L}{R+R_L}U_E C_1$$

故负载 RL 上的平均电压为：

$$U_0 = \frac{RR_L}{R+R_L}(I_{C1}-I_{C2}) = \frac{RR_L(R+2R_L)U_E}{(R+R_L)^2}\frac{1}{T}(C_1-C_2) \tag{4-62}$$

双 T 型电路结构简单，可全部放在探头内，大大缩短了电容引线，减小了分布电容的影响。此外电路输出阻抗为 R，与电容无关，克服了电容式传感器高内阻的缺点。双 T 型电路适用于具有线性特性的单组式和差动式电容式传感器。电路的输出电压与电源周期、幅值有直接关系，因此要求供电电源频率、幅值高度稳定。

4. 调频电路

把电容式传感器作为振荡器谐振电路的一部分，当被测量变化导致电容发生变化时，谐振器的振荡频率发生变化，从而把电容变化转换成频率信号。频率信号可以直接通过计数器进行输出，也可以通过频率-电压转换器件把频率转换成电压信号再输出。

在直接放大式调频电路中，如图 4.50 所示，LC 振荡电路的振荡频率为 $f = \dfrac{1}{2\pi\sqrt{LC}}$，其中 L 为振荡回路的总电感，C 为振荡回路的总电容，由传感器电容 C_0、导线电容 C_i、谐振回路固定电容 C_1 组成：

$$C = C_1 + C_i + C_0 \pm \Delta C$$

因此
$$f = f_0 \mp \Delta f = \frac{1}{2\pi\sqrt{L(C_1+C_i+C_0\pm\Delta C)}} \tag{4-63}$$

振荡器输出的频率信号经过限幅放大、鉴频输出电压。如果要精确地测量频差，还可以采用外差式调频电路，即用混频器把变频信号和固定频率信号混频得到频差信号，然后再进行限幅放大、鉴频输出。

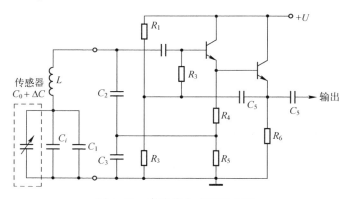

图 4.50　直接放大式调频电路

4.3.5　电容式传感器的应用

电容式传感器具有结构简单、耐高温、耐辐射、动态性能好、负载能力强等优点，广泛应用于振动、压力、位移、位置、加速度、介质特性等物理量/化学量的检测中。

在工业及现代消费电子产品中广泛应用的半导体集成压力传感器有很多是属于电容传感器。图 4.51 是半导体集成硅电容式压力传感器的内部结构剖面图。通过 MEMS 工艺在硅基上形成电容器结构，其中一个极板固定，另一个极板由硅膜片构成，硅膜片在差压源的作用下，产生弹性形变，使极板间距离发生变化，进而改变电容器电容，如图 4.52 所示。

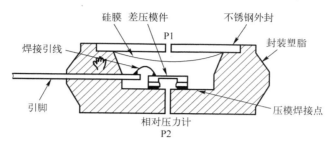

图 4.51　硅电容式压力传感器

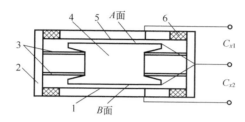

图 4.52　差动式电容加速度传感器

1、5—固定极板　2—壳体　3—簧片　4—质量块　6—绝缘体

4.4　习题

1. 什么是直流电桥？按照电桥桥臂的组成不同，直流电桥可以分为哪几种？请写出直流全桥的不平衡输出电压表达式。

2. 将 $100\,\Omega$ 电阻应变片贴在弹性试件上，试件受力面积为 $0.5\,\mathrm{cm}^2$，弹性模量 $E = 0.2 \times 10^{12}\,\mathrm{N/m}^2$，若 $F = 0.5 \times 10^5\,\mathrm{N}$ 的拉力使应变电阻的阻值变化 $1\,\Omega$，求该应变片的灵敏度。

3. 拟在一个等截面的悬臂梁上粘贴四个完全相同的电阻应变片，并组成差动全桥电路，请问四个应变片应如何粘贴？试画出相应的电桥电路图，并说明如何克服温度误差。

4. 工业上用铂热电阻测温时，为何采用三线制甚至四线制来测温？试画一个三线制热电阻的桥式检测电路。

5. 用三线制热电阻 Pt100 测温，已知 Pt100 在 0℃时的标称阻值 R_0 是 $100\,\Omega$，电阻随温度变化公式为 $R_T = R_0(1 + \alpha \Delta T)$，其中电阻温度系数 α 为 0.004℃，ΔT 是相对于 0℃的温度变化。假设检测对象的温度变化范围为 -20℃～150℃，电桥供电电压为 5 V，请选择合适的桥臂电阻值，并保证在检测温度变化范围内，电桥电路的非线性误差小于量值的 1%。

6. 金属电阻应变片与半导体应变片的工作原理有何区别？各有何优缺点？

7. 比较差动式自感传感器与差动变压器在结构和工作原理上的异同。

8. 差动变压器的零点残余电压是如何产生的？可以采取哪些措施来减小或消除零点残

余电压?

9. 电容式传感器有哪几类？各具有什么特点？

10. 一变面积式平板线位移电容传感器，两极板覆盖的宽度为 4 mm，两极板的间距为 0.3 mm，极板间的介质为空气，试求其静态灵敏度。若极板相对移动 2 mm，求电容变化量。

11. 某电容式液位传感器由两个同心圆柱体组成，内圆柱的直径为 8 mm，外圆柱的直径为 40 mm。液位传感器安装在一圆柱形储存罐内，储存罐直径为 50 cm，高 1.2 m。已知储存液体的相对介电常数为 2。计算传感器的最小电容、最大电容以及液位灵敏度。

第5章 电能量型传感器

电能量型传感器指的是基于物理原理或生物化学反应等把物理量或其他类型待测量的变化转化成电压或电荷信号的各类传感器件。这类传感器的敏感元件在没有电源激励下就可以产生电能量（电信号），理论上属于有源传感器，但由于敏感元件产生的电能量（电信号）一般很小，所以往往还是要通过检测电路把传感器输出信号进行放大、转换，然后输出。典型的电能量型传感器有热电传感器、压电传感器、磁电传感器、光电传感器等。

5.1 热电传感器

热电传感器的典型器件有热电偶、热电堆等。其中热电偶是工业上经常用到的接触式测温传感器，测温上限可以达到 1000℃ 以上，在有色冶金、电力、石油化工、食品饮料等工业生产中有广泛的应用。

5.1.1 热电偶测温原理

热电偶是由两种不同的金属 A 和 B 构成的一个闭合回路，如图 5.1 所示。当热电偶的两个接触端温度不同时（假设一端温度为 T，另一端为 T_0），回路中会产生热电势 $E_{AB}(T, T_0)$。一般把用来接触待测温物体的一端称为热端，另一端称为冷端（也称自由端或参比端），两种金属 A 和 B 则被称为热电极。热电势 $E_{AB}(T, T_0)$ 的产生与两种金属材料之间的接触电势及金属材料在不同温度下的温差电势有关。

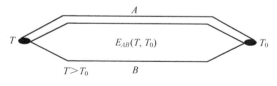

图 5.1　热电偶的热电效应

当不同金属材料接触时，电子会从自由电子浓度大的金属材料扩散到电子浓度小的金属材料中，导致两种材料内部的电荷不平衡，进而在两种材料接触处形成一定的电位差，这就是接触电势（Peltier voltage），如图 5.2 所示。这个接触电势会阻碍电子进一步扩散，当这个电场阻力产生的速度与电子扩散速度相同时，电子扩散达到动态平衡，接触电势达到一个稳态值。接触电势的大小与接触点的温度以及两种导体的材料性质有关，可表示为：

$$e_{AB}(T) = \frac{kT}{e} \ln \frac{N_A}{N_B} \tag{5-1}$$

式（5-1）中，N_A、N_B 为热电极 A 和 B 的自由电子密度，k 为波尔兹曼常数，$k = 1.381 \times 10^{-23}$ J/K，T 为连接点的绝对温度，e 为电子电荷量，$e = 1.602 \times 10^{-19}$C（库仑）。

温差电势是指在同一金属材料中，当金属材料两端的温度不同时，两端电子能量不同，导致电子从温度高的一端向温度低的一端扩散的数量多，进而在金属的两端形成一定的电位差，即温差电势，也称 Thomson 电势，如图 5.3 所示。

$$e_A(T, T_0) = \int_{T_0}^{T} \delta \mathrm{d}T \tag{5-2}$$

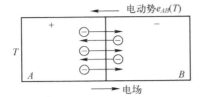

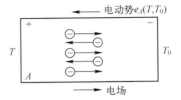

图 5.2　热电偶的接触电势　　　　图 5.3　温差电势示意图

由两个热电极构成的热电偶回路中既存在温差电势，也存在接触电势。在图 5.4 所示的热电偶回路中，热端存在接触电势 $e_{AB}(T)$，冷端存在接触电势 $e_{AB}(T_0)$，两个电极上还分别有温差电势 $e_A(T, T_0)$ 和 $e_B(T, T_0)$，如果按照顺时针方向写出整个热电偶回路的电势 E_{AB}，则如式（5-3）所示：

$$E_{AB}(T, T_0) = e_{AB}(T) - e_A(T, T_0) - e_{AB}(T_0) + e_B(T, T_0)$$
$$= \frac{k}{e}(T - T_0) ln \frac{N_A}{N_B} - \int_{T_0}^{T} (\delta_A - \delta_B) \mathrm{d}t \tag{5-3}$$

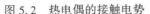

图 5.4　热电偶回路

从式（5-3）可以看到，热电偶的热电势只与两种导体的材料特性和接触点温度有关。当两种热电极材料不变时，则回路热电势仅与两个电极接触点的温度差有关系，即热电势可以表示成两个接触点温度函数的差值，即

$$E_{AB}(T, T_0) = \left[e_{AB}(T) - \int_{0}^{T} (\delta_A - \delta_B) \mathrm{d}t \right] - \left[e_{AB}(T_0) - \int_{0}^{T_0} (\delta_A - \delta_B) \mathrm{d}t \right]$$
$$= f(T) - f(T_0) \tag{5-4}$$

如果冷端温度固定不变，$f(T_0)$ 为常数，则 $E_{AB}(T, T_0)$ 是测量端温度 T 的单值函数，根据 E_{AB} 的数值就可以确定温度 T。

在实际工程应用中，测量出热电偶的热电势后，一般通过查热电偶分度表来确定被测温度。热电偶的分度表是在冷端温度为 0℃ 时，通过计量标定建立的热电偶输出电势与工作端实际温度之间的离散点对应关系。

5.1.2　热电偶的基本定律

根据热电势产生原理可以导出热电偶的一些基本定律，这些基本定律是热电偶测温应用的理论基础。

1. 均质导体定律

热电偶的两个热电极应采用两种不同的均质导体制成。如果热电极是非均质导体，在不均匀温度场中测温时将造成测量误差。所以热电极材料的均匀性是衡量热电偶质量的重要技术指标之一。

2. 中间导体定律

在热电偶回路中接入中间导体，只要接入导体的两端温度相同，热电偶的热电势不受影响。如图 5.5 所示，A、B 两种热电极组成的热电偶一端接入导体 C，当导体 C 与 A、B 的接触点温度保持相同，都为 T_0 时，整个热电偶回路的热电势保持不变，即 $E_{ABC}(T,T_0)=E_{AB}(T, T_0)$。这是因为导体 C 与导体 A、B 的接触点温度相同，没有温差电势，只有接触电势。

$$E_{ABC}(T,T_0)=E_{AB}(T)+E_B(T,T_0)+E_{BC}(T_0)-E_{AC}(T_0)-E_A(T,T_0)$$
$$=E_{AB}(T)+E_B(T,T_0)-E_{AB}(T_0)-E_A(T,T_0)=E_{AB}(T,T_0) \tag{5-5}$$

3. 中间温度定律

热电偶的热电势仅与热电极材料和两个接触点的温度有关，而与热电极上的温度分布及热电极的形状无关。中间温度定律有时也称连接导体定律。

如图 5.6 所示，热电极 A、B 组成的热电偶与 A'、B' 组成的热电偶相连，假设连接处的温度为 T_n，则整个回路的热电势可以表示为两个热电偶的热电势之和：

$$E_{ABA'B'}(T,T_n,T_0)=E_{AB}(T,T_n)+E_{A'B'}(T_n,T_0) \tag{5-6}$$

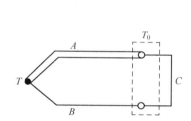 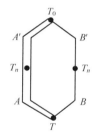

图 5.5　中间导体定律示意图　　　图 5.6　中间温度定律示意图

如果是同一个热电偶，显然 A' 和 A 材料相同，B' 和 B 材料相同，则

$$E_{AB}(T,T_n,T_0)=E_{AB}(T,T_n)+E_{AB}(T_n,T_0) \tag{5-7}$$

4. 标准电极定律

如果热电极 A、B 与参考电极组成的热电偶在接触点温度为 (T,T_0) 时的热电势分别为 $E_{AC}(T,T_0)$ 与 $E_{BC}(T,T_0)$，则相同温度下，由 A、B 两种热电极配对后的热电势为：

$$E_{AB}(T,T_0)=E_{AC}(T,T_0)-E_{BC}(T,T_0) \tag{5-8}$$

例 6.1　用 S 型热电偶测量某一温度，若参比端温度 T_n 为 30℃，测得的热电势 $E(T,T_n)$ 为 7.5 mV，求测量端的实际温度。

解： 根据连接导体定律 $E(T,0℃)=E(T,T_0)+E(T_0,0℃)$

已知 $E(T,T_0)=7.5$

查 S 型热电偶的分度表，知 $T_0=30℃$，有 $E(30,0)=0.173\text{ mV}$，

所以，$E(T,0)=7.5+0.173=7.673\text{ mV}$

反查分度表，可知 7.673 mV 在 832℃和 833℃之间，因此测量端实际温度为

832+0.003/0.011＝832.3℃

5.1.3 热电偶的冷端处理和补偿

从式（5-4）可知，只有当冷端温度恒定时，才能根据热电势来判断热电偶测量端的温度。工程上广泛使用的热电偶分度表一般是根据标定实验结果制成的，在标定实验时保持热电偶冷端温度为 0，测量热端在不同温度下的热电势并记录下来。在实际应用中，如果冷端处于温度波动较大的地方，必须首先使用补偿导线将冷端延长到一个温度稳定的地方，再考虑将冷端处理为 0℃，这一措施往往被称为热电偶的冷端处理或冷端补偿。

在实际应用中，热电偶的冷端处理和补偿方法除了补偿导线法外，还有冷端冰浴法、冷端电桥补偿法、计算修正法等。

1. 补偿导线法

补偿导线法是采用与热电偶热电特性相近的合金丝把热电偶冷端引至温度恒定的位置。补偿导线可以采用一些廉价导线，只要导线在常温范围内（如 0~100℃）热电性能与热电偶的热电性能相近就行。

补偿导线一般由合金丝、绝缘层、护套和屏蔽层构成。补偿导线分为延长型和补偿型两种。延长型导线的名义化学成分及热电势标称值与配用的热电偶相同，用字母"X"附在热电偶分度号后表示，例如 KX 就表示与 K 型热电偶匹配的延长线。补偿型导线的名义化学成分与配用的热电偶不同，但其热电势值在 100℃以下时与配用的热电偶的热电势标称值相同，有字母"C"附在热电偶分度号后表示，如 SC 表示与 S 型热电偶匹配的补偿型导线。

常用热电偶补偿导线的型号、线芯材质和绝缘层着色如表 5.1 所示。

表 5.1 热电偶补偿导线的型号、材料和绝缘层着色

补偿导线型号	配用热电偶	补偿导线的线芯材料		绝缘层着色	
		正　极	负　极		
SC 或 RC	铂铑$_{10}$（铂铑）-铂	SPC（铜）	SNC（铜镍）	红	绿
KC	镍铬-镍硅	KPC（铜）	KNC（铜镍）	红	蓝
KX	镍铬-镍硅	KPX（铜镍）	KNX（镍硅）	红	黑
NX	镍铬硅-镍硅	NPS（铜镍）	NNX（镍硅）	红	灰
EX	镍铬-铜镍	EPX（镍铬）	ENX（铜镍）	红	棕
JX	铁-铜镍	JPX（铁）	JNX（铜镍）	红	紫
TX	铜-铜镍	PX（铜）	TNX（铜镍）	红	白

2. 冷端冰浴法

在实验室及精密测量中，通常把热电偶的冷端置于装满冰水混合物的保温容器中，以保证冷端温度保持在 0℃。在这种情况下，可以直接根据热电偶产生的热电势查热电偶分度表得出温度值。0℃恒温法是一种可靠的补偿方法，但是需要能够长久保持冰水混合状态的恒温箱，在实验室之外的场所较难应用。

3. 冷端电桥补偿法

电桥补偿法是利用不平衡电桥产生的不平衡电压来自动补偿冷端温度波动产生的热电势

变化。如图 5.7 所示，三个锰铜电阻 R_1、R_2、R_3 和一个铜电阻构成的电阻电桥连在热电偶的冷端测量回路中。补偿电桥的铜电阻与热电偶的冷端处在同一环境温度下。假设在室温为 0℃ 时，电桥处于平衡状态，电桥不平衡电压为零，此时电压表输出电压就是热电偶冷端为 0℃ 时的热电势。

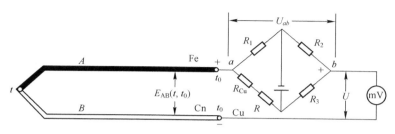

图 5.7　热电偶的冷端电桥补偿法

当冷端温度升高时，R_{cu} 阻值增大，a 点电位下降，电桥不平衡电压 $U_{ab}<0$。同时由于冷端温度升高，热电偶的热电势减小，减小量为 $E_{AB}(T_0'-T_0)$。选择合适的电桥电阻，使得温度改变产生的电桥不平衡电压正好等于相应的热电势变化量，就可以实现热电偶的冷端温度自动补偿。

4. 计算修正法

在实际应用中，热电偶的参比端往往不是 0℃，而是环境温度，这时测量出的回路热电势要小，因此必须加上环境温度与冰点之间温差所产生的热电势后，才能根据 0℃ 热电偶分度表，反查电压值得到测量端的实际温度。

$$E_{AB}(T,0)=E_{AB}(T,T_n)+E_{AB}(T_n,0)$$

5.1.4　热电偶的应用

热电偶应用广泛，尤其在工业现场，是主要的中、高温测温元件。

为保证热电偶的正常工作，工业热电偶的两极之间以及与保护套管之间都需要良好的电绝缘，所以热电偶外部都带有耐高温、耐腐蚀和抗冲击的保护套管。热电偶保护套有普通装配型和柔性安装铠装型，如图 5.8 所示。

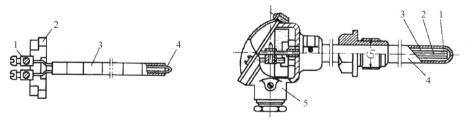

1—接线柱　2—接线座　3—绝缘管　4—热电偶丝　　1—测量端　2—热电偶　3—绝缘管　4—保护套　5—接线盒

a)　　　　　　　　　　　　　　　　　　b)

图 5.8　装配式热电偶结构

a）普通装配型　b）柔性安装铠装型

市场上应用的热电偶主要是各种标准化热电偶。标准化热电偶是工艺上比较成熟，能批量生产、性能稳定、应用广泛，且具有统一分度表并已列入国际和国家标准中的热电偶。国际电工委员会（IEC）共推荐了8种标准化热电偶，分别称为S、R、B、K、N、U、T、J型热电偶。这8种热电偶的制作材料和测温特性如图5.9所示。

热电偶名称	分度号	热电极识别		E(100,0)(mV)	测温范围（℃）		对分度表允许偏差（℃）		
	新	极性	识别		长期	短期	等级	使用温度	允差
铂铑10-铂	S	正	亮白较硬	0.646	0~1300	1600	Ⅲ	≤600	±1.5℃
		负	亮白柔软					>600	±0.25%t
铂铑13-铂	R	正	较硬	0.647	0~1300	1600	Ⅱ	<600	±1.5℃
		负	柔软					>1100	±0.25%t
铂铑30-铂铑	B	正	较硬	0.033	0~1600	1800	Ⅲ	600~900	±4℃
		负	稍软					>800	±0.5%t
镍铬-镍硅	K	正	不亲磁	4.096	0~1200	1300	Ⅱ	−40~1300	±2.5℃或±0.75%t
		负	稍亲磁				Ⅲ	−200~40	±2.5℃或±1.5%t
镍铬硅-镍硅	N	正	不亲磁	2.774	200~1200	1300	Ⅰ	−40~1100	±1.5℃或±0.4%t
		负	稍亲磁				Ⅱ	−40~1300	±2.5℃或±0.75%t
镍铬-康铜	E	正	暗绿	9.319	−200~760	820	Ⅱ	−40~900	±2.5℃或±0.75%t
		负	亮黄				Ⅲ	−200~40	±2.5℃或±1.5%t
铜-康铜	T	正	红色	4.279	−200~350	400	Ⅱ	−40~350	±1℃或±0.75%t
		负	银白色				Ⅲ	−200~40	±1℃或±1.5%t
铁-康铜	J	正	亲磁	5.269	−40~600	750	Ⅱ	−40~750	±2.5℃或±0.75%t
		负	不亲磁						

图5.9 标准热电偶的数据

1. 热电偶的单点测温

热电势一般很小，1℃变化产生的热电势往往只有几十微伏，如果有高精度的毫伏计，可以直接接入热电偶测量回路得到热电势，然后根据分度表确定被测温度。更常用的方法是把热电势放大，然后通过 A/D 转换读入微处理器，在计算机里进行冷端修正、数据处理和温度显示，如图 5.10a 所示。或者通过变送器，把热电势转换成 4~20 mA 的标准信号，然后再进行模数转换和数字处理显示，如图 5.10b 所示。

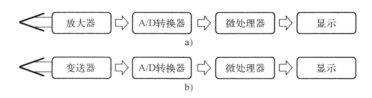

a)

b)

图 5.10 热电偶单点测温电路示意图
a）接放大器的测温电路结构　b）接变送器的测温电路结构

2. 测量两点之间的温差

用两只相同型号的热电偶加上补偿导线反向串联，所得的热电势为两个测点的温度差。连接电路如图 5.11 所示。

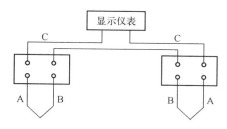

图 5.11　温度差测量电路

3. 均值法测温电路

把几只型号相同的热电偶并联，得到的热电势是几只热电偶产生的热电势的平均值，采用这种方法测温可以提高被测温度的精度。连接电路如图 5.12 所示。

4. 求和法测温电路

把相同型号的热电偶串联，输出的热电势是几只热电偶产生的热电势之和。然后把热电势之和除以热电偶个数得到平均热电势，根据平均热电势求得被测温度。采用这种方法也可以提高被测温度的精度，而且若有热电偶烧断，热电势消失，可以马上知道这一情况。连接电路如图 5.13 所示。

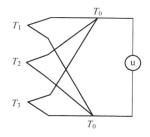

图 5.12　热电偶并联电路

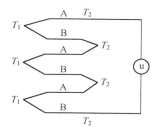

图 5.13　热电偶串联电路

5.2　压电传感器

压电传感器的工作原理是利用某些材料的压电效应，即材料在应力作用下产生的电极化现象，导致传感器产生一个与压力成比例的电压。压电效应是可逆的，即如果在压电材料两侧加上电压，材料会发生应变。这两种效应分别称为正压电效应和逆压电效应，是法国物理学家保罗-雅克·居里和皮埃尔·居里于 1880 至 1881 年发现的。

正压电效应：物质在沿一定方向受到压力或拉力作用发生改变时，物质表面会产生电荷，若将外力去掉，又重新回到不带电状态。

逆压电效应：在压电材料的两个电极面上加以交流电压，压电片能产生机械振动，即压电片在电极方向上有伸缩的现象，称为逆压电效应，也称电致伸缩效应。

压电传感器利用的是压电材料的正压电效应。常见的压电材料有石英、钛酸钡、锆钛酸铅等。压电传感器具有体积小、质量轻、动态性能好等优点，可用于测量与力相关的物理量，包括压力、机械振动、冲击力等，广泛应用于航空航天、医学、声学等领域。

5.2.1 工作原理

常用于制作压电传感器的压电材料有石英晶体和压电陶瓷。两种材料产生压电效应的机制有所不同。

1. 石英晶体的压电效应

石英是各向异性的矿物。石英晶体有三个轴：光轴、机械轴和电轴，如图 5.14 所示。光轴与棱线方向一致，当光线沿光轴方向射入石英晶体时，不产生折射，在此方向加外力，没有压电效应。机械轴垂直于棱柱面，电轴则垂直于棱线，且与机械轴和光轴垂直。当在石英晶体的电轴方向施加作用力时，与电轴 x 垂直的平面上将产生电荷，电荷的多少与压力成正比，与晶体切片的几何尺寸无关，即

$$q_x = d_{11}F_x \tag{5-9}$$

式（5-9）揭示了石英的纵向压电效应的大小。

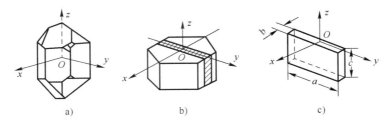

图 5.14　石英晶体的结构与石英晶体切片

石英也具有横向压电效应。当沿机械轴方向施加作用力 F_y 时，在与 x 轴垂直的平面上也产生电荷 q_x，但电荷的大小与切片的长度及厚度都有关系：

$$q_x = d_{12}\frac{a}{b}F_y = -d_{11}\frac{a}{b}F_y \tag{5-10}$$

式（5-10）中的 d_{12} 是石英纵向压电系数，与石英的横向压电系数 d_{11} 大小相等方向相反。

2. 压电陶瓷的压电效应

压电陶瓷属于人造压电材料。常用的压电陶瓷有钛酸钡、锆钛酸钡等。压电陶瓷的压电系数比石英晶体高，但是介电常数和机械性能不如石英好。

压电陶瓷的压电机理与石英晶体不同。石英晶体属于天然的压电材料，而压电陶瓷则需要经过极化处理才能呈现压电效果。

压电陶瓷内的晶粒有许多自发极化的电畴。在极化处理前，各晶粒内电畴方向随机分布，自发极化的作用相互抵消，陶瓷内极化强度为零，不带电，如图 5.15 所示。压电陶瓷上施加外电场时，电畴自发极化方向转到与外加电场方向一致，这时压电陶瓷具有一定极化强度。当外电场撤除后，由于自发极化的方向并不立即改变，使得压电陶瓷存在一定的剩余极化强度，陶瓷片的极化两端出现束缚电荷，并因此各自吸附一层来自外界的、与其极性相反的自由电荷，当自由电荷与束缚电荷数值相等时，极性中和，压电陶瓷对外不呈现极性。如果在压电陶瓷片上加一个与极化方向平行的外力，陶瓷片发生压缩变形，片内的束缚电荷之间距离变小，电畴发生偏转，极化强度变小，吸附在表面的自由电荷因此有部分释放，呈

现放电现象，如图5.16所示。当压力撤销时，陶瓷片恢复原状，极化强度增大，自由电荷又重新被吸附，出现充电现象，这就是压电陶瓷的正压电效应。

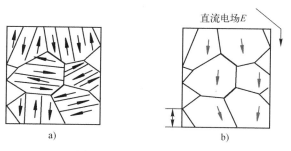

图5.15 压电陶瓷的极化

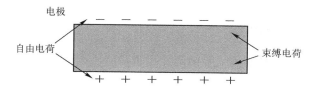

图5.16 压电陶瓷束缚电荷与自由电荷的关系

压电陶瓷放电电荷的多少与所受外力成正比，即

$$q = d_{33}F \tag{5-11}$$

式（5-11）中的d_{33}是压电陶瓷的压电系数。压电陶瓷具有压电常数高、制作简单、耐高温、耐潮湿等优点，可以用来制作振动传感器、超声波传感器等，在力学、声学、医学方面有广泛应用。

5.2.2 压电元件的等效电路及连接方式

压电传感器由电极和压电片组成，夹在电极间的压电陶瓷或石英晶体属于绝缘体，所以压电传感器可以看成一个电荷源Q和一个电容器C_s的组合，如图5.17a所示。电荷积聚产生电压，所以压电传感器也可以等效成一个电压源和电容器C_s的串联，如图5.17b所示。

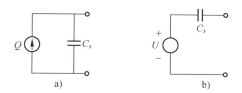

图5.17 压电传感器的等效电路

电压源等效电路中的电压满足

$$U = \frac{Q}{C_s} \tag{5-12}$$

压电传感器的电容可以根据平行板电容器计算公式$C_s = \varepsilon S/d$来估计。

为增大传感器的灵敏度，压电传感器常常采用两片（或两片以上）压电片连在一起的方式进行检测。压电片的接法有并联和串联两种，如图 5.18 所示。并联法输出电荷大，但本身电容也变大，因而时间常数增大，适宜用在测量慢变信号并且以电荷作为输出量的场合。串联法输出电压大，本身电容小，适宜用在以电压作为输出信号并且输入阻抗很高的场合。

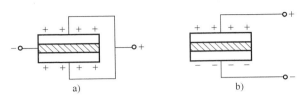

图 5.18 压电元件的连接方式

a）并联 b）串联

5.2.3 压电传感器的检测电路

压电传感器输出阻抗高且输出信号微弱，负载端必须有很高的阻抗，才能保证信号的引出。因此压电传感器的输出端，需要有一个高阻抗的前置放大器，把传感器的高输出阻抗转换为低输出阻抗，同时把微弱信号进行放大，然后再进行后续的放大和滤波。

压电传感器的前置放大电路有电压放大器和电荷放大器两种类型。

1. 电压放大器

压电传感器与电压放大器的连接如图 5.19a 所示。图中，U_a 为传感器输出电压，C_a 为传感器电容，R_e 为导线等效电阻，C_e 为导线等效电容，R_i、C_i 分别为放大器的等效输入电阻和电容。a 图中的输入端可进一步简化为 b 图，其中 $R=R_e//R_i$，$C=C_e+C_i$。

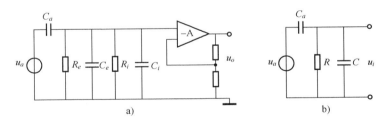

图 5.19 电压放大器电路原理图

当压电元件受到交变力 $\dot{F}=F_m\sin\omega t$ 的作用时，产生的电压为 $U=\dfrac{Q}{C_a}=\dfrac{d\Delta F_m\sin\omega t}{C_a}$。

因此放大器输入端上的电压 U_i 为：

$$\dot{U}_i=\frac{j\omega RC_a}{1+j\omega R(C+C_a)}\Delta\dot{U}=\frac{j\omega Rd\dot{F}}{1+j\omega R(C+C_a)} \tag{5-13}$$

输入电压是一个交变量，所以用 $\dot{U}_i$ 来表示，其幅值为：

$$U_{im}=\frac{dF_m\omega R}{\sqrt{1+\omega^2R^2(C_a+C)^2}} \tag{5-14}$$

传感器的灵敏度可以表示为：

$$k = \frac{U_{im}}{F_m} = \frac{d}{\sqrt{+(C_a+C)^2}}$$ (5-15)

从式（5-15）可以看出，传感器灵敏度与输入信号的频率有关，当 $\omega R \gg 1$ 时，灵敏度可以看成一个定值。当输入信号频率较低时，灵敏度较小。如果压电传感器的作用力为静态力，前置放大器的输出电压为零，因为电荷会通过放大器的输入电阻和传感器本身的泄漏电阻漏掉。所以压电传感器不适合测量静态压力。

2. 电荷放大器

电荷放大器由一个反馈电容和一个高增益运算放大器构成。压电放大器与电荷放大器的连接如图 5.20 所示。

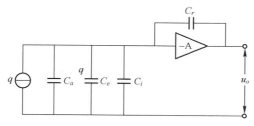

图 5.20　电荷放大器等效电路

由于运算放大器输入阻抗极高，放大器输入端几乎没有分流，故可略去 R_a 和 R_i 并联电阻。运算放大器的输出电压可近似为：

$$U_o \approx -\frac{q}{C_f}$$ (5-16)

5.2.4　压电传感器的应用

压电传感器可以用来测量力、压力、振动、加速度等。图 5.21a 是一压电式测力传感器的结构示意图。传感器由石英晶片、绝缘套、电极、上盖及基座等组成。传感器上盖为传力元件，它的外缘壁厚为 0.1~0.5 mm，当外力作用时，它将产生弹性变形，将力传递到石英晶片上。石英晶片采用 xy 切型，利用其纵向压电效应，通过 d_{11} 实现力—电转换。该传感器的测力范围为 0~50 N，最小分辨率为 0.01 N，固有频率为 50~60 kHz，整个传感器重为 10 g。

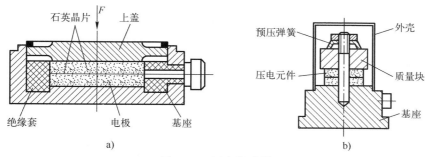

图 5.21　压力传感器

a）压电式测力传感器示意图　b）压电式加速度传感器示意图

图 5.21b 是一种压电式加速度传感器的结构示意图，主要由压电元件、质量块、预压弹簧、基座及外壳等组成。整个部件装在外壳内，并由螺栓加以固定。当加速度传感器和被测物一起受到冲击振动时，压电元件受质量块惯性力的作用，根据牛顿第二定律，此惯性力是加速度 a 和质量 m 的函数，惯性力 F 作用于压电元件上，因而产生电荷 q，当传感器选定后，m 为常数，则传感器输出电荷为 $q = d_{11}ma$，输出电荷正比于加速度。

5.3 磁电传感器

磁电传感器是通过磁电相互作用将被测量转换成感应电压输出的一类传感器，也属于能量变换型传感器，经常用于磁场强度、位移、速度等物理量的检测。磁电传感器可以分为两大类：一类是基于法拉第电磁感应原理，利用导体切割磁力线产生感应电动势或者通过其他方式使磁通发生变化进而产生感应电动势，来检测物理量，这一类型可称为电磁感应式磁电传感器；另一类则是基于半导体材料的霍尔效应，利用半导体元件在磁场作用下产生的霍尔电压来检测物理量，一般称为霍尔传感器。磁电传感器输出电压信号，输出阻抗小，检测电路相对简单。

5.3.1 电磁感应式磁电传感器

电磁感应式磁电传感器利用法拉第电磁感应定律，把导体的运动速度转换成感应电压输出。19 世纪英国物理学家法拉第在实验中发现了电磁感应现象，法拉第通过多次实验总结出了电磁感应定律，当闭合回路在均匀恒定磁场内运动并切割磁力线时，回路内会产生感应电势，感应电势 E 与磁通变化率成正比，即

$$E = -N\frac{\mathrm{d}\phi}{\mathrm{d}t} \tag{5-17}$$

式（5-17）中，N 是闭合回路（线圈）匝数，ϕ 是磁通量，可以表示为磁通密度 B 与闭合导体面积 S 的乘积，即 $\Phi = BS$。

显然只要磁通变化率改变，线圈产生的感应电势也会随之变化。利用这一特点，可以得到不同结构的磁电感应传感器。如磁场固定，但是让穿过磁场的线圈面积有变化，或者线圈不动，但是通过线圈的磁通在变化，前一类可称为恒磁通式电磁感应磁电传感器，后一类则属于变磁通式电磁感应磁电传感器。

1. 恒磁通式磁电传感器

恒磁通式磁电传感器中的线圈是可动的，所以也叫动圈式磁电传感器。其工作原理是，在永磁铁内放置一个可动线圈，当线圈沿磁场方向做直线运动时，线圈内的磁通量会发生改变，假设线圈的运动速度为 v，线圈的长度为 l，磁场强度为 B，则线圈内的感应电势为

$$E = -NB\frac{\mathrm{d}S}{\mathrm{d}t} = -NBlv \tag{5-18}$$

式（5-18）表明，当 B、N 和 l 恒定不变时，感应电动势 E 正比于线圈的运动速度，感应电势的方向由楞次定律（右手定则）确定，感应电势产生的磁场要阻碍原磁通的变化。

常见的恒磁通式磁电传感器有动圈式磁电线速度传感器、动圈式磁电角速度传感器、磁电式位移传感器等，动圈式线位移传感器结构如图 5.22 所示。

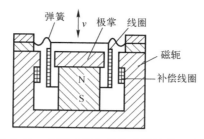

图 5.22　动圈式线位移传感器结构示意图

2. 变磁通式磁电传感器

变磁通式磁电感应传感器与动圈式不同。工作时，感应线圈与磁铁之间是相对静止的，一般是与被测量相连的铁磁材料发生变化改变磁路的磁阻，进而改变线圈所匝的磁通量，生成一个变化的感应电动势。这一类型的传感器与前面介绍的电感式传感器区别是传感器包含永磁铁或励磁回路，并直接输出感应电势。

图 5.23a 为开磁路变磁通式磁电传感器的示意图。线圈、磁铁静止不动，测量齿轮安装在被测旋转体上，随被测体一起转动。每转动一个齿，齿的凹凸引起磁路磁阻变化一次，磁通也就变化一次，线圈中产生感应电势，其变化频率等于被测转速与测量齿轮上齿数的乘积。这种传感器结构简单，但输出信号较小，适宜测量低转速的物体。图 5.23b 为闭磁路式磁电传感器，它由装在转轴上的内齿轮和外齿轮、永久磁铁和感应线圈组成，内外齿轮齿数相同。当转轴连接到被测转轴上时，外齿轮不动，内齿轮随被测轴而转动，内、外齿轮的相对转动使气隙磁阻产生周期性变化，从而引起磁路中磁通的变化，使线圈内产生周期性变化的感应电动势，感应电势的频率与被测转速成正比。

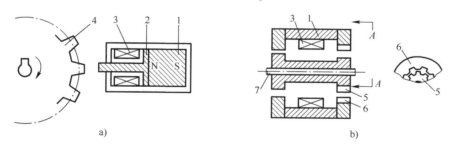

图 5.23　变磁通式磁电传感器
a）开磁路　b）闭磁路

磁电式感应传感器产生的感应电势可以通过前置放大，然后进行模/数转换并读入处理器进行输出显示。

5.3.2　霍尔传感器

霍尔传感器是利用半导体材料的霍尔效应实现磁电转换，从而将被测物理量转换为电动势的一类传感器。1879 年，美国物理学家霍尔发现当电流垂直于外磁场通过金属导体时，导体内的载流子发生偏转，在垂直于电流和磁场的方向产生一附加电场，从而在导体的两端产生电势差，这就是霍尔效应，这个电势差被称为霍尔电势。由于金属导体的霍尔效应比较弱，这一物理发现早期并没有得到应用。直到 20 世纪 50 年代，随着半导体材料和半导体集成电路工艺的发展，出现了半导体霍尔元件。半导体霍尔元件灵敏度高、线性度好、性能稳定，而且体积小，便于集成，在电流、磁场、位移、压力、转速等物理量检测中得到广泛应用。

1. 霍尔效应

如图 5.24 所示，将一片 N 型半导体薄片置于磁感应强度为 B 的磁场中，磁场方向垂直于薄片，当电流从左向右流过半导体薄片时，载流子（N 型半导体中主要是电子）受到外部磁场的洛伦兹力 f_L 作用发生偏转，在半导体薄片的后端面上形成电子积累，带上负电，前端面上则带正电，前后端面之间产生电势差，形成电场，该电场产生的电场力 f_E 会阻止电子的继续偏转。当电场力和磁场力相等时，电子积累达到平衡，此时的霍尔电势也达到稳定。

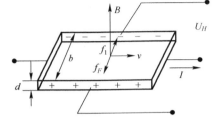

霍尔电势的大小与控制电路 I 和磁场的磁感应强度 B 成正比，与半导体薄片的厚度 d 成反比，即

$$U_H = \frac{R_H I B}{d} = K_H I B \qquad (5-19)$$

图 5.24　N 型半导体霍尔效应原理图

其中，R_H 为霍尔常数，K_H 为霍尔器件的灵敏度。

公式推导如下：

电子在磁场中运动受到的洛伦兹力为：

$$f_L = evB \qquad (5-20)$$

偏转电子积累产生的电场 $E_H = U_H/b$，因此电子受到的电场力为：

$$f_E = eE_H = \frac{eU_H}{b} \qquad (5-21)$$

电场力与磁场力方向相反，当两者大小相等时，电子积累达到动态平衡，此时 $f_E = f_L$，根据式（5-20）和式（5-21）可得

$$U_H = bvB \qquad (5-22)$$

更进一步，如果已知流过霍尔元件的电流为 I，I 可以表达为：

$$I = nevbd \qquad (5-23)$$

其中 n 为 N 型半导体的电子浓度，即单位体积内的电子数，b 和 d 分别为薄片的宽度和厚度，e 为电子电荷量 1.602×10^{-19}C。

综合式（5-22）和式（5-23）可以得到基于控制电流的霍尔电势表达式：

$$U_H = \frac{IB}{ned} = \frac{R_H}{d} IB = K_H IB \qquad (5-24)$$

在式（5-24）中，R_H 称为霍尔常数，单位为 m^2/C，由半导体薄片的材料性质决定；K_H 为霍尔元件的灵敏度，单位为 $V/(A \cdot T)$。霍尔元件的灵敏度不仅取决于载流子材料，还与霍尔元件的厚度有关，霍尔元件的厚度越小，灵敏度越高。

霍尔效应建立的时间很短，一般在皮秒甚至飞秒级，所以霍尔传感器的动态响应很快。

2. 霍尔元件的结构和基本电路

一般情况下霍尔元件为四端型器件，包括一对霍尔电极和一对控制电极。也有一些三端型器件。霍尔元件的表示符号如图 5.25 所示。霍尔元件的基本测量电路如图 5.26 所示，I 为控制电流，电位器 R_W 调节控制电流的大小。电路中的 R_L 为负载电阻，可以是放大器的内

阻或指示器内阻。

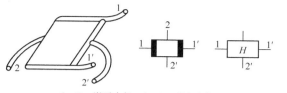 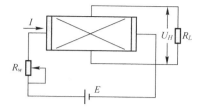

1、1′—激励电极；2、2′—霍尔电极；

图 5.25　霍尔元件的表示符号　　　　　　图 5.26　霍尔元件的基本测量电路

3. 霍尔元件的主要特性参数

（1）输入电阻和输出电阻

两个控制电极之间的电阻称为霍尔元件的输入电阻，两个输出电极之间的电阻是输出电阻。

（2）额定控制电流和最大允许控制电流

当霍尔元件通过控制电流使其在空气中产生 10℃ 的温升时，对应的控制电流值称为额定控制电流。元件的最大温升限制所对应的控制电流值称为最大允许控制电流。因为霍尔电势大小与控制电流成正比，在满足温升限制条件下，应尽可能选用较大的控制电流。

（3）不等位电势 U_0 和不等位电阻

在额定控制电流下，不加外磁场时，两个霍尔电极之间的电势称为不等位电势。产生不等位电势的主要原因包括两个霍尔电极没有安装到同一等位面上、半导体材料不均匀等。一般要求不等位电势小于 1 mV。

不等位电势 U_0 与额定控制电流 I_0 之比，称为霍尔元件的不等位电阻 r_0。

（4）寄生直流电势

在外加磁场为零、霍尔元件用交流激励时，霍尔电极输出除了交流不等位电势外，还有一直流电势，称为寄生直流电势。寄生直流电势一般在 1 mV 以下，是影响霍尔元件温漂的原因之一。产生寄生直流电势的原因可能是加载激励电压的电极与霍尔元件的电极之间接触不良，形成非欧姆接触，造成一定的整流效果，产生一个直流电势，也可能是两个霍尔电极的大小不对称，导致两个电极点的热容量不完全相同，散热状态不同而产生电极的极间温差电势，或者是两者的叠加。

（5）霍尔电势温度系数

在一定磁感应强度和激励电流下，温度每变化 1℃ 时，霍尔电势变化的百分率称为霍尔电势温度系数，它同时也是霍尔系数的温度系数。

4. 霍尔元件的误差及补偿

不等位电势和寄生直流电势都会给霍尔传感器的输出带来误差，尤其是不等位电势。不等位电势与霍尔电势具有相同的数量级，有时甚至超过霍尔电势，误差不容忽略。在实际应用中要消除不等位电势是比较困难的，但是可以采用补偿的方法来减小不等位电势。

分析不等位电势时，可以把霍尔元件等效为一个电桥，并采用电阻电桥平衡原理来补偿不等位电势。把霍尔元件电极之间的分布电阻看成电桥的四个臂。在理想情况下，电极 A、B 处于同一等位面上，$r_1 = r_2 = r_3 = r_4$，电桥平衡，不等位电势 U_0 为 0。实际上，由于 A、B 电极不在同一等位面上，此四个电阻阻值不相等，电桥不平衡，不等位电势不等于零。此时

可根据 A、B 两点电位的高低，判断应在某一桥臂上并联可调阻值的电阻，使电桥达到平衡，从而使不等位电势为零。

图 5.27 展示了霍尔传感器的几种不等位电势补偿电路图。图 a、b 为常见的补偿电路，图 b、c 相当于在等效电桥的两个桥臂上同时并联电阻，图 d 同时并联了电阻和电容器，适合用于交流供电的情况。

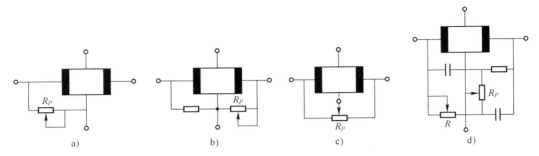

图 5.27　霍尔传感器的不等位电势补偿电路

霍尔元件是采用半导体材料制成的，因此其材料属性和导电特性都与温度有较大关系。当温度变化时，霍尔元件的载流子浓度、迁移率、电阻率及霍尔系数都将发生变化，从而使霍尔元件产生温度误差。

为了减小霍尔元件的温度误差，一方面应尽可能选用温度系数小的元件或采用恒温措施，另一方面应采用恒流源供电，减小由于输入电阻随温度变化所引起的激励电流 I 的变化的影响。

霍尔元件的灵敏系数 K_H 也是温度的函数。大多数霍尔元件的温度系数 α 是正值，霍尔电势随温度升高会增加 $\alpha\Delta T$ 倍。如果让激励电流 I_s 相应地减小，并保持 $K_H \cdot I_s$ 乘积不变，就能抵消灵敏系数 K_H 随温度升高增加的影响。图 5.28 就是按此思路设计的一个简单有效的补偿电路。电路中 I_s 为恒流源，分流电阻 R_p 与霍

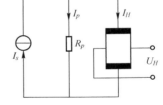

图 5.28　霍尔传感器的温度补偿电路

尔元件的激励电极相并联。当霍尔元件的输入电阻随温度升高而增加时，旁路分流电阻 R_p 自动地增大分流，减小了霍尔元件的激励电流 I_H，从而达到补偿的目的。

5. 霍尔传感器的应用

霍尔元件具有结构简单、体积小、动态特性好和寿命长的优点，它不仅用于磁感应强度、有功功率及电能参数的测量，也在位移测量中得到广泛应用。

图 5.29 给出了一些霍尔式位移传感器的工作原理图。图 5.29a 是磁场强度相同的两块永久磁铁，同极性相对地放置，霍尔元件处在两块磁铁的中间。由于磁铁中间的磁感应强度 $B = 0$，因此霍尔元件输出的霍尔电势 U_H 也等于零，此时位移 $\Delta x = 0$。若霍尔元件在两磁铁中产生相对位移，霍尔元件感受到的磁感应强度也随之改变，这时 U_H 不为零，其量值大小反映出霍尔元件与磁铁之间相对位置的变化量。这种结构的传感器，其动态范围可达 5 mm，分辨率为 0.001 mm。图 5.29b 是一种结构简单的霍尔位移传感器，是由一块永久磁铁组成磁路的传感器，在霍尔元件处于初始位置 $\Delta x = 0$ 时，霍尔电势 U_H 不等于零。图 5.29c 是一个由两个结构相同的磁路组成的霍尔式位移传感器，为了获得较好的线性分布，在磁极端面装

有极靴，霍尔元件调整好初始位置时，可以使霍尔电势 $U_H = 0$。这种传感器灵敏度很高，但它所能检测的位移量较小，适合于微位移量及振动的测量。

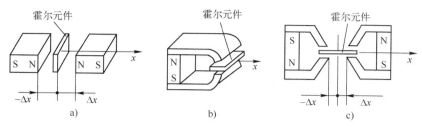

图 5.29　霍尔式位移传感器的几种结构
a）恒磁场　b）简单磁场　c）对称结构磁场

图 5.30 是几种不同结构的霍尔式转速传感器。转盘的输入轴与被测转轴相连，当被测转轴转动时，转盘随之转动，固定在转盘附近的霍尔传感器便可在每一个小磁铁通过时产生一个相应的脉冲，检测出单位时间的脉冲数，便可知被测转速。根据磁性转盘上小磁铁数目多少就可确定传感器测量转速的分辨率。

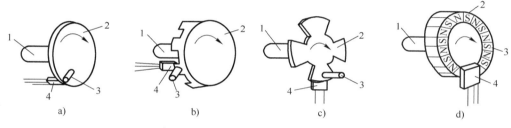

1—输入轴　2—转盘　3—小磁铁　4—霍尔传感器
图 5.30　霍尔式转速传感器

5.4　光电传感器

由于精度高、反应快、可靠性好，而且能够无接触测量，光电检测是现代检测技术的一种常见手段。光电检测仪器中一定有光电探测元件，即光电传感器。光电传感器的类型很多，如光敏电阻、光电二极管、光电晶体管、光电倍增管、硅光电池、光电位置传感器、光电二极管阵列、CCD 图像传感器、CMOS 图像传感器等。其中，除了光敏电阻属于电阻类传感器，其他都可以看成是电能量型传感器。

光电传感器的工作基础是光电效应。这一现象最早由德国物理学家赫兹发现，爱因斯坦后来提出了光量子学说，并建立了光电效应方程，从而解释了物体在光的照射下电学性质发生改变这一现象。光电效应分外光电效应和内光电效应。所谓外光电效应，是指光（或其他高能量射线）照射到物质表面并导致光电子从金属表面逸出的现象。外光电效应的典型应用器件是光电管和光电倍增管。内光电效应则指光电效应产生的自由电子或其他光生载流子没有从材料表面逸出，而是留在材料内部，并改变了材料的电学性质，也称内量子效应。

内光电效应主要有光电导效应和光生伏特效应。基于光电导效应的光电器件是光敏电阻。其他光电传感器如光电二极管、光电晶体管、光电池等，都是基于半导体的光生伏特效应。其原理是，无光照时，半导体 PN 结内存在一个自建电场，当光照射 PN 结及其附近时，在结区附近产生少数载流子，这些载流子在自建场的作用下分别向 P 区和 N 区移动，进而在半导体内部产生附加光势垒，即光生电势。这一现象称为光生伏特效应。

根据爱因斯坦的光电效应方程，光电效应存在临界波长。临界波长由材料的禁带宽度决定。当光子的能量大于禁带能量时，价带上的电子吸收光子能量后，跃迁到导带，成为自由电子。以硅光敏传感器为例，硅的禁带宽度 $E_g = 1.11$ eV，1 eV $= 1.6 \times 10^{-19}$ J，因此硅敏传感器的临界波长为：

$$\lambda_0 = \frac{hc}{qE_g} = \frac{6.62 \times 10^{-34} \times 3 \times 10^8}{1.6 \times 10^{-19} \times 1.11} = 1119 \text{ nm}$$

而光敏电阻的常用材料硫化镉（CdS）的禁带宽度 $E_g = 2.42$ eV，可算出其临界波长为 513 nm。

5.4.1 光电二极管

光电二极管本质上也是一个二极管，是由一个 PN 结组成的半导体器件，具有单向导电性，表示符号如图 5.31 所示。与普通二极管不同的是，光电二极管上有一个透明的、可以入射光的窗口。没有光照时，二极管的反向电流即暗电流非常微弱；当有入射光且入射光线频率大于红限频率时，由于光电效应的作用，二极管的反向电流迅速增大，产生光电流。光的强度越大，反向电流也越大。

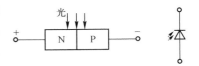

图 5.31　光电二极管的符号

光电二极管可以采用不同半导体材料制成。最常用的半导体材料是硅，其他有锗、砷化铟镓等。国产硅光电二极管有 2CU 和 2DU 两种系列。2CU 以 N 型硅为基底，2DU 型以 P 型硅为基底。

近年来随着光通信和光检测技术的推广，一些高性能的光电二极管应用不断拓宽，例如 PIN 型光电二极管、雪崩二极管等，如图 5.32 所示。

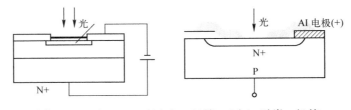

图 5.32　（左）PIN 型光电二极管　（右）雪崩二极管

与普通光电二极管不同，PIN 型光电二极管在 P 区和 N 区中间有一个本征层，由于本征层电阻大，当外加偏置电压时，电压大部分落在 I 层，进而使 PN 结的耗尽区变宽，增大了光电转换的有效区域，同时耗尽区变宽，使得 PN 结的结电容减小，提高了器件的响应速度。

雪崩光电二极管常用于微弱光信号检测。与普通光电二极管相比，雪崩光电二极管对 PN 结半导体材料的掺杂特性要求更高，PN 结面积也更大，可以承受更大的反向偏置电压。在较高的反向偏置电压作用下，光生载流子在强电场作用下，加速运动，碰撞产生更多的电子-空穴对，使输出信号倍增，提高了光电二极管的输出电流。

雪崩二极管的优点是灵敏度高。但是雪崩二极管的信噪比与温度关系很大，当温度升高时，电子热噪声增大，二极管的反向暗电流会增大，从而大大降低二极管的探测灵敏度。所以雪崩二极管在应用时需要进行温度控制。另外雪崩二极管的反向偏置电压温度控制一般在80~200℃。

1. 光电二极管的特性

和所有的光电探测元件一样，光电二极管具有光谱特性。所谓光谱特性是指在一定照度下输出的光电流（灵敏度）与入射光波长的关系。硅和锗光电二极管的光谱特性曲线如图 5.33 所示。从曲线可以看出，硅的峰值波长约为 0.9 μm，锗的峰值波长约为 1.5 μm，此时灵敏度最大，当入射光的波长增长或缩短时，相对灵敏度都会下降。一般来讲，锗管的暗电流较大，因此性能较差，在可见光探测时，一般都用硅管。但对红外光的探测，用锗管更适宜。

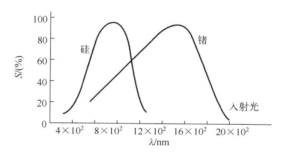

图 5.33　硅、锗光电二极管的光谱特性

提高反向偏置电压，可以增大光电二极管的光电流。图 5.34 显示了不同照度下输出光电流与反向偏置电压的特性曲线。当偏置电压较低时，提高偏置电压，光电流的增大较明显，但是当偏置电压达到 10 V 以后，提高偏置电压增加的光电流就越来越小。在相同偏置条件下，光电二极管的输出与光照强度具有非常好的线性关系，如图 5.34 中的右图所示。

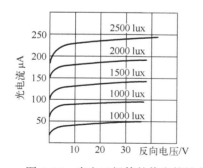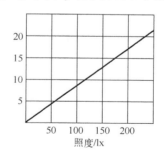

图 5.34　光电二极管的伏安特性曲线（左）和输出-照度关系（右）

另外，光电二极管具有良好的频率特性，动态响应很快。普通光电二极管的响应时间一般能达到 10 μs 左右。PIN 型光电二极管响应时间可以达到 100 ns 或者更低。

2. 光电二极管的接口电路

光电二极管的输出信号为光电流，在一般情况下，需要进行放大，然后转换成电压信号，再经过模数转换电路转换成数字信号。图 5.35a 通过一个 NPN 三极管把光电流转换成集电极电压输出。图 5.35b 则是一个光控继电器的应用电路。图 5.36 是利用运算放大器把光电流转换成电压信号输出。

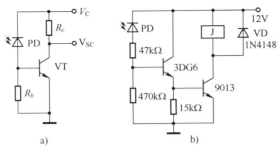
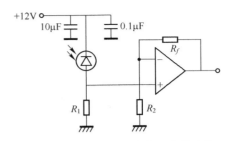

图 5.35　光电二极管的输出接口　　　　图 5.36　与反相运算放大电路的连接

5.4.2　光电晶体管

　　光电三极管也是一种晶体管，它有三个电极，只是发射极很大，以扩大光的照射面积，且基极没有引出线。光电晶体管的结构和表示符号如图 5.37 所示。

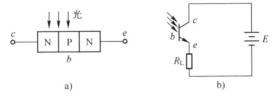

图 5.37　NPN 型光电晶体管

　　光电晶体管由于具有放大作用，输出光电流比较大，但是与光电二极管相比，其输出的线性度不如光电二极管。在较强的光照下，光电流与光照度不成线性关系，如图 5.38 所示。所以光电晶体管多用来作光电开关元件或光电逻辑元件。

　　正常运用时，集电极上加正电压，因此，集电结为反偏置，发射结为正偏置，集电结发生光电效应。当光照到集电结上时，集电结产生光电流 I_p 向基区注入，同时在集电极电路产生了一个被放大的电流 I_c。

　　目前的光电晶体管多采用硅材料制作而成。这是由于硅元件较锗元件有小得多的暗电流和较小的温度系数。硅光电晶体管是用 N 型硅单晶做成 N—P—N 结构的。国产硅光电晶体管有 3CU（PNP）和 3DU（NPN）系列等。

　　图 5.38 是光电晶体管的伏安特性曲线。光电晶体管的响应速度比光电二极管慢，其频率特性受负载电阻的影响，如图 5.39 所示，减小负载电阻可以提高频率响应范围，但输出电压也减小。

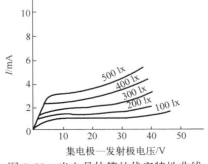

图 5.38　光电晶体管的伏安特性曲线

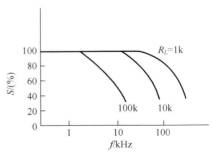

图 5.39　光电晶体管的频率特性

光电晶体管还有一些特殊的集成器件，例如达林顿光敏管、光耦等。达林顿光敏管是由一个光电晶体管和一个晶体管以共集电极连接方式构成的集成器件。由于增加了一级电流放大，所以输出电流能力大大加强，甚至可以不必经过进一步放大，便可直接驱动继电器。但达林顿管的暗电流较大，适合用作光电开关或数位式信号的光电变换，不适合用于光电测量。

光电耦合器（光耦）是把发光元件和光电接收元件集合在一起，以光作为媒介传递信号的光电器件，如图5.40所示。光耦可以用来作为电气隔离的信号传递，也可以用作光电开关。图5.41是光电开关的应用电路。

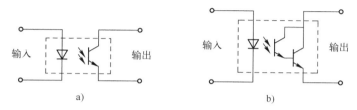

图5.40 作为电气隔离用的光电耦合器

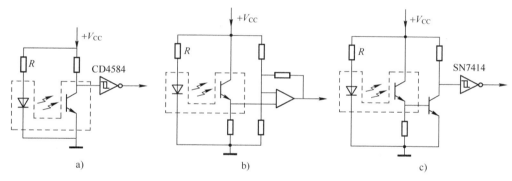

图5.41 光电开关的应用电路

5.4.3 光电倍增管

光电倍增管是建立在外光电效应和电子光学基础上的一种具有极高灵敏度和超快时间响应的光敏电真空器件，可以工作在紫外、可见和近红外区的光谱区。光电倍增管具有高增益、高频率响应的特点，常用于极端微弱光信号的探测，如天文观测、夜视仪、核辐射探测、地质探测、光谱分析仪、宇宙射线探测仪、激光雷达等。

与传统的真空光电管不同，光电倍增管除了阴极和阳极外，还有多个倍增极，其工作原理如图5.42所示。阴极受到光线照射后产生光电子，这些光电子在具有电子聚焦功能的电场作用下被汇聚，以一定的速度到达第一个倍增极（Dynode），在倍增极上产生二次激发，形成更多的电子流，这些电子接着运动到第二个倍增极，又激发产生更多的电子，如此经过多个倍增极后，电子数目能够放大十几倍甚至一百倍，最后一个倍增极激发的电子流到达阳极，并从阳极输出。这些倍增极采用金属电极上蒸镀一层半导体膜制成。常用的半导体膜材料有锑化碱、玻氧化物、氧化镁、磷化砷等。由于光电倍增管增益高和响应时间短，又由于它的输出电流和入射光子数成正比，所以它被广泛使用在天体光度测量和天体分光光度测量中。

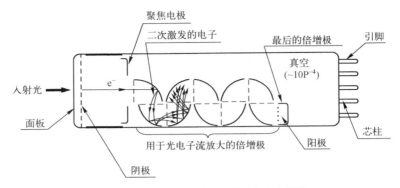

图 5.42 光电倍增管的工作原理示意图

5.4.4 光电图像传感器

光电图像传感器，如 CCD（Charge Coupled Device）图像传感器、CMOS（Complementary Metal Oxide Semiconductor）图像传感器等，是机器视觉检测系统中的核心传感器。两种传感器都能够实现光电转换，把二维光学图像转换成二维电子信号输出，但是所用的工艺不一样。

1. CCD 传感器

CCD 生产工艺是专门为图像传感器诞生的。20 世纪 60 年代贝尔实验室发明了 CCD 图像传感器，随后日本、加拿大、欧洲等半导体厂商开始研制生产线投入生产，逐渐形成了成熟的 CCD 生产工艺。从 20 世纪 80 年代末开始，CCD 传感器逐渐应用于工业相机、数码相机、摄影机、复印机、投影仪等光电检测仪器或光电成像设备中。CMOS 图像传感器的发明也不晚，但是直到 20 世纪 90 年代，CMOS 图像传感器的性能一直远远落后于 CCD 传感器。21 世纪初，由于 CMOS 工艺的不断进步以及 CMOS 图像传感器设计上的创新，CMOS 图像传感器的性能得到快速提高，目前已在数码相机、手机等一般的消费电子产品中占据了主要市场，在工业成像系统中也开始崭露头角。

CCD 的基本单元是像素，每个像素由光敏区和电荷输出区组成，如图 5.43 所示。光敏区由一个个光电二极管组成，光敏区越大，则填充因子越大，像素灵敏度越高。光电二极管产生的光电荷储存在 MOS 电容器中，并通过电荷输出结构逐个有序地输出。电极即 MOS 结构的栅极，每一像素位的电极数称为"相"。CCD 的电极结构有二相、三相、四相等，分别需要二相、三相、四相驱动时序来进行电荷输出。

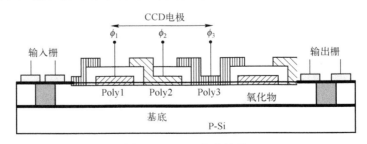

图 5.43　CCD 像素结构

CCD 有线阵 CCD 和面阵 CCD。线阵有单通道、双通道和四通道等，图 5.44 是双通道线阵 CCD 传感器的结构示意图。面阵 CCD 的结构形式主要有帧转移（Frame Transfer）和行间转移（Interline Transfer）方式。图 5.45 和图 5.46 分别是帧转移和行间转移 CCD 的电荷输出示意图。

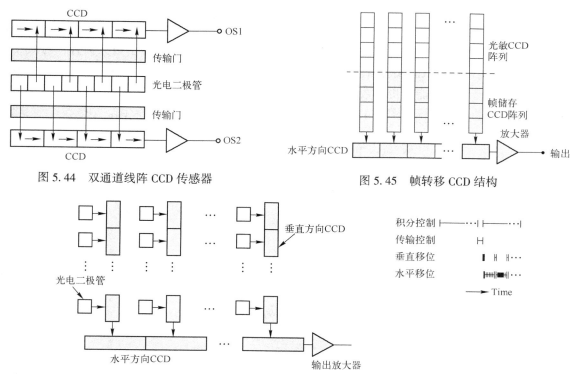

图 5.44　双通道线阵 CCD 传感器

图 5.45　帧转移 CCD 结构

图 5.46　行间转移 CCD 示意图

FT 型 CCD 包括光敏区、暂存区和转移区。暂存区与光敏区结构相同，但是覆盖有金属层遮光。在感光时间结束后，光敏区的信号一次平移到暂存区，光敏区可以开始另一次积分，而暂存区的信号则逐行地转移到水平输出寄存器，由输出寄存器一行一行地输出。在行间转移 CCD 图像传感器中，每列光敏单元的右侧是一个垂直移位寄存器，光敏单元与转移单元间一一对应，之间的转移由转移栅控制。底部是一个水平输出寄存器，单元数等于垂直寄存器个数。

普通的 CCD 传感器不能区分不同波长的入射光线强度，因此 CCD 的原始图像均为灰度图像。市场上的彩色 CCD 图像传感器大部分是利用透镜上镀的 Bayer 滤波阵列获得 RGB 三种不同波长光的入射强度，然后通过插补得到近似的彩色图像。与黑白 CCD 相比，这种彩色 CCD 由于进行了滤波，灵敏度和分辨率都有一定损失。还有一种彩色成像系统是用三个独立的 CCD 传感器分别对红光、绿光和蓝光进行感知，然后对三个 CCD 的输出图像进行融合得到 RGB 真彩色图像。这种彩色 CCD 成像质量高，但结构复杂，价格比较昂贵。

2. CMOS 图像传感器

CMOS 图像传感器采用 CMOS 半导体集成电路工艺制成。CMOS 工艺是在 PMOS 和 NMOS 工艺基础上发展起来的一种先进半导体工艺，可以在同一片硅衬底上生长 PMOS 和 NMOS 两类器件，形成 CMOS 集成电路。由于感知元件采用 CMOS 工艺，放大器、A/D 转换器、译码电路、存储器、数字信号处理器等其他 CMOS 电路可以与传感器感知部分集成在一块硅基片上，大大提高了传感器的集成化程度，降低了生产成本。而且因为采用地址译码输出，CMOS 图像传感器在输出信号时可以选择部分区域或者隔行输出，使得输出方式更加灵活。当然，由于集成了其他电路，CMOS 图像传感器的光敏区面积变小，填充因子下降，因此同样像素尺寸的 CMOS 图像传感器在灵敏度和动态性能方面可能不如 CCD 传感器。近年来由于在设计上的创新和工艺上的进步，CMOS 图像传感器的灵敏度有了很大提升，与 CCD 的差距不断缩小，加上 CMOS 具有的高功能集成度、低成本、输出灵活等优势，CMOS 图像传感器近年来已经在智能手机、数码相机等各种消费电子产品中替代 CCD，并占据了消费级图像传感器的主要市场。图 5.47 是 CMOS 图像传感器的内部模块示意图。

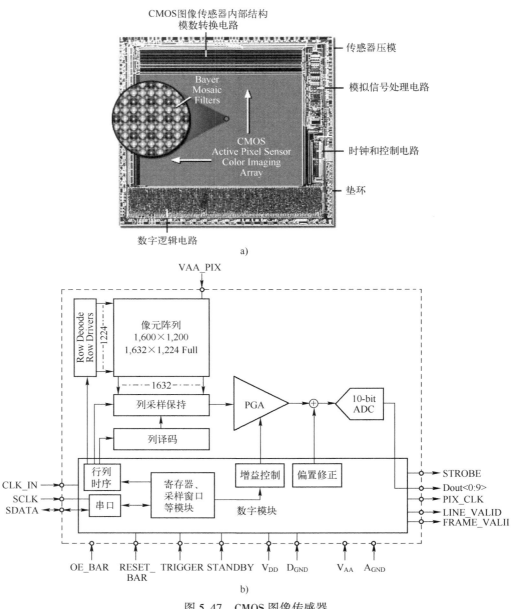

图 5.47　CMOS 图像传感器

a）封装前的芯片　b）内部示意图

早期的 CMOS 图像传感器像元多为无源像素（Passive Pixel）结构，包括一个感光的 PN 结和具有开关作用的场效应管，如图 5.48a 所示。采用无源像素的 CMOS 图像传感器（PPS）信号小，灵敏度差，应用价值低。后来发明了有源像素（Active Pixel）结构，即在像元内部集成放大电路，对初始感光信号进行放大，大大提高了 CMOS 图像传感器的灵敏度。图 5.48b 是一个有源像素的结构示意图，像素内部不仅有感光二极管和开关用的场效应管，还有放大用的三极管。典型的有源像素传感器（APS）的像元结构有 3T 像素、4T 像素结构等。

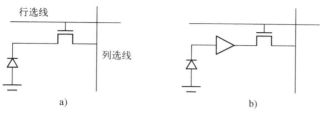

图 5.48　CMOS 图像传感器像元
a）PPS 和 b）APS

在 3T 像素结构中，每个像素包含一个 PN 结和三个场效应管，如图 5.49a 所示。三个晶体管的作用分别是复位（RST）、行选（RS）和放大（SF）。首先给 PN 结加载反向电压，复位晶体管 RST 导通，像素进行复位，反向电压撤销，复位结束，PN 结开始曝光，曝光期间照射产生的光电荷被收集，曝光完成后，行选晶体管 RS 被激活，PN 结中的信号经过 SF 放大，输出到总线，这个过程不断循环，就可以得到连续输出的图像信号。

4T 像素结构则包括四个晶体管，也称 PPD（Pinned Photo Diode）像素结构。像素包括一个 PPD 的感光区和四个晶体管，如图 5.49b 所示。在 PPD 像元结构中，读出电路与光电感应区通过 TX（传输门）隔开，读出电路中引入相关双采样（Correlated Double Sampling，CDS）电路。第一步是曝光，光照射产生的电子-空穴对会因 PPD 电场的存在而分开，电子移向 N^+ 区，空穴移向 P 区。第二步是复位，在曝光结束时，激活 RST，将读出区复位到高电平。第三步读出复位时的电平，复位电平中包含了运放的固定模式（Fixed Pattern）噪声，$1/f$ 噪声以及复位电路的 kTC 噪声，读出的信号存储在第一个电容中。第四步是激活输出门 TX，电荷从感光区转移到 N^+ 区。第五步读出信号电平，N^+ 区的电压信号存储到第二个电容。

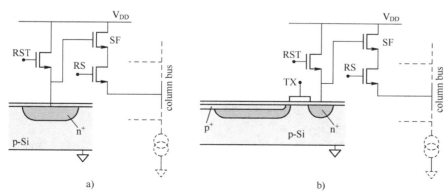

图 5.49　有源像素传感器
a）3T 像元结构示意图　b）4T 像元结构

第六步输出，将存储在两个电容中的信号相减以减小噪声，得到的信号经过放大，然后采样输出。通过相关双采样电路的引入，PPD 消除了复位引入的 kTC 噪声、运放引入的 1/f 噪声和器件本身的固定模式噪声。

5.5 习题

1. 已知 K 型标准热电偶（镍铬–镍硅）分度表如下，测量某加热炉温度，已知冷端温度为 25℃，测得的热电势是 42.5 mV，求被测温度的实际值。

工作端温度（℃）	0	10	20	30	40	50	60	70	80	90
	热电势（mV）									
0	0	0.397	0.798	1.023	1.611	2.022	2.436	2.850	3.266	3.681
100	4.005	4.508	4.919	5.327	5.733	6.137	6.539	6.939	7.338	7.737
200	8.137	8.537	8.938	9.341	9.645	10.151	10.560	10.969	11.381	11.793
300	12.207	12.623	13.039	13.456	13.374	14.292	14.712	15.132	15.552	15.974
400	16.395	16.818	17.241	17.664	18.048	18.513	18.938	19.363	19.788	20.214
500	20.640	21.066	21.493	21.919	22.346	22.772	23.198	23.624	24.050	24.476
600	24.902	25.327	25.751	16.176	26.599	27.022	27.445	27.807	28.288	28.700
700	29.128	29.547	29.965	30.333	30.799	31.214	31.629	32.042	32.455	32.865
800	33.277	33.686	34.095	34.502	34.909	35.314	35.718	36.121	36.524	36.925
900	37.325	37.724	38.122	38.519	38.915	39.310	39.703	40.096	40.488	40.879
1000	41.269	41.657	42.045	42.432	42.817	43.202	43.585	43.968	44.349	44.729
1100	45.108	45.486	45.863	46.233	46.612	46.985	47.356	47.726	48.095	48.462
1200	48.828	49.192	49.555	49.916	50.276	50.633	50.990	51.344	51.697	52.049
1300	52.398									

2. 简述压电式加速度传感器的工作原理。

3. 简述压电式传感器前置放大级的作用，并说明选择何种放大电路最合适？

4. 磁电式传感器的共同特点是什么？动圈式磁电传感器和磁阻式磁电传感器的区别在哪里？

5. 用霍尔转速传感器测量转轴的转速，若传感器一周磁极数为 10，且 5 s 内测得计数值为 100 个，求转轴的转速。

6. 用压电式加速度传感器和电荷放大器测量某种机器的振动，已知传感器的灵敏度为 100 pC/g，电荷放大器的反馈电容 $C_f = 0.01$ pF，测得输出电压峰值为 $U_{om} = 0.4$ V，振动频率为 100 Hz。

1）求机器振动的加速度最大值 a_m；

2）假定振动为正弦波，求振动的速度 $v(t)$；

3）求振动幅度的最大值 x_m。

7. 光电晶体管在强光照时的光电流为 2.5 mA，现欲设计一个常开型（NO）光电开关，要求在强光照射时继电器吸合，开关合上。选用的继电器吸合电流为 40 mA，直流电阻为 250 Ω。请设计该光电开关的电路图。

第6章 信号调理与采集

传感器把被测量转换成模拟电压或模拟电流信号输出。模拟电压或电流信号一般需要经过信号调理、模拟采样转换电路转化成数字信号序列，然后利用计算机或专门的数字信号处理单元对数字信号进行处理。

在设计信号调理电路时，需要根据传感器输出信号的幅值、频率和输出阻抗来确定调节电路的特性。当传感器输出电压小于 ADC 的输入范围时，需要对模拟信号进行放大。若输出的信号频率很低，就不能采用交流耦合的高增益放大器，而只能采用直流放大器。设计直流放大电路时，需要考虑直流放大器的失调电压、偏置以及随时间和温度变化产生的漂移。此外还要考虑传感器与信号调节电路之间的阻抗是否匹配。如果传感器的输出阻抗很高且传感器输出的是模拟电压信号，则可能需要静电计放大器，如果输出的是电流信号，则可以采用高输入阻抗的跨阻放大器。

6.1 信号调理

信号调理电路完成把模拟信号放大、滤波、线性变换等功能，以便信号与后面的采样处理电路匹配。不同类型传感器的信号调理电路会有所不同，但是一般都包含信号放大、信号滤波、信号变换等要求。

6.1.1 信号放大

放大电路是检测系统中最常见的电路，有的传感器输出信号通过一级放大就可以进行模数转换，有的则需要二级甚至更多级放大。置于最前端的放大器称为前置放大器，前置放大的主要目的是在传感器输出最前端放大传感器信号，避免在传输噪声进入后噪声随着信号一起放大。如果前置放大后的信号与 ADC 动态范围不匹配，则需要进行二次放大。二次放大是为了让输入信号更好地匹配 ADC 的参考电平和动态范围，从而提高检测系统分辨率。

1. 直流放大

一般说来，若传感器输出的信号属于小直流信号，可以利用直流运算放大器进行放大。如果该信号是由一组差动传感器生成的差动信号，则可以采用差动放大器来放大两个输入端之间的电压差。差动放大器的两个输入端对地最好均为高阻抗，且数值相差不大。

图 6.1a 是由一个运算放大器和四个匹配电阻构成的简单差动放大电路。假设运算放大器的差模增益为 A_d，共模增益 A_c 为零，$\beta = R_1 / (R_1 + R_2)$ 是运算放大器的反馈因数，则输出电压为：

$$V_o = \frac{1}{1 + \frac{1}{A_d\beta}} \left[V_2 \frac{R_4}{R_3 + R_4} \left(1 + \frac{R_2}{R_1} \right) - V_1 \frac{R_2}{R_1} \right]$$

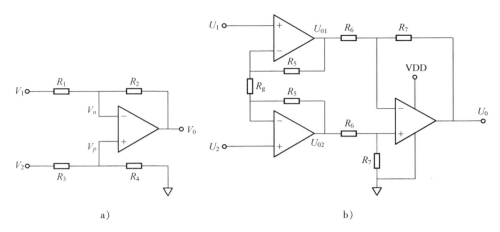

图 6.1　直流运算放大器

a）采用单运放和四个电阻构成的差动放大器　b）三运放构成的仪表放大器电路

输入信号是差模信号，即 $V_d = V_2 - V_1$，而共模电压为 $V_c = (V_1 + V_2)/2$，可以推导出这个单运放的差动放大器的共模增益是

$$G_d = \frac{V_o}{V_d} = \frac{1}{1+\dfrac{1}{A_d\beta}}\frac{1}{2}\left[\frac{R_4}{R_3+R_4}\left(1+\frac{R_2}{R_1}\right)+\frac{R_2}{R_1}\right]$$

$$G_c = \frac{V_o}{V_c} = \frac{1}{1+\dfrac{1}{A_d\beta}}\frac{R_4R_1-R_2R_3}{R_1(R_3+R_4)}$$

为了使差模信号而不是共模电压被放大，必须使 $G_c = 0$，即 $R_4R_1 - R_2R_3 = 0$。所以四个电阻的阻值应该满足

$$\frac{R_4}{R_3} = \frac{R_2}{R_1} = k$$

此时 $G_d = \dfrac{k}{1+\dfrac{1}{A_d\beta}} = \dfrac{k}{1+\dfrac{k+1}{A_d}}$，当 $A_d \gg k+1$ 时，$G_d \approx k$。

当阻值不能完全匹配时，电路对共模信号的抑制能力就受到限制。一般用共模抑制比（CMRR）来定量表示，CMRR 的定义为差模增益与共模增益之比。CMRR 通常采用比值的十进对数乘以 20 来表示，单位是分贝（dB）。

仪器放大器，也称测量放大器，是一种能同时提供高输入阻抗和高 CMRR 的差动放大器，而且具有失调电压及失调电流小、低漂移、低输出阻抗等优点，经常用作传感器的前端放大电路。仪器放大器可以用三个普通的运算放大器搭建成，如图 6.1b 所示。图 6.1b 三运放仪表放大电路的第一级是两个对称的同相放大器对差模信号进行放大，其输出分别接到第三个运算放大器的正相、反相输入端组成减法电路。假设运放 1 和运放 2 的同相端输入电压分别为 U_1、U_2，在理想情况下，运放 1 的输出为：

$$U_{01} = \left(1+\frac{R_5}{R_G}\right)U_1 - \frac{R_5}{R_G}U_2 \tag{6-1}$$

运放 2 的输出为：

$$U_{02} = \left(1 + \frac{R_5}{R_G}\right)U_2 - \frac{R_5}{R_G}U_1 \tag{6-2}$$

运放 3 的输出为：

$$U_0 = -\frac{R_7}{R_6}U_{01} + \frac{R_7}{R_6 + R_7}\left(1 + \frac{R_7}{R_6}\right)U_{02} = \frac{R_7}{R_6}\left(1 + \frac{2R_5}{R_G}\right)(U_2 - U_1) \tag{6-3}$$

从式（6-3）可以看出，三运放电路的最终输出电压只与 U_1 和 U_2 的电压差有关，共模电压输出为零。该运放电路的放大倍数取决于一级运放外部配置的电阻比和二级运放的放大倍数。如果二级运放的放大倍数为 1，则通过改变一级运放电路中的两个运算放大器之间的连接电阻阻值就可以调整电路的放大倍数。

例6.1 由四个 350 Ω、应变系数为 2.0 的应变片组成的应变电桥采用图 6.2 所示的接口电路进行放大。REF102 输出恒定的 10 V 基准电压。假定运算放大器 OA 为理想放大器。计算应变片允许功耗为 250 mW 时通过每一级的最大电流。假如电桥电流限制到 25 mA，计算 R 及其额定功率。若将应变片粘贴到 $E = 210\,GPa$ 的钢梁上，且使四个应变片受到的应变方向两两不同，计算当负荷为 50 kg/cm² 时，需要获得 0.5 V 输出时的仪器放大器 IA 的增益 G。

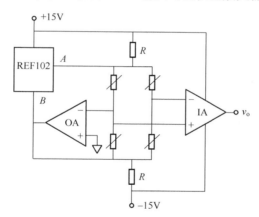

图 6.2 采用仪器放大器的传感器电桥接口电路

解：要求应变片的功耗限制到 250 mW，即 $I^2R < 250\,mW$，已知 $R = 350\,\Omega$，所以

$$I < \sqrt{0.25\,W/350\,\Omega} = 26.7\,mA$$

因为 REF102 维持 10 V 恒定电压输出，电桥电流为：

$$I_b = \frac{30 - 10}{2R} = \frac{10}{R}$$

欲使 $I_b = 25\,mA$，要求 $R = 400\,\Omega$。此时，R 上的耗散功率为 $P = I^2R = 250\,mW$。故要求使用 $1/4W$ 的电阻。

如果应变电桥为全桥电路，电桥输出为：

$$V_s = \Delta R \cdot 10\,V$$

$$\Delta R = k\varepsilon = 2 \times \frac{\sigma}{E} = 2 \times \frac{50 \times 9.8 \times 10^4}{210 \times 10^9} = 46.7 \times 10^{-6}$$

所以要获得 0.5 V 的输出，仪器放大器的增益应为：

$$G = \frac{0.5}{467 \times 10^{-6}} = 1071$$

由于大规模集成电路工艺的成熟，现代检测系统中大量使用集成运算放大器来进行信号放大。在应用精度要求较高而且成本也允许的情况下，可以采用集成的仪用放大器作为传感器的前端放大器。

AD620 是美国 AD 公司生产的一款低成本、高性能的集成仪用放大器，增益可调范围为 1~10000，共模抑制比大于或等于 100 dB。AD620 的引脚和基本电路如图 6.3 所示。通过设置片外电阻 R_g 的阻值，可以使放大器的放大倍数在 1 到 10000 之间改变。AD620 的非线性误差小于 40 ppm（百万分之一），温漂不超过 0.6 μV/℃，可以用于电子秤、压力计、人体血压计、心电图等不同的检测仪器中。

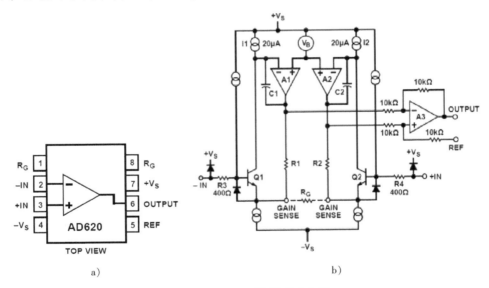

图 6.3　AD620 引脚及基本电路

a）AD620 引脚图　b）AD620 内部电路示意图

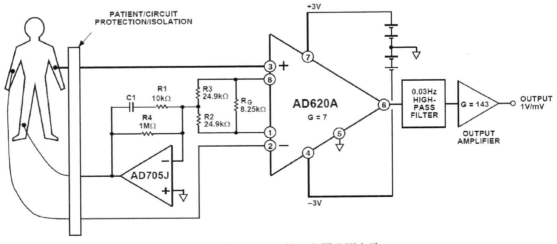

图 6.4　基于 AD620 的心电图监测电路

随着模数混合集成电路的发展，还出现了数字可编程的集成信号放大器 PGA（Programmable Gain Amplifier）。程控增益放大器的增益可以通过数字逻辑电路来改变，或通过程序来设定。程控增益放大器一般用于多通道、宽范围的多路数据采集系统中。这类采集系统的不同通道信号电平的大小相差很大，需要动态改变测量放大电路的增益，以便在采集不同数据时都有良好的分辨率。图 6.5a 是 AD 公司的一款程控增益放大器 AD645 的外部引脚示意图。图 6.5b 则是基于 AD625 的多路数据采集应用示意图。

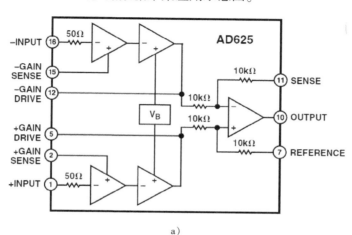

a)

b)

图 6.5　AD625 外部引脚及多路数据采集应用示意图

a）程控增益放大器 AD625　b）基于多路转换器 AD7502 和可调增益仪用放大器 AD625 的多路数据采集系统

图 6.6 中的 PGA308 是一款可编程的，且具有自调零功能的可调增益放大器。通过外部单总线接口，单片机可以设定该放大器的内部增益。显然，采用这种可编程增益放大器芯片，很容易实现检测通道的多个变量或多个量程之间的切换，降低多路模拟信号采集卡的硬件成本。

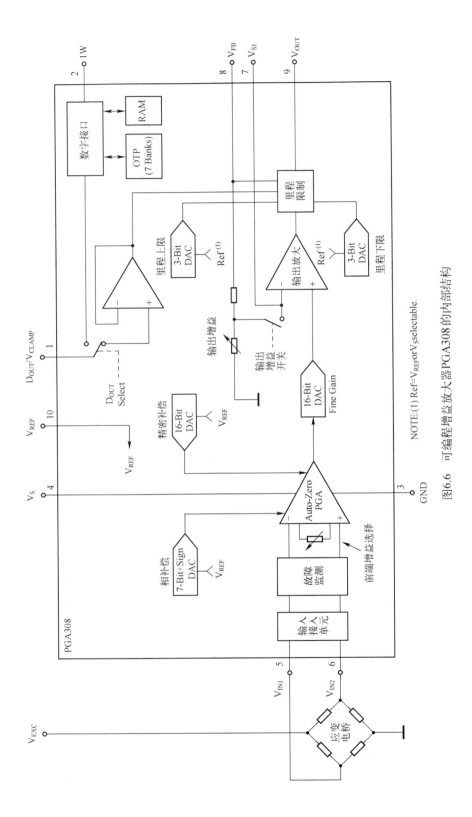

图6.6 可编程增益放大器PGA308的内部结构

2. 交流放大

当采用交流电桥时，输出信号为交流信号，这对运算放大器的线性带宽有一定要求。一般的运算放大器都能够对 10 MHz 以下的交流信号进行放大。若传感器的输出端一端接地（非差动信号），输出信号可以直接使用反相或同相放大电路进行放大。若输出信号是差动信号，则应利用仪表放大电路进行放大。

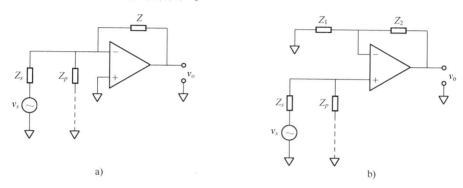

图 6.7 用于交流信号

a）反相放大电路　b）同相放大电路

在图 6.7a 中所示的反相放大电路中，V_s 是交流信号，Z_s 是传感器的等效输出阻抗，Z_p 是寄生电容，假设运算放大器的开环增益为 A_d，则根据电路分析可得

$$V_0 = A_d(0 - V_n)$$

$$\frac{V_0 - V_n}{Z} = \frac{V_n - V_s}{Z_s}$$

所以运算放大器的输出信号 V_0 为：

$$V_0 = -\frac{Z/Z_s}{1 + \frac{1}{A_d} \cdot \frac{Z_s + Z}{Z_s}} V_s \tag{6-4}$$

输出电压与输入电压信号 V_s 成正相关，但是也与传感器的等效输出阻抗 Z_s 有关，这会在一定程度上影响检测结果的线性度。

在图 6.7b 所示的同相放大电路中，输出电压为：

$$V_0 = \frac{Z_p}{Z_p + Z_s} \frac{Z_2 + Z_1}{Z_1} \cdot \frac{1}{1 + \frac{1}{A_d} \cdot \frac{Z_s + Z}{Z_s}} V_s \tag{6-5}$$

相比于反相放大电路，同相放大电路的输出不仅与 Z_s 有关，还与寄生阻抗 Z_p 有关，如果寄生阻抗 Z_p 很大，式（6-5）中的 $\frac{Z_p}{Z_p + Z_s}$ 项趋于1，电路的输出与输入信号 V_s 之间将成为近似的线性关系。

在交流频率上工作需要考虑限制运算放大器性能的一些参数，例如开环微分增益、交流输入阻抗、放大器转换速率（Slew Rate）等。首先运算放大器的实际增益取决于开环微分增益或在激励频率上的互阻抗。其次，运算放大器的交流输入阻抗远小于直流值，这是由输入电容造成的。一个集成运算放大器的输入电容可能超过 3 pF，3 pF 的电容对直流信号来说阻抗近似无穷大，但对 1 MHz 的交流信号的等效阻抗则只有 50 kΩ。

对交流放大另一方面的限制来源于无源元件，例如电阻器中的寄生电容。寄生电容可能与电阻一起构成高通滤波器或低通滤波器，从而对放大电路的带宽造成影响。因此要避免使用大数值电阻并尽量减小寄生电容。

例 6.2 图 6.8 是由差动变面积式电容传感器组成的电容电桥的三运放仪器放大电路。已知 C_1、C_3 极性相同，但与 C_2 和 C_4 的极性相反，四个电容传感器的初始极板面积为 $10\,\mathrm{cm}^2$，极板间距离为 $0.5\,\mathrm{mm}$。若激励电压频率为 $10\,\mathrm{kHz}$，要保证传感器信号的正常放大，试计算仪器放大器输入端应配置的电阻 R 的值。

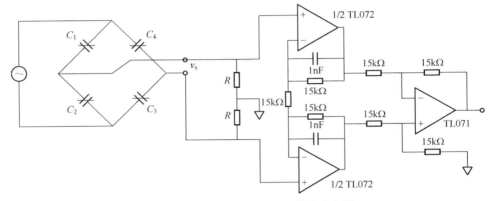

图 6.8　交流电容电桥的三运放放大电路

解：根据电容传感器的电容计算公式可知

$$C_0 = \frac{\varepsilon_0 S}{d} = 8.85\,\mathrm{pF} \times \frac{10 \times 10^{-4}}{0.5 \times 10^{-3}} = 17.7\,\mathrm{pF}$$

假设 $C_1 = C_3 = C_0 + \Delta C$，$C_2 = C_4 = C_0 - \Delta C$，电容电桥的等效电容为 $2C_0$，等效电容与旁路电阻 R 一起对输入信号构成高通滤波的效果，要保证激励信号的增益，该高通滤波器的截止频率应该远小于激励信号的频率，假设取激励频率的 $1/10$，则 $f_{3\mathrm{dB}}$ 应为 $1\,\mathrm{kHz}$，所以

$$\omega_{3\mathrm{dB}} = \frac{1}{RC} < 2\pi \times 1000\,\mathrm{Hz}$$

可算出 $R > 4.496\,\mathrm{M\Omega}$，因此可选择 4.7 M 的碳膜电阻作为接地电阻。

直流运算放大器的失调电压、失调电流以及漂移等都会给放大电路带来较大的误差。采用交流运放可以减小失调电压和失调电流的影响，但是很难降低漂移带来的影响。传统方法是采用斩波放大器对低频有源的交流信号进行斩波放大。在典型的斩波放大器中，重复开关轮流将交流放大器的输入端与待测电压和参考电压相连，得到的方波与交流放大器通过高通耦合，因此运算放大器的漂移不会对检测信号产生太大影响，放大后的信号再经同步解调和低通滤波输出。不过随着集成电路技术的发展，现在市场上有很多低漂移的运算放大器，选用这类低漂移的运算放大器也可以在一定程度上控制漂移给测量带来的误差影响。

3. 隔离放大

在工业检测系统中，被测信号往往含有很高的共模电压或干扰，为了避免共模电压或者共模干扰对测量系统造成损害，有时需要采用隔离放大技术。隔离放大器是一种能在输入端与输出端之间提供电阻隔离的放大器。隔离放大器必须具有低泄漏和高介电击穿电压，或者说具有高电阻和小电容，电阻和电容典型值分别为 $1\ T\Omega$ 和 $10\ pF$。常用的隔离放大技术有变压器隔离放大、光电隔离放大、电容隔离放大等，如图 6.9 所示。

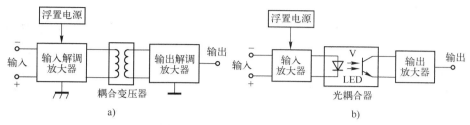

图 6.9 变压器隔离放大方式

a) 变压器耦合 b) 光电耦合

AD202/204 是 AD 公司生产的变压器耦合型隔离放大器。1、2、3、4 引脚为放大器的输入引线端，可接成跟随器，也可根据需要外接电阻，接成同相比例放大器或反相比例放大器。输入信号经调制器调制成交流信号，通过变压器耦合送到解调器，然后通过 27、38 引脚输出，如图 6.10 所示。

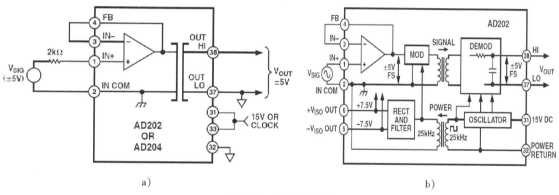

图 6.10 AD202/204

a) AD202 的单位增益放大应用接线图 b) 集成耦合放大器 AD202 内部结构

ISO100 是一个光电耦合隔离放大器。它由两个运算放大器 A_1 和 A_2、两个恒流源以及光电耦合器组成。光电耦合器包括一个发光二极管（LED）和两个光电二极管（D_1，D_2）。D_1 的作用是检测 LED 的发光强度然后反馈回输入端；D_2 的作用是将 LED 发出的信号光进行隔离耦合传送。ISO100 的实际应用电路如图 6.11 所示。ISO100 也可作为一个电流-电压变换器使用，其输入与输出端之间具有最小 750 V（2500 V 实验电压）隔离电压，有效地断开了输入端与输出端之间公共电流的联

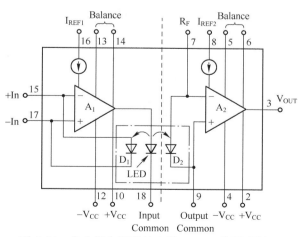

图 6.11 光电耦合隔离放大器 ISO100 的原理图

系。具有超低漏电流，在240 V、60 Hz时最大漏电流为0.3 μA。用一个外部电阻可容易地实现输入电压工作。

6.1.2 信号滤波

滤波器是检测电路中经常要用到的一种抑制干扰、减小噪声、提高信噪比的技术。滤波技术分为模拟滤波和数字滤波。模拟滤波采用电子元器件搭建实际的物理电路或集成电路对含有噪声的模拟信号进行处理，抑制或滤除其中的无效成分。数字滤波则通过软件对采集得到的离散数字信号进行时域或频域处理，目的也是抑制其中的噪声或无效信号成分，达到提高信噪比的目的。数字滤波技术属于数字信号分析与处理课程的重要内容，本书仅对模拟滤波技术进行简单介绍。

根据滤波器抑制信号频带的不同，滤波器可以分为低通滤波器（LPF）、高通滤波器（HPF）、带通滤波器（BPF）和带阻滤波器（BEF），四种滤波器的幅频特性曲线如图6.12所示。一般说来：

- 低通滤波器的作用是允许信号中的低频或直流分量通过，抑制高频干扰和噪声；
- 高通滤波器的作用是允许信号中的高频分量通过，抑制低频和直流分量；
- 带通滤波器则允许一定频段的信号成分通过，抑制频段之外的其他信号成分；
- 带阻滤波器则抑制设定频段内的信号成分，允许该频段外的信号通过。

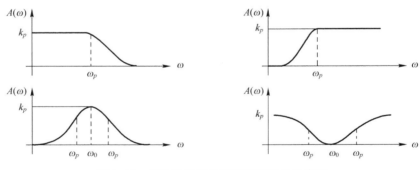

图6.12 四种滤波器的幅频响应特性示意图

滤波器的重要参数包括截止频率、转折频率、固有频率、通带增益G、品质因数Q等。这些参数的意义如下：

- 通带（阻带）截止频率指的是通带（阻带）与过渡带边界点的频率，一般该点的增益下降到通带增益的70.7%，即−3 dB（20倍对数）；
- 转折频率为信号增益衰减到50%时的频率；
- 固有频率是指滤波器没有损耗时的自然谐振频率；
- 通带增益，即滤波器在通带内的信号增益，一般不是常数，但习惯上把低通滤波器在零频时的增益、高通滤波器在频率为∞时的增益、带通滤波器在中心频率处的增益称为各自的通带增益；
- 品质因数Q是评价带通与带阻滤波器频率选择特性的一个重要指标，可以用中心频率与带通（带阻）滤波器的3 dB带宽比值来表示，$Q = \omega_0 / \Delta\omega$。

根据滤波器传递函数的阶数不同，滤波器可以分为一阶、二阶、三阶及其他高阶滤波器。其中二阶滤波器属于比较常见的滤波器。二阶滤波器的传递函数一般形式如下：

$$H(s) = \frac{b_0 s^2 + b_1 s + b_2}{s^2 + \alpha\, \omega_n s + \omega_n^2} = \frac{b_0 s^2 + b_1 s + b_2}{s^2 + \dfrac{\omega_c}{Q} s + \omega_n^2} \tag{6-6}$$

其中 ω_n 为固有频率，α 称为阻尼系数，Q 为品质因数。

二阶低通滤波器的传递函数为：

$$H_{LP}(s) = \frac{K_p \omega_n^2}{s^2 + \dfrac{\omega_n}{Q} s + \omega_n^2} \tag{6-7}$$

把 s 用 $j\omega$ 代入，可以得到二阶低通滤波器的频率响应函数：

$$H(j\omega) = \frac{K_p}{1 - \left(\dfrac{\omega}{\omega_n}\right)^2 + j\,\dfrac{1}{Q}\dfrac{\omega}{\omega_n}}$$

二阶低通滤波器的幅频响应特性及相频特性：

$$|H(j\omega)| = \frac{K_p}{\sqrt{\left[1 - \left(\dfrac{\omega}{\omega_n}\right)^2\right]^2 + \left(\dfrac{1}{Q}\cdot\dfrac{\omega}{\omega_n}\right)^2}}, \quad \theta(j\omega) = -\arctan\left[\frac{1}{Q}\cdot\frac{\omega/\omega_n}{1 - \left(\dfrac{\omega}{\omega_n}\right)^2}\right] \tag{6-8}$$

假设 $K_p = 1$，$\omega_n = 10$，$Q = 1$，则得到下述低通滤波器传递函数：

$$G_{LP}(s) = \frac{100}{s^2 + 10s + 100} \tag{6-9}$$

该二阶低通滤波器的自然角频率约为 10 弧度/s，-3 dB 截止频率约为 12.7 弧度/s，幅频和相频特性曲线如图 6.13 所示。

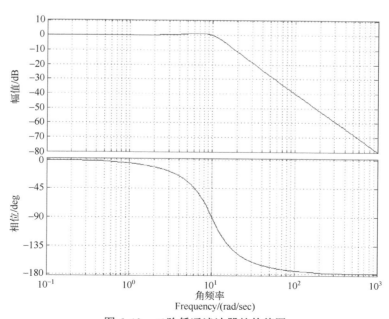

图 6.13　二阶低通滤波器的伯德图

二阶高通滤波器的拉普拉斯传递函数形式为：

$$G_{HP}(s) = \frac{K_p s^2}{s^2 + \dfrac{\omega_c}{Q}s + \omega_c^2} \qquad (6\text{--}10)$$

二阶带通滤波器的传递函数形如：

$$G_{HP}(s) = \frac{K_p s}{s^2 + \dfrac{\omega_c}{Q}s + \omega_c^2} \qquad (6\text{--}11)$$

二阶带阻滤波器的传递函数形如：

$$G_{BE}(s) = \frac{K_p(s^2 + \omega_c^2)}{s^2 + \dfrac{\omega_c}{Q}s + \omega_c^2} \qquad (6\text{--}12)$$

理想的滤波器是通带内的幅频特性为一常数，阻带内增益为零，通带和阻带之间没有过渡带。从前述二阶滤波器的频率特性曲线可以看到，普通二阶滤波器的频率特性与理想滤波器的要求是有很大差距的。事实上，完全理想的滤波器特性是无法获得的。为了得到更好的滤波特性，可以设计高阶滤波器（如巴特沃思滤波器、切比雪夫滤波器、贝塞尔滤波器等），然后通过模拟电路来实现。

例如 n 阶巴特沃思低通滤波器（Butterworth Filter）的传递函数为：

$$G(s) = \begin{cases} K_p \displaystyle\prod_{k=1}^{N} \dfrac{\omega_c^2}{s^2 + 2\,\omega_c\,\theta_k s + \omega_c^2}, & n = 2N \\[3mm] \dfrac{K_p\,\omega_c}{s + \omega_c} \displaystyle\prod_{k=1}^{N} \dfrac{\omega_c^2}{s^2 + 2\,\omega_c\,\theta_k s + \omega_c^2}, & n = 2N+1 \end{cases} \qquad (6\text{--}13)$$

其中，$\theta_k = (2k-1)\dfrac{\pi}{2N}$，巴特沃思滤波器的阶数越高，滤波器的截止特性越好。

模拟滤波电路的实现主要有无源滤波、有源滤波和集成开关电容滤波三种方式。

1. 无源滤波

无源滤波采用电阻、电容、电感等无源元件组成，电路简单，成本低，在对滤波频率截止特性要求不高的场合多有应用。其中最简单的是一阶 RC 低通滤波电路，只需要一个电阻和一个电容就可以实现，如图 6.14 所示。

设滤波器的输入电压为 V_i，输出电压为 V_o，电路的微分方程为：

$$RC\frac{dV_o}{dt} + V_o = V_i \qquad (6\text{--}14)$$

写成拉普拉斯传函数的形式为：

$$G(s) = \frac{V_o(s)}{V_i(s)} = \frac{1}{\tau s + 1} \qquad (6\text{--}15)$$

其中 $\tau = RC$，称为时间常数。

一阶 RC 滤波器的幅频、相频特性计算公式为：

$$A(f) = |G(f)| = \frac{1}{\sqrt{1 + (2\pi f\tau)^2}} \quad \phi(f) = -\arctan(2\pi\tau f) \qquad (6\text{--}16)$$

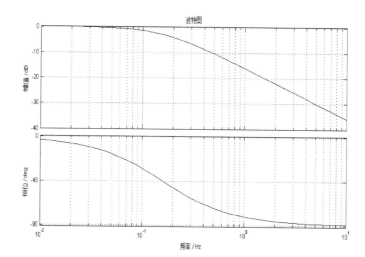

图 6.14　RC 低通滤波电路及其频率特性

图 6.14 所示的低通滤波电路幅值衰减一半的截止频率为 $\dfrac{1}{2\pi RC}$。图 6.15 是基于 RC 的高通滤波电路和带通滤波电路结构。其中高通滤波电路的频率特性与低通滤波电路特性相反，即高频信号通过，低频以及直流成分信号被衰减，该高通滤波电路的截止频率也是由电阻 R 和电容 C 的值来决定，即 $\dfrac{1}{2\pi RC}$。而带通滤波电路则由一个高通滤波电路和一个低通滤波电路级联而成，如图 6.15b 所示。通过分别选择高通和低通滤波电路的电阻电容值，可以得到合适的频率通带范围。

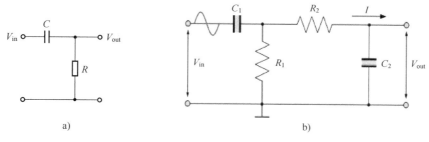

a)　　　　　　　　　　　　　　b)

图 6.15　RC 高通和带通滤波电路

a）高通滤波电路　b）带通滤波电路

例 6.3　采用 RC 无源器件构造一个图 6.15 所示的二阶带通滤波电路，要求通频带范围为 1 kHz~30 kHz，已知电阻 R_1、R_2 的阻值均为 $10\,\text{k}\Omega$，计算所需的电容器。

解：已知高通截止频率为 1000 Hz，根据 $f_c = \dfrac{1}{2\pi R_1 C_1}$ 可以求得

$$C_1 = \frac{1}{2\pi R_1 f_c} = 15.9\,\text{nF}$$

同理，根据低通截止频率为 30 kHz 和截止频率公式，可以求得

$$C_2 = \frac{1}{2\pi R_2 f_c} = \frac{1}{2\pi \times 10^4 \times 30 \times 10^3} = 0.53\,\text{nF} = 530\,\text{pF}$$

选择与这两个电容值最接近的标准规格电容器（分别是 15 nF 和 560 pF），可以得到近似满足要求的带通滤波电路。

二阶无源低通滤波要用到电感。二阶 RLC 低通滤波和高通滤波电路的结构一般如图 6.16 所示。当然实际滤波电路中的电阻、电容和电感值要依据截止频率和器件成本来选择。根据电路分析理论，可以推导出图 6.16a 的二阶低通滤波电路的传递函数如式（6-17）所示，其幅频特性和相频特性如图 6.13 所示。图 6.16b 的二阶高通滤波电路的传递函数如式（6-17）下式所示，频率特性曲线如图 6.17 所示。

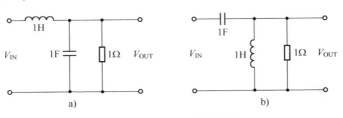

图 6.16　二阶无源滤波电路
a）二阶低通滤波电路　b）二阶高通滤波电路

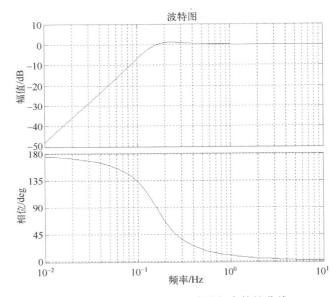

图 6.17　二阶高通滤波电路的频率特性曲线

$$\begin{cases} G_{LP}(s) = \dfrac{1}{s^2+s+1} \\ G_{HP}(s) = \dfrac{s^2}{s^2+s+1} \end{cases} \qquad (6-17)$$

2. 有源滤波

有源滤波是指在电路中使用了有源器件，如运算放大器，构成的滤波电路。相比于传统的 RLC 无源滤波电路，有源滤波电路不需要应用体积庞大的电感，所采用的电容器的电容值也比较小，整个滤波电路体积更小。另外有源滤波器增益高，输出阻抗低，易于实现各类高阶滤波器，滤波器的性能更好。

图 6.18a 和图 6.18b 分别是一阶有源低通和高通滤波电路，滤波器的频率特性与无源低通和高通滤波电路类似，滤波电路的通带增益是 $-R_2/R_1$，截止频率 $f_{\text{cutoff}} = \dfrac{1}{2\pi R_2 C}$。

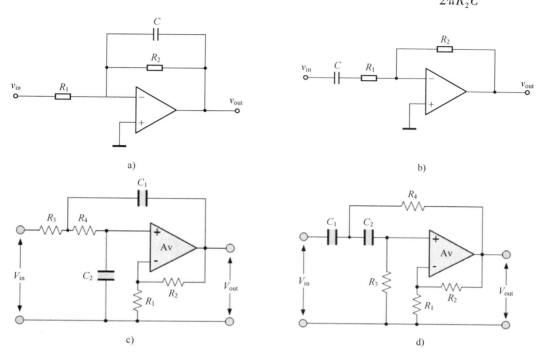

图 6.18 有源滤波电路

a）带运放的一阶低通滤波电路 b）带运放的一阶高通滤波电路

c）Sallen-Key 二阶有源低通滤波器 d）二阶有源高通滤波器

图 6.18c 被称为 Sallen-Key 二阶有源低通滤波电路。根据电路理论分析可以求得其传递函数为：

$$H(s) = \frac{V_{\text{out}}}{V_{\text{in}}} = \frac{\dfrac{1+R_2/R_1}{C_1 C_2 R_3 R_4}}{s^2 + \left(\dfrac{R_3+R_4}{R_3 R_4 C_1} - \dfrac{R_2}{R_1 R_4 C_2}\right)s + \dfrac{1}{R_3 R_4 C_1 C_2}} = \frac{\omega_0^2}{s^2 + \left(\dfrac{\omega_0}{Q}\right)s + \omega_0^2} \cdot \left(1 + \frac{R_2}{R_1}\right) \quad (6-18)$$

该低通滤波电路的通带增益为 $\left(1 + \dfrac{R_2}{R_1}\right)$，截止频率为 $\dfrac{1}{2\pi\sqrt{R_3 R_4 C_1 C_2}}$。

图 6.18d 为二阶有源高通滤波电路，其通带增益也等于 $(1 + R_2/R_1)$，截止频率为

$\dfrac{1}{2\pi\sqrt{R_3 R_4 C_1 C_2}}$。

图 6.19 中的二阶带通滤波电路，也称为多回路反馈带通滤波电路，放大器通过电阻 R_2 和电容 C_2 反馈到反相输入端。该电路的频率响应特性与谐振电路类似，所以它的中心频率也被称为谐振频率 f_r，其谐振频率等于

$$f_r = \frac{1}{2\pi\sqrt{R_1 R_2 C_1 C_2}} \qquad (6-19)$$

在谐振频率位置具有最大增益，最大增益为$-R_2/2R_1$。该带通滤波器的 Q 值为：

$$Q = \frac{f_r}{BW_{3dB}} = \frac{1}{2}\sqrt{\frac{R_2}{R_1}} \qquad (6-20)$$

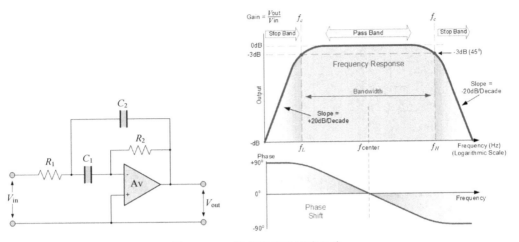

图 6.19　二阶有源带通滤波电路

更高阶的有源滤波电路可以通过一阶、二阶滤波器的级联来实现，如图 6.20 中的三阶巴特沃思低通滤波电路。图 6.20 的三阶低通滤波电路截止频率为 45.2 Hz，通带增益为 0.5 dB。

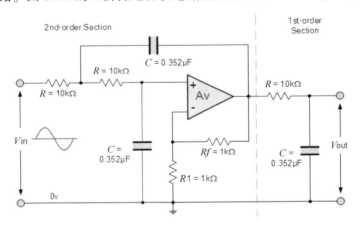

图 6.20　三阶巴特沃思低通滤波电路

3. 开关电容滤波（Switched-Capacitor Filter）

开关电容滤波器诞生于 20 世纪 80 年代，具有集成度高、精度高等优点，20 世纪 90 年代开始在国外广泛应用。开关电容滤波器的原理是利用带 MOS 开关的电容器（开关电容）代替有源 RC 滤波器中的电阻，通过改变开关电容的切换频率来改变电路的等效电阻，从而改变滤波器的时间常数。

开关电容由一个电容器和两个 MOS 开关（VT_1，VT_2）组成，VT_1 和 VT_2 用两个不重叠的两相时钟脉冲(ϕ_1,ϕ_2)来驱动。开关频率一般远高于信号频率。当 ϕ_1 为高电平时，ϕ_2 为低电平，VT_1 导通，VT_2 截止，电容充电；当 ϕ_2 为高电平时，ϕ_1 为低电平时，VT_2 导通，VT_1 截止，电容放电。因此，开关电容的等效电阻为：

$$R_{eq} = \frac{V_{in}}{I_{eq}} = \frac{T_c}{C_1} = \frac{1}{fC_1} \tag{6-21}$$

有源开关电容滤波器的等效时间常数因此为：

$$\tau = R_{eq}C_2 = \frac{C_2}{fC_1} = \frac{1}{f} \cdot \frac{C_2}{C_1} \tag{6-22}$$

也就是说，开关电容滤波器的时间常数决定于开关频率和反馈电容与开关电容的比值。

采用并联型开关电容组成的一阶低通开关电容滤波器如图 6.21 所示。

图 6.22 是该一阶低通开关电容滤波器的等效电路。根据该等效电路，输出电压 V_0 与输入电压 V_i 的关系如下：

$$\frac{V_0}{V_i} = \frac{-R_f/R_1}{1+j\omega R_f C_f} \tag{6-23}$$

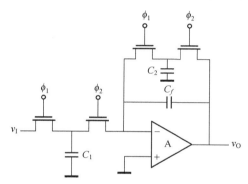

图 6.21　一阶低通开关电容滤波器

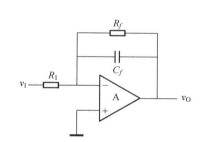

图 6.22　等效电路图

显然该滤波器的最大增益为$-R_f/R_1$，截止频率$f_c = \frac{1}{2\pi R_f C_f}$。

根据开关电容的特性，$R_f = \frac{1}{f_c C_2}$，$R_1 = \frac{1}{f_c C_1}$，

代入式（6-23）可得

$$G(j\omega) = \frac{V_0}{V_i} = \frac{-C_1/C_2}{1+\frac{C_f}{f_c C_2}j\omega} \tag{6-24}$$

所以截止频率$f_p = \frac{f_c C_2}{2\pi C_f}$，通带增益为$K_p = -\frac{C_1}{C_2}$。

MAX26X 系列是美国 MAXIM 公司生产的开关电容滤波器芯片。芯片内部集成了两个二阶的开关电容滤波器，具有单片机编程接口，可以通过编程设置滤波器的中心频率以及两个滤波器的工作模式。两个滤波器级联可以构成一个四阶的带通滤波器。MAX260 的引脚图和内部二阶滤波器的构造如图 6.23 所示。

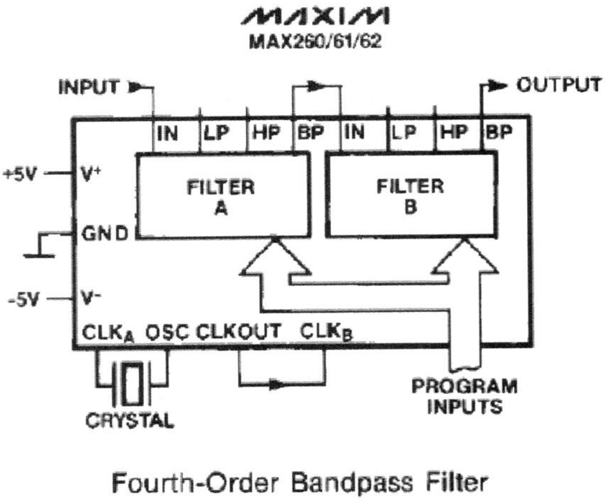

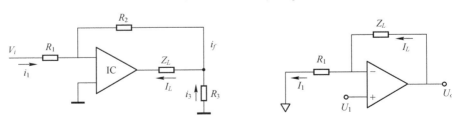

图 6.23 MAX260 引脚图和内部二阶滤波器的结构框图

6.1.3 信号变换

传感器信号经放大后，为了与后续的采集模块、通信模块、计算机接口电路匹配，往往需要对信号进行变换，例如电压–电流变换、电流–电压变换、电压–频率变换等。

1. 电压–电流变换

在远距离传输中，电压信号容易受干扰。所以当传感器信号需要远传时，一般要把直流电压信号转换为电流信号。常用的电压电流转换电路有负载浮置型转换电路和负载接地型转换电路。

（1）负载浮置的电压–电流转换电路

在图 6.24 所示左边电路中，流经负载的电流 i_L 等于运放的反馈支路电流与流经接地电阻 R_3 的电流之和。运放的反相端接地，所以反馈支路电流等于输入电压与输入电阻之比，且输出端电压 U_0 取决于电阻 R_2 和 R_3 的比值，因此无论负载的阻值是多大，流经负载的电流 i_L 总是正比于输入电压，比值倍数由电阻 R_1、R_2 和 R_3 决定，如下式所示。

$$i_L = \frac{V_i}{R_1} + \frac{R_2}{R_1} \times \frac{V_i}{R_3} = \frac{V_i}{R_1}\left(1 + \frac{R_2}{R_3}\right)$$

图 6.24 电压–电流转换电路

这种变换电路的负载电流由输入电压和放大器的输出共同提供，且可以通过改变电阻的大小来调节负载电流的大小，具有较好的适用性。

此外，也可以采用图 6.24 右边的负载浮置同相运算放大电路。该电路中，输入电压接到同相端，运算放大器的反相端通过电阻 R_1 接地，负载 Z_L 接在反相端与运放的输出端之间，流经负载的电流主要由运算放大器提供。

$$I_L = I_1 = \frac{U_1}{R_1}$$

（2）负载接地的电压-电流转换电路

在实际应用中，如果负载电阻不能浮置，即一端必须接地，可以利用图 6.25 所示的负载接地型电压-电流转换电路。左图是适合小电流型应用，右图适合大电流输出型。右图采用运算放大器加晶体管组成的电路，该电路具有较强的电流负载驱动能力，输出电流为：

$$i_L = i_1 = \frac{v_i}{R}$$

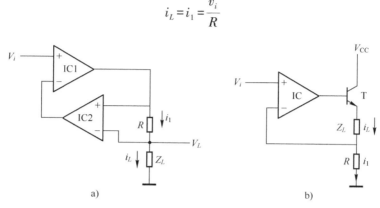

图 6.25　负载接地型电压-电流转换电路

a）小电流型　b）大电流输出型

2. 电流-电压变换

很多传感器输出电流信号，然后通过传输线把电流信号传输到远端的采集电路或二次仪表进行模数转换，此时需要把电流信号转换成电压，然后再接到 ADC。

最简单的电流-电压转换是让信号电流流经一个精密电阻（取样电阻），把负载上的压降作为输出电压。取样电阻方式对电流信号的驱动能力要求高，而且所得的电压可能还是不适合 A/D 的输入范围。比较好的方式是采用积分放大电路把电流转换成电压输出，如图 6.26 所示。

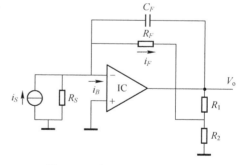

图 6.26　电流-电压转换电路

3. 电压-频率变换

电压-频率变换就是把输入电压信号转变为与之成正比的频率信号输出。频率信号可以远距离传输，具有良好的抗干扰能力，且与处理器/微控制器等计算机电路接口方便，因而被广泛应用。

（1）电荷平衡型电压-频率变换电路

电荷平衡型电压-频率转换电路由积分器、比较器和单稳态触发器组成，如图 6.27 所示。当积分器的输出电压下降到等于比较器的参考电压时，A_2 的输出转为高电平，触发单稳态触发器，使之脱离稳态，进入暂态。这时单稳触发器控制输出逻辑电平 U_0 翻转，同时控制电流开关 S 把 A 点接到恒流源 I_r，此时积分电容 C_{int} 流过的电流为 $I_r - i_1$，在复位时间 T_r 内，积分电容的电压变化为 ΔU_c，所积累的电荷

$$\Delta q_c = \Delta U_c C_{\text{int}} = i_c T_r = (I_r - i_1) T_r$$

当单稳态触发器脱离暂态回到稳态时，U_0再次翻转，同时电流开关接 B 点，积分器脱离复位状态再次进入积分状态，此时积分电容的电流 i_c 只受输入电流 i_1 的影响，即

$$i_c T_1 = -i_1 T_1 = -\Delta U_c C_{\text{int}} = -\Delta q_c$$

由于转换器的积分电容在积分过程和复位过程中的电荷变化量是平衡的，即 $\Delta q_c = i_1 T_1$，输出频率为：

$$f_o = \frac{1}{T_1 + T_r} = \frac{i_1}{I_r T_r} = \frac{U_1}{R_1 I_r T_r}$$

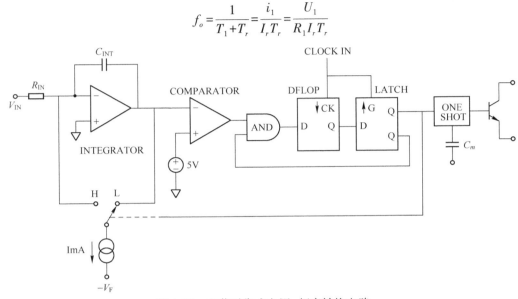

图 6.27　电荷平衡式电压–频率转换电路

（2）电压频率变换集成电路

电压频率变换器的集成电路有多个产品，如 LM331、AD650/652 等。其中 LM331 属于比较早期的产品，只能完成电压–频率变换，不能反过来转换，工作频率范围较窄，线性度较低。AD650 则既能做电压频率变换，又能做频率电压转换，在通信、仪器仪表等行业应用广泛。AD650 的引脚分布和内部结构如图 6.28 所示。AD650 由积分器、比较器、精密电流源、单稳态多谐振荡器和输出晶体管组成，其原理与电荷平衡式电压频率转换电路相同。图 6.29 是基于 AD650 的电压频率转换应用电路的接线图。

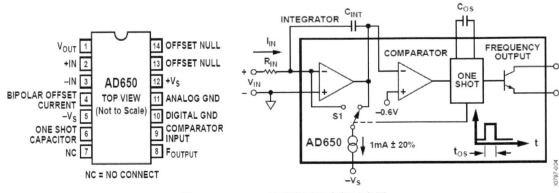

图 6.28　AD650 的引脚图和内部示意图

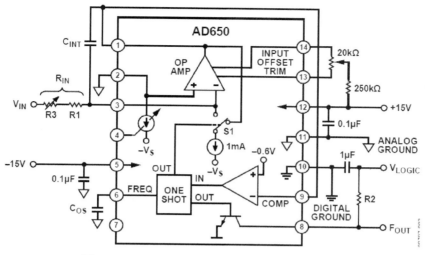

图 6. 29 基于 AD650 的电压频率转换应用接线图

6.2 信号采样和量化

由于数字电路和电子计算机技术的飞速发展，把连续时间下的模拟信号转换成数字信号，然后在数字空间进行信号分析和处理，最后进行数字显示，已经成为现代检测系统的普遍选择。

对一个连续时间信号进行等间隔的采样，采样值经过量化、编码变成离散的数字，这一过程称为模数转换过程。模数转换器件（Analog-Digital Converter，ADC）就是用来实现模数转换过程的集成电路，广泛应用于模拟量采集及检测系统中。

6.2.1 信号的采样

要用一个离散的数字信号序列来代表一个连续时间的模拟信号 $x(t)$，在理论上是否可行呢？换言之，离散信号是否保留了原来的模拟信号 $x(t)$ 的全部信息？Nyquist-Shannon 采样定律解释了这一问题。采样定律有时域和频域两种表述方式。

时域采样定律："如果一个连续时间信号函数 $x(t)$ 的最高频率分量为 f_M，则 $x(t)$ 可由一系列采样间隔小于或等于 $1/(2f_M)$ 的采样值来表示，即离散数据的采样间隔不能大于 $1/(2f_M)$，或者说采样频率 f 必须大于或等于 $2f_M$。"

假定信号 $x(t)$ 的频谱表示为 $X(\omega)$，$X(\omega)$ 的带宽是有限的且在 $[-\omega_m, \omega_m]$ 范围内，当以间隔 T_s 对 $x(t)$ 进行采样时，采样信号 $x_s(t)$ 的频谱 $X_s(\omega)$ 是以 ω_s 为周期的周期函数。只有满足 $\omega_s \geq 2\omega_m$ 的条件，$X_s(\omega)$ 才不会产生频谱的混叠。这样，只要将 $X_s(\omega)$ 通过理想低通滤波器，就可以取出完整的 $X(\omega)$。如果 $\omega_s > 2\omega_m$，则 $X_s(\omega)$ 将产生频谱混叠现象，如图 6.31 所示，从 $X_s(\omega)$ 中难以恢复完整的 $X(\omega)$，即从 $x_s(t)$ 中不能完全恢复 $x(t)$。

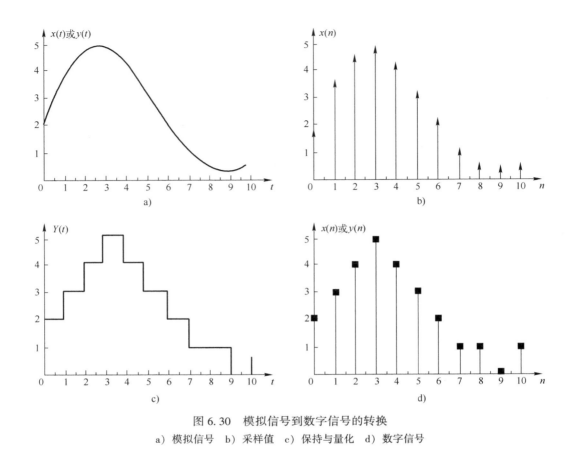

图 6.30　模拟信号到数字信号的转换

a）模拟信号　b）采样值　c）保持与量化　d）数字信号

6.2.2　信号的量化

　　量化是用有限个幅值近似表达一个连续变化的幅值。采样把模拟信号变成了时间上离散的脉冲信号，但脉冲的幅值并不规整。对脉冲的幅值进行离散化、舍零去整的处理，就是量化，如图 6.31 所示。

　　显然，用有限个幅值表示一个连续变化的量，其间肯定存在量化误差。量化误差可以看成是一个在 $[-\Delta/2, \Delta/2]$ 之间的均匀分布的随机变量，即量化误差的概率密度是均匀的。量化误差的大小取决于最小量化间隔 Δ，量化间隔越小，信号失真就越小。一般说来，模/数转换器的位数就决定了最小量化间隔，或者说量化过程的分辨率。如果采用 8 位模/数转换器，按照二进制表示法，有 256 个量级，最小量化间隔即为模/数转换器的参考电平的 1/256。

　　量化可以是均匀量化，也可以是非均匀量化。均匀量化是指各量化等级间的数值差相同或者保持不变。均匀量化的缺点是当输入信号较大时量化误差小，信噪比高，而当输入信号较小时同样的量化误差造成的信噪比较小，因此测量结果的相对误差增大。如果采用非均匀量化，即大信号采用大量化间隔，小信号时用小的量化间隔，可以在一定程度上改善量化误差的影响。

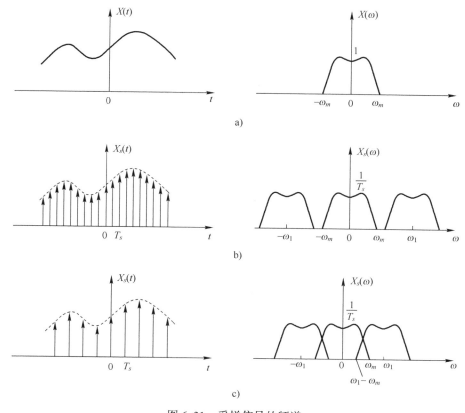

图 6.31 采样信号的频谱

a）连续信号的频谱 b）采样频率大于 $2f_M$ 时的频谱 c）采样频率小于 f_M 时的频谱

6.2.3 ADC

模数转换器（ADC）种类很多，按工作原理的不同，可分成间接 ADC 和直接 ADC。间接 ADC 是先将输入模拟电压转换成时间或频率，然后再把这些中间量转换成数字量，如双积分型 ADC。直接 ADC 则直接转换成数字量，如并联比较型 ADC 和逐次逼近型 ADC。

并联比较型 ADC：采用各量级同时并行比较，各位输出码也是同时并行产生，转换速度快，缺点是成本高、功耗大。

逐次逼近型 ADC：产生一系列比较电压 V_R，逐次与输入电压分别比较，以逐渐逼近的方式进行模数转换。它比并联比较型 ADC 的转换速度慢，比双分积型 ADC 快，属于中速 ADC 器件。

双积分型 ADC：先对输入采样电压和基准电压进行两次积分，获得与采样电压平均值成正比的时间间隔，同时用计数器对标准时钟脉冲计数。优点是抗干扰能力强，稳定性好；缺点是转换速度慢。

不管是哪种类型的 ADC，其引脚一般都包括两个模拟输入引脚、多个数字输出引脚、参考电压、时钟输入、电源、地等。ADC 的两个模拟输入端子如果接入相位相差 $180°$ 的差分信号，可以抑制信号中的共模噪声，提高采样精度。图 6.32 显示了差分输入的特点。

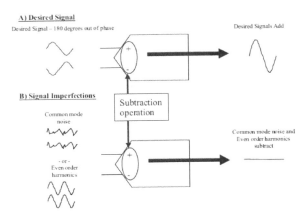

图 6.32　差分输入的特点

6.3　习题

1. 检测系统的信号调理电路一般包括哪些部分，各有什么功能？

2. 三运放仪器放大电路适合什么样的传感器输出信号？试推导三运放仪器放大电路的输出电压表达式。

3. 隔离放大器具有什么特点？变压器式隔离放大器的结构是怎样的？

4. 滤波器的作用是什么？

5. 开关电容滤波器具有什么优点？

6. 下图中的 R_T 是一负温度系数热敏电阻，已知其 25℃ 时的阻值为 10000 Ω，0℃ 时的阻值为 29490 Ω，50℃ 时的阻值为 3893 Ω。试设计电路使得输出电压在 0℃ 时为 0 V，50℃ 时为 0.5 V，且当 $V_c = -15$ V 和 $V_r = 5$ V 时，流经热敏电阻的电流小于 0.5 mA。

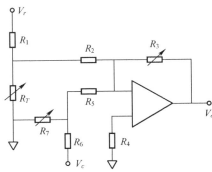

7. 下图是一应变电桥的调节电路，电桥由四个同样型号的应变片构成，应变片的阻值为 350 Ω，灵敏系数为 2.0。图中的 REF102 是一个电压模块，提供恒定的 10.0 V 电压，OA 是一个理想运算放大器。计算在允许功耗为 250 mW 时通过每一级的最大电流。要将电桥电流限制到 25 mA，计算 R 的阻值及额定功率。假设应变片粘贴到 $E = 210$ GPa 的钢梁上，且相邻应变片方向相反，计算当负荷为 50 kg/cm² 时，要获得 0.5 V 输出，仪表放大器（IA）的增益 G。若仪表放大器在 25℃ 时的失调电压为 $(250 + 900/G)$ μV，失调漂移为 $(2 + 20/G)$ μV/℃

（G 为增益），热阻为 102℃/W，供电电流为 8.5 mA，计算当 $G=1000$ 和环境温度为 30℃时的误差（kg/cm²）。

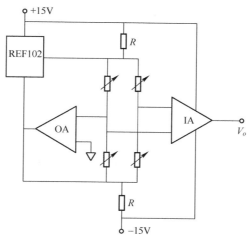

8. 用三线制热电阻 Pt100 测温，已知 Pt100 在 0℃时的标称阻值 R_0 是 100 Ω，电阻随温度变化公式为 $RT=R_0(1+\alpha\Delta T)$，其中电阻温度系数 α 为 0.004/℃，ΔT 相对于 0℃的温度变化。请画出 Pt100 的直流电桥连接电路。假设检测对象的温度变化范围为 $-20℃\sim150℃$，电桥供电电压为 5 V，请选择合适的桥臂电阻值，并保证在检测温度变化范围内，电桥电路的非线性误差小于量值的 1%。

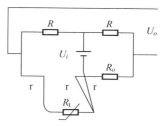

第7章 数字化传感器

由于半导体技术、材料加工技术和计算机技术的发展，过去三十年里出现了很多新型传感器，这些传感器大都采用半导体工艺或其他微机电加工工艺来生产，具有自动化程度高、成本低、性能稳定、易于集成等优点。其中一些采用薄膜工艺、印制电路工艺或其他微机电系统加工工艺生产的新型传感器以离散脉冲、方波等形式输出对应于检测量大小的频率信号，可以比较方便地与数字电路器件接口，被当成数字化传感器，如光栅传感器、感应同步器等。另一些采用半导体材料制成的半导体传感器可以与信号调理电路、模数转换电路、处理器、存储器、通信模块等集成到一个芯片上，实现芯片级的数字化检测系统（即片上检测系统），俗称半导体集成数字传感器。数字化传感器把被测量直接或间接地转换成数字量，然后通过标准的数字电平或脉冲序列输出到数字处理设备上，具有性能稳定、不易出错、接口方便、易于智能化等优点，在现代检测任务中扮演着越来越重要的角色。

7.1 数字脉冲式传感器

数字脉冲式传感器特指各类编码器、光栅计量仪器、磁栅计、感应同步器、容栅计等输出脉冲或方波信号的传感器。

7.1.1 编码器

编码器作为高精度和高可靠性的位移检测器件，广泛应用于国防及民用工业的各种检测系统中。编码器种类很多，如图7.1所示。按照结构形式分，有角度编码器和线性编码器。角度编码器是测量角位移的一种常见传感器，也称码盘，广泛应用于伺服电动机、机器人、电动汽车、雷达跟踪系统、经纬仪等各类运动控制系统及旋转角度测量系统中。角度编码器一般由可转动的码盘和信号读取系统组成。线性编码器用于测量直线位移，也称码尺。

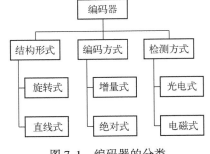

图 7.1 编码器的分类

另外按照编码方式，编码器可分为增量式编码器和绝对编码器。增量式编码器只能输出相对位移，而绝对编码器能够输出绝对位移。

按照信号检测原理来分，编码器主要有光电式编码器和磁电式编码器。其中光电式编码器应用历史长，系列化产品丰富，本节重点介绍光电式的编码器。

光电式编码器的码盘或码尺可以采用透明塑料或玻璃制成（也可以采用金属材料制成并在金属板上开槽得到光隙），码盘或码尺上印刷有等距的黑色条码，当光线照射码盘时，黑色条码处光线不能通过，而透明处则可以通过。码盘两侧分别安装光源和光电检测元件，当码盘旋转时，每转过一个黑色码条就产生一次光线的亮暗变化，光电检测元件输出一个光脉冲，该脉冲经过整形放大后得到一定幅值的脉冲输出信号。利用计数装置对脉冲信号进行加或减计数，再配合零位基准，就可以得到角度位移的大小。图 7.2 是光电编码器的示意图。

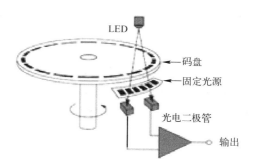

图 7.2　光电编码器的结构示意图

1. 增量式光电编码器

增量式光电码盘上一般有两圈或三圈图案。以两圈的码盘为例，内圈上只有一条透光的狭缝，工作轴每旋转一周产生一个零位脉冲，另外一圈码道上是均匀分布的透光狭缝（光栅），编码器有两路光信号拾取装置，两个信号拾取装置距离相差 1/4 的栅距，分别输出脉冲 A 和脉冲 B，如图 7.3 所示。两路脉冲相位相差 90°，根据两者之间的相位关系可以确定工作轴的旋转方向，当脉冲 A 相位超前 B 脉冲 90°时，码盘为顺时针旋转，反之，当 B 脉冲超前 A 脉冲 90°时，码盘是逆时针旋转。零位脉冲 Z 用以记录转过的圈数，也可以用来设定初始零位置。

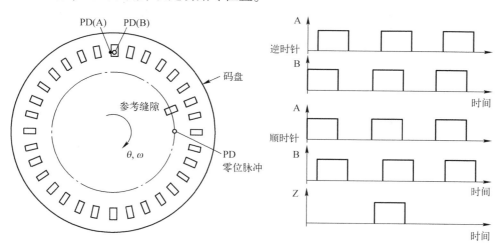

图 7.3　增量式码盘和输出脉冲形式

增量式编码器码盘图案简单，生产成本低。利用零位脉冲增量码盘可将任意位置设为基准点，然后从该点开始计量角位移。增量式编码器的缺点是不能输出绝对位移，被测对象在运动过程中一旦停电就失掉当前位置。另外由于没有绝对零位，长时间运行后容易产生累积误差，位移测量精度较低。

2. 绝对式角度编码器

与增量式角度编码器不同，绝对式角度编码器的码盘要实现对空间 360°角位移的完全编码。这种空间位置的绝对编码一般通过在码盘上印制多条码道或其他方式来实现角度位置编码值唯一的目的。

光电式绝对编码器的码盘上有多个同心码道，每个码道由一列亮（透光）暗（不透光）相间的条纹组成，相邻码道的亮暗周期减半，如图 7.4 所示。码道的数目决定了码盘的分辨率，码道数目越多，码盘的角度分辨率越高，其关系为：

$$\theta = \frac{360°}{2^n} \tag{7-1}$$

其中 θ 是码盘的最小分辨角度，n 是码盘上码道的数目。

常用的编码方式有二进制自然编码、格雷码，图 7.4 的左边是二进制编码的码盘，右边是格雷码盘。采用格雷码编码的二进制码盘相邻位置的编码只有一位变化，因此可以把角度误差控制在最小单位内，避免了非单值性角度误差。表 7.1 显示了 0~15 的格雷码与普通二进制编码的编码。

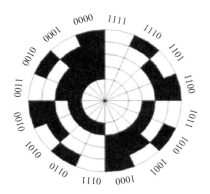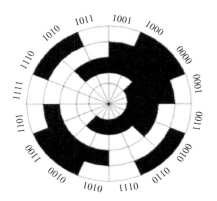

图 7.4　光电式绝对码盘

表 7.1　四位二进制码与格雷码的区别

十进制数	二进制码	格 雷 码	十 进 制	二 进 制	格 雷 码
0	0000	0000	8	1000	1100
1	0001	0001	9	1001	1101
2	0010	0011	10	1010	1111
3	0011	0010	11	1011	1110
4	0100	0110	12	1100	1010
6	0101	0111	13	1101	1011
6	0110	0101	14	1110	1001
7	0111	0100	15	1111	1000

采用径向多码道式编码实现绝对编码虽然原理简单，但是要实现高分辨率的角度位置编码，码道的数目将成倍增长，而为了保证码盘图案印刷的清晰度，码盘的尺寸就得相应增大，同时光电检测系统也变得复杂很多。因此，常见的光电式绝对码盘有 8 位和 10 位分辨率产品，12 位或更高位分辨率的光电绝对码盘比较少。

一些高精度角度检测系统采用弧度方向编码的绝对角度编码传感器。弧度方向编码是指在一条码道上印刷一定规律的二进制图案使得每个角度位置对应的二进制编码都是唯一的，对应一个 n 位的二进制序列，而且相邻两个位置的编码是序贯的，即前一个位置的序列码的最后 $n-1$ 位与后一个位置序列码的前 $n-1$ 位是相同的。这种编码（Pseudo-Random Binary Sequence，PRBS）可以用一个 n 位寄存器移位然后模除 2 得到 2^n-1 个不同的码项。图 7.5

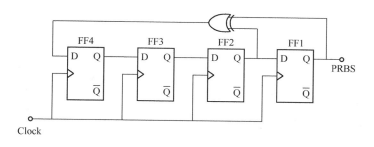

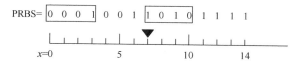

图 7.5 4 位 PRBS 码生成电路和码序列

给出了 4 位 PRBS 码生成电路和二进制码序列。当然也可以用计算机程序来生成 PRBS 码。按照 PRBS 编码的二进制位数变化在码盘上印刷图案，只需要 1 条码道（有时再加一条码道用以纠错）就可以实现 360°角的绝对编码。

光电式绝对编码传感器具有无机械磨损、寿命长、抗干扰性好、精度高等优点，在现代伺服电机、数控车床、机器人、精密测量仪器中得到了广泛应用。

近年来由于磁敏技术的进步，磁电编码器开始广泛应用。磁电编码器由磁鼓和磁阻探头组成。多极磁鼓可以由磁性材料直接注塑成形（塑磁磁鼓），也可以在铝鼓外面覆盖一层磁性材料制成。磁鼓产生的空间磁场具有一定的分布规律，当磁鼓随转轴旋转时，固定的磁阻探头检测该位置的磁场强度，进而获得磁鼓旋转的角度。

电磁式编码器的码盘按照一定的编码图形，做成磁化区和非磁化区，采用小型磁环或微型马蹄形磁心作磁头。磁头紧靠码盘，但不与码盘接触。每个磁头上有两个绕组，初级绕组用恒幅恒频的正弦信号激励，次级绕组作输出。次级绕组输出的感应电势与原、次级绕组匝数比及整个磁路的磁导有关。当磁头对准磁化区时，磁路饱和，输出感应电势几乎为零，对应状态 0；当磁头对准非磁化区时，输出电压很大，对应状态 1。若采用一组磁头同时输出，就可以得到一组编码。

磁电编码器的优点是不怕浮尘，耐脏，适用于环境比较恶劣的工业场所。

7.1.2 光栅传感器

光栅传感器和光电编码器很相似，只不过光栅传感器是利用莫尔条纹来进行位移检测，具有精度高、量程大、抗干扰能力强等优点，在坐标测量仪和高精度数控机床的位置伺服系统中应用较多。

光栅是在透明的玻璃板上刻印大量平行、等宽而又等间距的刻线，没有刻线的地方透光（或反光），刻线的地方不透光（或不反光）。光栅上的刻线称为栅线，两条栅线之间的中心距称为栅距。如果栅线宽度为 a，缝隙宽度为 b，则栅距 w 等于两者之和。根据玻璃板的外形光栅可分为长光栅和圆光栅，如图 7.6 所示，分别用于直线位移和角度位移的测量。圆光栅除了线宽、栅距两个参数外，还有栅距角 γ。栅距角指的是圆光栅上两条相邻刻线的夹角。

图 7.6　长光栅和圆光栅示意图

光栅位移传感器的工作原理是利用光栅副之间相对移动产生的莫尔条纹，把被测位移量转换成莫尔条纹的移动，再把莫尔条纹的移动通过光电检测元件转换成电信号，实现对位移量的检测。

光栅传感器一般由光栅副、光源、透镜、光电检测元件组成。光栅副包括主光栅和指示光栅，是传感器的核心部件，其栅线刻划精度决定了光栅传感器的精度。主光栅，也称标尺光栅，是测量的基准，其长度由测量范围确定；指示光栅比较短，只要能满足测量所需的莫尔条纹数量即可，上面刻有与主光栅同样密度的条纹。光源有单色光和普通白光，高精度计量光栅传感器常用单色激光器作为光源，栅距较大的普通黑白光栅可用普通白炽灯作为光源。透镜把光源发出的点光转换成平行光，然后透过光栅组落到光电检测元件上。光电检测元件把光的强弱转化为电信号。根据电信号的变化可以对莫尔条纹进行计数，实现位移的检测。

把光栅常数相同的主光栅和指示光栅相叠合，并使二者栅线之间有一个很小的夹角 θ，光线通过光栅副后在投影面（靶面）上垂直栅线方向会出现明暗相间的条纹，条纹的宽度远大于栅线的栅距，这就是莫尔条纹，如图 7.7 所示。两光栅栅线彼此重合时，光线从缝隙中通过，形成亮带；栅线彼此错开的地方形成暗带。假设光栅副的栅距是 W，光栅之间的夹角是 θ，则莫尔条纹的间距 B_H 为：

$$B_H = AB = \frac{BC}{\sin(\theta/2)} = \frac{W}{2\sin\left(\frac{\theta}{2}\right)} \approx \frac{W}{\theta} \tag{7-2}$$

其中栅距 W 也称为光栅常数，θ 是光栅副栅线之间的夹角。

莫尔条纹具有以下三个特点：

- 莫尔条纹的移动量与光栅副之间的相对位移有严格的对应关系，当光栅向右移动一个 W 时，莫尔条纹向下移动一个条纹间距；
- 由于夹角 θ 很小，莫尔条纹的间距远大于栅距，所以利用莫尔条纹的移动来测量位移，具有放大作用；
- 莫尔条纹是由光栅的多条栅线共同形成的，对光栅的刻线误差具有平均作用，能够在很大程度上消除栅线的局部误差和短周期误差，进而提高光栅传感器的测量精度。

1. 辨向技术

光栅副之间的移动是有方向的，利用单个光电检测元件接收莫尔条纹信号，无法判别条纹的移动方向，因此也不能判别光栅的位移方向。为了辨别位移方向，需要根据两个具有一

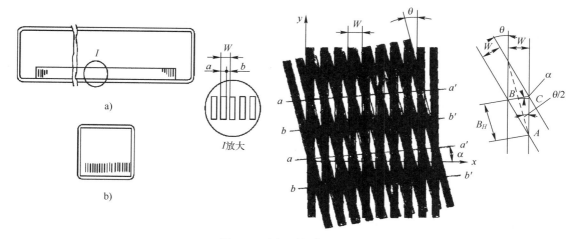

图 7.7　光栅副与莫尔条纹

定相差的莫尔条纹信号进行比较才能达到。因此光栅传感器里安装有两套光电测量装置。两套光电测量装置在空间位置上相隔一定距离，例如相距四分之一的栅距，这样两个光电元件输出的检测信号在相位上相差四分之一周期。通过对两路输出信号的处理可以实现位移方向的辨别，进而对计数器进行加或减运算。

　　在空间相隔一定位置处（1/4 栅距）放置两个光电元件 A 和 B，当条纹移动时，两个光电元件输出的信号 u_1 和 u_2 波形一致，但相位相差 $\pi/2$。采用图 7.8 所示的硬件电路可以根据两个信号之间的相位差关系对位移进行辨向，然后做脉冲计数。在这个电路中，u_1 整形放大后，一路通过微分电路后送到与门 Y_1，另一路经过反向器再经微分电路送到与门 Y_2，u_2 则作为门控信号直接送到 Y_1 和 Y_2 的另一个输入端，Y_1 和 Y_2 的输出分别连到 JK 触发器的两个输入端。当 u_2 超前 u_1 时，与门 Y_2 有输出，触发器 Q 输出端为高电平，可逆计数器加法控制线拉高，同时 Y_2 的输出通过或门送到可逆计数器的时钟输入端，计数器做加计数。当 u_1 超前 u_2 时，与门 Y_1 有输出，触发器 $\overline{Q}$ 输出端为高电平，可逆计数器减法控制线变高，同时 Y_2 的输出通过或门送到可逆计数器的时钟输入端，计数器做减计数。各门电路后的信号变化如图 7.9 所示。至于 u_1 和 u_2 哪个相位超前，取决于 A、B 两个光电元件安装的相对位置以及光栅副之间的移动方向。另外，除了用硬件逻辑电路进行辨向和计数外，也可以利用单片机的 I/O 端口把整形放大后的两路信号读入微控制器，之后利用软件来进行辨向和计数。

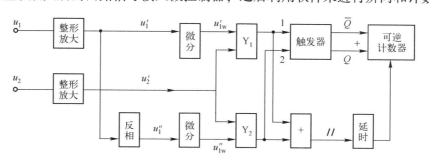

图 7.8　莫尔条纹计数电路框图

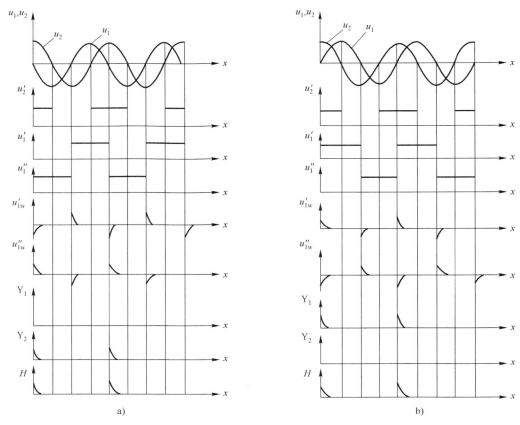

图 7.9 辨向电路的输出波形

a) 正向移动的波形 b) 反向移动的波形

2. 细分技术

由于栅线刻画的最小栅距受限制，为了提高计量光栅的分辨率，可以对栅距进行细分，得到更精确的位移数值。细分就是在莫尔条纹的一个变化周期内发出多个脉冲，以减小脉冲当量值，提高分辨率。细分可以是机械细分、光学细分、电子细分。电子细分的实现成本最低。

常用的电子细分法有直接细分法、电阻电桥细分法和电阻链细分法。

- 直接细分也称位置细分，常用的细分数为 4。在光栅传感器上安装四个依次相距 1/4 栅距的光电元件，这样在莫尔条纹的一个周期内将产生四个计数脉冲，实现计数的四细分。

- 电阻电桥细分法也称矢量和法，如图 7.10 所示。将两个相位不同的交变信号施加在两个相邻电桥桥臂上，由于电压合成的移相作用，电桥的输出端将得到幅值和相位各不相同的一系列移相信号，再用鉴零器对它鉴幅、整形，可在莫尔条纹的一个周期内得到若干个脉冲信号，实现细分。

- 电阻链细分法是用电阻衰减器进行细分。如图 7.11 所示，四个光电元件输出的信号经过差分放大器后输出 $\sin\theta$、$\cos\theta$ 和 $-\sin\theta$，且信号中的共模部分得到抑制。利用等值电阻构成的电阻链对三个信号进行分压，并分别触发过零触发电路 $SM_1 \sim SM_{10}$，在

$SM_1 \sim SM_{10}$的输出端得到相位相差18°的方形脉冲，实现十分之一细分。

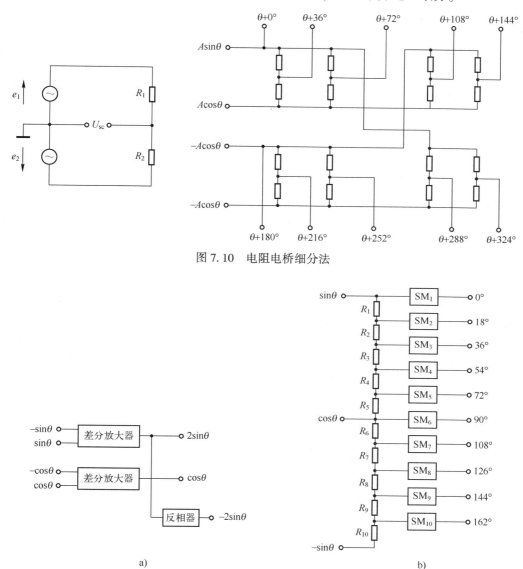

图 7.10　电阻电桥细分法

图 7.11　电阻链细分电路
a）放大电路　b）细分电路

在现代光栅检测系统中，还可以采用集成光电检测元件，例如光电二极管阵列、CCD线阵甚至面阵 CCD 传感器，代替分立光电元件来检测莫尔条纹的变化。采用此类集成的光电检测器件，不需要复杂的辨向和细分电路，可以直接根据两个时刻输出的莫尔条纹信号获得相位变化，进而判断出光栅的运动方向以及莫尔条纹的微小变化。

7.1.3　磁栅位移传感器

磁栅位移传感器是一种采用电磁方法记录位移的传感器，加工工艺简单。当需要时，可以将原来的磁化信号抹去，重新录制；也可以将栅尺安装在机床上后再录制磁化信号，便于消除安装误差。录磁时，采用激光定位录磁，不需要用感光、腐蚀等工艺，因而可以得到较高精度。

由于具备制作简单、安装调整方便、对环境要求低、稳定性好、测量范围宽、测量精度较高等一系列的优点，磁栅传感器在数控机床、精密机床上得到广泛的应用。

磁栅按其结构可分为长磁栅和圆磁栅两大类。长磁栅用于直线位移测量，圆磁栅用于角位移测量。

1. 磁栅位移传感器的原理与结构

磁栅位移传感器由磁性标尺（简称磁尺）、读取磁头和检测电路组成，其结构如图7.11所示，它是利用录磁原路工作的。先用录磁磁头将按一定周期变化的方波、正弦波或电脉冲信号录制在磁性标尺上，作为测量基准。检测时，用拾磁磁头将磁性标尺上的磁信号转化成电信号，再送到检测电路中去，把磁头相对于磁性标尺的位移量用数字显示出来，并传输给数控系统。

磁尺是在非导磁材料的基体上涂敷、沉淀或电镀上一层很薄的导磁膜，然后录上一定波长的磁信号。录制磁信息时，要使标尺固定，磁头根据来自激光波长的基准信号，以一定的速度在其长度方向上边运行边流过一定频率的相等电流，这样，就在标尺上录上了相等节距的磁化信息而形成磁栅。磁栅录制后的磁化结构相当于一个个小磁铁按NS、SN、NS……的状态排列起来，如图7.12所示。因此在磁栅上的磁场强度呈周期性的变化（呈正弦或余弦规律），在N-N或S-S重叠部分为最大。磁化信号的节距是固定的，一般为0.05 mm、0.1 mm、0.2 mm、1 mm等几种规格。为了防止磁头对磁膜的磨损，通常在磁膜上涂一层塑料保护层。

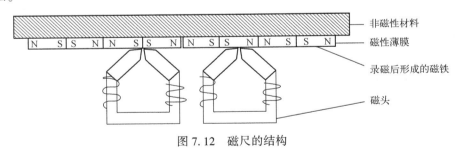

图7.12 磁尺的结构

按照基体的形状，磁尺可分为尺型、带型和同轴型（又称线装磁尺），如图7.13所示。尺型磁尺的磁头和磁尺之间留有间隙，磁尺固定在带有板弹簧的磁头架上，工作中磁头架沿磁尺的基准而运动，磁头不与磁尺接触。磁尺本身的形状和加工精度要求较高，刚性要好，故而成本较高，主要用于精度要求较高的场合。带状磁尺是在材料为磷青铜的带状基体上电镀一层合金磁膜。

带状磁尺固定在用低碳钢制作的屏蔽壳体内，并以一定的预紧力将其绷紧在框架或支架中，使带装磁尺随同框架或机床一同伸缩，从而减少温度对测量精度的影响。当量程较大或安装面不好安排时，可采用带型磁栅。

同轴型磁尺在直径为2 mm的青铜丝上镀以合金或永磁材料的磁膜。线状磁尺在两磁头中间穿过，与磁头同轴，两者之间具有很小的间隙。由于同轴型磁尺被包围在磁头中间，对

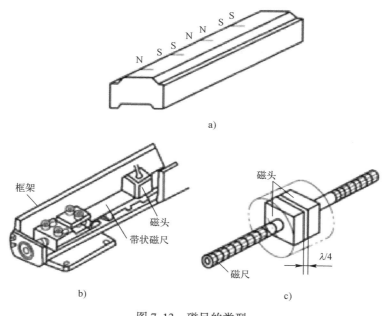

图 7.13　磁尺的类型

a）尺型　b）带型　c）同轴型

周围电磁场起到了屏蔽作用，所以抗干扰能力强、检测精度较高。这种磁栅传感器结构特别小巧，通常用于小型精密数控机床及测量机。

磁头是进行磁-电转换的变换器，它把记录在磁尺上的反映空间位置的磁化信号转换为电信号输送到检测电路中，它是磁栅测量装置中的关键元件。按读取信号方式的不同，磁头可分为动态磁头和静态磁头。动态磁头上只有一个输出绕组，只有当磁头和磁尺相对运动时才有信号输出，因此又称为速度响应式磁头。静态磁头上有两个绕组，一个是励磁绕组，一个是信号输出绕组。检测电路主要用来供给磁头激励电压，并将磁头检测到的信号转换为脉冲信号输出。

由于数控机床中的数控系统要求在低速运动甚至静止时也能检测出磁性标尺上的磁化信号，用于位置检测的磁头一般都是静态磁头，或称调制磁头。磁通响应式磁头就是调制式磁头的一种。

2. 磁栅式传感器的应用

磁栅式传感器目前有以下两个方面的应用。

1）用在高精度长度和角度的测量仪器中。由于采用激光定位录磁，不需要采用感光、腐蚀等工艺，因而可以得到较高的精度，目前可以做到系统精度为±0.001 mm/m，分辨力可达 1~5 pm；

2）用于自动化控制系统中的检测元件。例如在三坐标测量机、程控数控机床及高精度中型机床控制系统中的测量装置上，均得到了广泛应用。

7.1.4　感应同步器（Induct-Syn）

感应同步器是利用两个平面印制电路绕组的互感随绕组相对位置变化而变化的特点来测

量位移的新型传感器。其中旋转式感应同步器用来测量角度，直线式感应同步器则用来测量直线位移。感应同步器具有分辨率高、抗干扰能力强、受环境影响小、使用寿命长、维护简单、易于拼接、易于生产等优点。因此，感应同步器作为数显或控制装置广泛应用在各种大中型数控机床上。此外，圆感应同步器也应用于雷达天线跟踪系统、导弹制导系统及一些角度测量仪器中。

1. 感应同步器的结构

直线感应同步器结构如图 7.14 所示，固定绕组所在的部分称为定尺，移动绕组所在部分称为滑尺。定尺和滑尺都是在基板上刷上绝缘层和印制电路绕组。滑尺绕组的外面包有一层与绕组绝缘的接地屏蔽层。屏蔽层用铝箔或铝膜制成，起静电屏蔽作用。定尺远比滑尺长，安装时必须保证滑尺绕组全部覆盖定尺的绕组。定尺上是连续绕组，滑尺是分段绕组，分正弦和余弦两部分，在空间相差 90°电角度，即 1/4 周期。

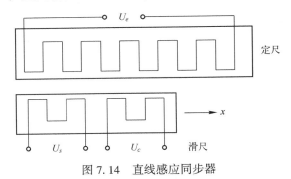

图 7.14　直线感应同步器

圆感应同步器由定子和转子组成，如图 7.15 所示。转子相当于直线感应器的定尺。定子相当于滑尺，形状是调片形。其定子和转子也是由基板、绝缘层、绕组三部分组成的。目前，圆感应同步器的直径一般有 50 mm、76 mm、178 mm 和 302 mm 四种，径向绕组导体数（即极数）有 180 极、360 极、512 极、720 极和 1080 极五种。在极数相同的情况下，圆感应同步器的直径越大，其精度越高。转子绕轴旋转，通常采用导电环直接耦合输出，或者通过耦合变压器，将转子的一次感应电动势经气隙耦合到定子二次侧输出。

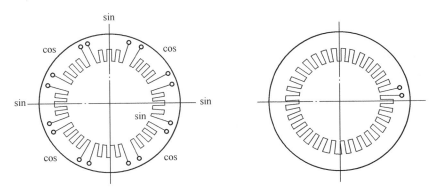

图 7.15　圆感应同步器

2. 感应同步器的工作原理

当在滑尺两个绕组中的任一绕组加上激励电压时，由于电磁感应，在定尺绕组中会感应出相同频率的感应电压，滑尺在不同位置时定尺上的感应电压不同。

如图 7.16 所示，当定尺与滑尺绕组完全重合，这时感应电压最大；当滑尺相对于定尺平行移动后，感应电压逐渐减小，在错开 1/4 节距的 b 点时，感应电压为零；继续移至 1/2 节距的 c 点时，得到的电压值与 a 点相同，但极性相反；在 3/4 节距时达到 d 点，又变为零；再移动一个节距到 e 点，电压幅值与 a 点相同。这样，滑尺在移动一个节距的过程中，感应电压变化了一个余弦波形。由此可见，在励磁绕组中加上一定的交变励磁电压，感应绕组中会感应出相同频率的感应电压，其幅值随着滑尺移动作余弦规律变化。滑尺移动一个节距，感应电压变化一个周期。感应同步器就是利用感应电压的变化规律来进行位置检测的。

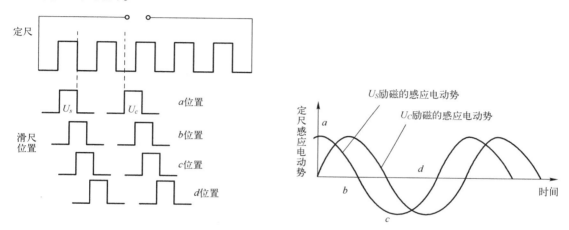

图 7.16　滑尺位置变化与定尺感应电动势变化

假设在滑尺的正弦或余弦绕组上单独施加正弦励磁电压 $u_i = U_m \sin\omega t$，则两个绕组在定尺上产生的感应电动势分别为：

$$E_s = k\omega U_m \sin\omega t \cdot \cos\left(\frac{2\pi}{W}x\right) \quad 或 \quad E_s = -k\omega U_m \sin\omega t \cdot \cos\left(\frac{2\pi}{W}x\right) \tag{7-3}$$

$$E_c = k\omega U_m \sin\omega t \cdot \sin\left(\frac{2\pi}{W}x\right) \quad 或 \quad E_c = -k\omega U_m \sin\omega t \cdot \sin\left(\frac{2\pi}{W}x\right) \tag{7-4}$$

式中，k 为电磁耦合系数，x 为机械位移，W 为绕组节距，U_m、ω 分别为励磁电压的幅值和频率，式中的正负号表示移动的方向。当两个滑尺同时加上励磁电压，感应同步器的输出电压是两个滑尺在定尺绕组上感应的两个电动势之和。

为了避免电容耦合，固定绕组和滑动绕组间要设置静电屏蔽。此外，每个读出绕组包含几个周期，输出信号是几个固定周期的平均值，这样可以平均多个绕组的印制电路尺寸误差，提高精度。

当位移超过节距 W 时，感应同步器的输出电势不能反映位移的绝对值。为了在较大范围内测量位移的绝对值，可以采用三重直线感应同步器的方法。在定尺上布置粗、中、细三组绕组，细绕组的节距最小，如 2 mm，可以确定 2 mm 以内的位移，中绕组的节距为 200 mm，用来确定 2~200 mm 内的位移，粗绕组的节距最大，如 4000 mm，用来确定 200~4000 mm 范围内的位移。三个定尺绕组与滑尺绕组一起组成三个独立的传感通道，采用这种方法可以获得 4 m 内的绝对位移量。

3. 感应同步器的信号处理

感应同步器的输出信号处理分为鉴相和鉴幅两种方式。

鉴相是根据感应电动势的相位变化来获得定尺和滑尺之间的相对位移。在滑尺的正、余弦绕组上分别施加幅值相同、频率相同、相位差为 90℃ 的交流电压信号，即正弦绕组上的励磁电压为 $U_s = U_m \sin\omega t$，余弦绕组上的励磁电压为 $U_c = U_m \cos\omega t$，两个绕组在定尺上的感应电动势分别为：

$$e_c = k\omega U_m \sin\left(\frac{2\pi x}{W}\right)\cos\omega t \tag{7-5}$$

$$e_s = k\omega U_m \cos\left(\frac{2\pi x}{W}\right)\sin\omega t \tag{7-6}$$

因此，定尺上的总感应电动势为：

$$e = e_s + e_c = k\omega U_m \sin(\omega t + \theta_x) \tag{7-7}$$

其中 $\theta_x = \dfrac{2\pi x}{W}$ 是感应电动势的相位角，正比于位移 x。

把感应电动势 e 输入数字鉴相电路，就可由相位变化测出位移。目前市场上有专用的面向感应同步器的数字鉴相集成电路，可以把相位变化转换成数字信号，然后由串行数字端口输出。

鉴幅是根据感应电动势幅值的变化来测得定尺和滑尺之间的相对位移量。在滑尺的正、余弦绕组上施加频率相同、相位相同、幅值不同的交流励磁电压，即正弦绕组的励磁电压为 $U_s = U_m \sin\theta_1 \sin\omega t$，余弦绕组的励磁电压为 $U_c = U_m \cos\theta_1 \sin\omega t$，两个绕组在定尺上的感应电动势分别为：

$$e_s = k\omega U_m \sin\theta_1 \cos\left(\frac{2\pi x}{W}\right)\sin\omega t \tag{7-8}$$

$$e_s = k\omega U_m \cos\theta_1 \sin\left(\frac{2\pi x}{W}\right)\sin\omega t \tag{7-9}$$

因此，定尺上的感应电动势之和为：

$$e = e_s + e_c = k\omega U_m \sin\left(\frac{2\pi x}{W} - \theta_1\right)\sin\omega t \tag{7-10}$$

当相对位移 $\theta_x = \dfrac{2\pi x}{W}$ 与励磁电压的相角 θ_1 相同时，感应电动势的幅值为零，当 θ_x 与 θ_1 相差 90° 时，感应电动势的幅值最大。把感应电动势 e 输入到数字鉴幅电路，即可把幅值变化转换成数字位移量输出。

感应同步器可以用于直线或旋转位置精密控制系统，如计算机磁盘存储器、数控机床、激光火控高射炮、雷达、扫描仪、射电望远镜等。

7.2 半导体集成数字传感器

随着半导体技术和 MEMS 加工工艺的发展，市场上出现了越来越多的半导体集成传感器。这类传感器的敏感元件通过半导体沉积技术或 MEMS 工艺直接在硅基片上形成，传感器前端电路以及后端的模数转换电路、数字电路、存储单元、通信接口电路等集成在一个芯片内，传感器检测的数据可以根据指令通过 I²C、SPI 等总线输出。半导体集成传感器早期以模拟输出量为主，但现在大都是输出数字信号，所以一般称为半导体集成数字传感器。半导体集成数字传感器具有性能稳定、接口方便、成本低等优点。大多数半导体集成数字传感器可以直接焊接在电路板上，这不仅减小了对空间的要求，还提高了检测系统的可靠性，为各种智能化终端及物联网应用提供了良好的硬件开发基础。

目前已经市场化的半导体集成数字传感器有温度传感器、压力传感器、加速度传感器、气体传感器、生物传感器等。当然，随着半导体技术、微纳制造工艺以及材料技术的发展，半导体集成数字传感器的家族还在不断扩大。由于篇幅所限，本章主要对温度、压力和加速度这三类最成熟的半导体集成传感器技术及产品作一些简单介绍。

7.2.1 半导体集成温度传感器

半导体集成温敏传感器将温敏晶体管和外围电路集成在同一芯片上，构成集感知、放大、信号处理于一体的高性能测温传感器，在工业设备及各类智能终端中得到广泛应用。

1. 测温原理

集成式温敏传感器的温敏元件大多采用一对或多组晶体管构成差分对管电路，即所谓的 PTAT（Proportional to Absolute Temperature）电路，如图 7.16 所示。当一对结构和性能完全相同的晶体管在恒比例的集电极电流下工作时，它们的基极–发射极电压差为：

$$\Delta U_{be} = U_{be1} - U_{be2} = \frac{kT}{q}\ln\frac{I_{c1}}{I_{c2}} \tag{7-11}$$

其中 k 是玻耳兹曼常数，q 是电荷常数，I_{c1} 和 I_{c2} 是两个晶体管的集电极电流，I_{c1}/I_{c2} 是恒定值。从公式可以看出差分对管电路的基极–发射极电压差与绝对温度 T 成正比，而且比例系数可由两个晶体管的集电极电流的比值来调整。

PTAT 的关键是保证两管的集电极电流之比恒定。在实际电路实现时，一般利用电流镜作 VT_1 和 VT_2 的供电电流源，如图 7.17b 所示。电流镜由一对结构和性能完全相同的晶体管 VT_3 和 VT_4 组成。在相同的发射极偏压下，流过 VT_1 和 VT_2 的集电极电流可以保持不变。

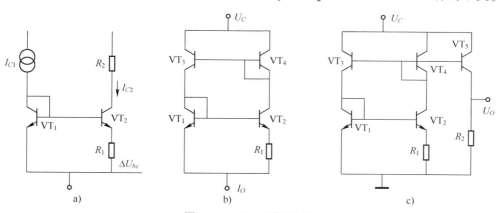

图 7.17　PTAT 测温电路

a）基本型　b）电流输出型　c）电压输出型

在电流输出型中，

$$I_0 = 2 \frac{\Delta U_{be}}{R_1} = 2 \frac{kT}{qR_1} \ln n \qquad (7-12)$$

在电压输出型中，如图 7.16c 所示，流过 VT_5 和 R_2 支路的电流与另两支路相同，所以输出电压也与温度成正比。

$$U_0 = IR_2 = \frac{kTR_2}{qR_1} \ln n \qquad (7-13)$$

早期的半导体温敏传感器大多输出模拟电流或电压信号，随着数字检测系统的普及，现在市场上的半导体温敏传感器越来越多地选择数字信号输出。半导体数字温敏传感器的优点是接口简单、性能稳定、智能程度高。传感器内部除了 PTAT 核心测温电路外，还集成有 A/D 转换器件、微处理器、存储器（或寄存器）及数字通信接口电路。

2. 产品及应用

DALLAS 公司生产的 DS18B20 属于推出较早、应用较广泛的一款半导体数字型温度传感器。DS18B20 内部包含温度传感采集系统、64 位 ROM 和多个寄存器（EEPROM），可以通过单数据总线输出 8 位或 12 位转换精度的温度数值，其内部组成如图 7.18 所示。

图 7.18 左图中的 64 位 ROM 存储器用以保存 DS18B20 的 64 位序列码。该序列码格式如表 7.2 所示。最低的 8 位是 DS18B20 的产品系列号，其上 48 位是这片 DS18B20 的唯一器件编号，最高 8 位是前 56 位的 CRC 校验值。

表 7.2　64 位 ROM 中的数据

8 位 CRC 校验码		48 位元件编号	8 位产品系列号
MSB	LSB	MSB	LSB

DS18B20 中有一个便笺式暂存寄存器（SCRATCHPAD）用以保存内部数据。该暂存寄存器共有 9 个字节（byte），其中字节 0 和字节 1 储存传感器的测温数据，为只读字节；字节 2 和字节 3 用于保存高低温报警触发温度值；字节 4 保存数据精度设置信息；字节 5、6、7 位为保留字节，不能读写；字节 8 则是前 8 个字节存储内容的 CRC 校验码。从图 7.17 可以看到，便笺式暂存寄存器的字节 2、字节 3、字节 4 和三个非易失性存储器（EEPROM）相连，相关数据可以在暂存寄存器和 EEPROM 之间交换。

转换精度配置寄存器的第 5 和第 6 位的数值决定 DS18B20 的分辨率。上电默认为 $R_0 = 1$ 及 $R_1 = 1$（12 位分辨率）。需要注意的是，转换时间与分辨率之间是有制约关系的。分辨率高，则转换时间延长，具体数值如表 7.3 所示。

表 7.3　DS18B20 的分辨率及转换时间

R_1	R_0	分辨率（位）	转换时间（ms）
0	0	9	93.75
0	1	10	187.5
1	0	11	375
1	1	12	750

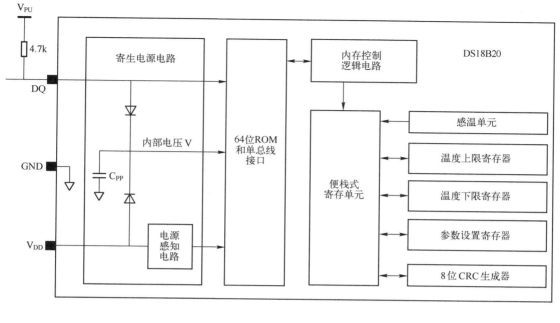

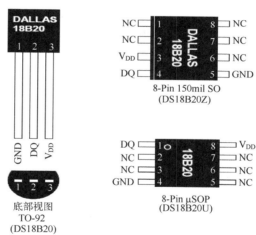

图 7.18 DS18B20 内部框图及封装形式

用户可以自定义 DS18B20 的转换精度为 9、10、11、12 位，对应的温度分辨率分别为 0.5℃、0.25℃、0.125℃、0.0625℃。一般上电时默认的转换位数为 12 位。DS18B20 上电后工作在低功耗闲置状态下，主设备向 DS18B20 发送温度转换命令才能开始温度转换。温度转换后，温度转换数值会保存在暂存存储器的温度寄存器中，DS18B20 又恢复到闲置状态。

温度数据以一个 16 位标志扩展二进制补码数的形式存储在温度寄存器中，如表 7.4 所示。符号标志位（S）表示温度的正负极性：S 为 0 时温度为正，S 为 1 时温度为负。如果 DS18B20 被定义为 12 位的转换精度，温度寄存器中的所有位都将包含有效数据。若为 11 位转换精度，则 bit 0 为未定义的。若为 10 位转换精度，则 bit 1 和 bit 0 为未定义的。若为 9 位转换精度，则 bit 2、bit 1 和 bit 0 为未定义的。表格 7.5 为在 12 位转换精度下温度输出数据与相对应温度之间的关系表。

表 7.4　温度寄存器的数据格式

	bit 7	bit 6	bit 5	bit 4	bit 3	bit 2	bit 1	bit 0
Byte 0	2^3	2^2	2^1	2^0	2^{-1}	2^{-2}	2^{-3}	2^{-4}
	bit 15	bit 14	bit 13	bit 12	bit 11	bit 10	bit 9	bit 8
Byte 1	S	S	S	S	S	2^6	2^5	2^4

表 7.5　12 位分辨率下的数据输出与温度值的转换举例

温度值（℃）	数据输出（二进制）	数据输出（16 进制）
+125	0000 0111 1101 0000	07D0h
+25.0625	0000 0001 1001 0001	0191h
+0	0000 0000 0000 0000	0000h
-10.125	1111 1111 0101 1110	FF5Eh
-25.0625	1111 1110 0110 1111	FE6Fh

当数据输出值为 07D0h 时，对应的温度 $T = 2000 \times 0.0625 = 125℃$；当数据输出值为 FF5Eh 时，温度为负值，要取输出二进制数（1111 1111 0101 1110）的补码，其补码为（0000 0000 1010 0010），所以温度为 $T = -162 \times 0.0625 = -10.125℃$。

DS18B20 在应用时可以通过外部电源供电，也可以通过数据总线供电，如图 7.19 所示。外部供电时，把 DS18B20 的电源引脚 V_{DD} 接到 3～5 V 电源就可以。如果芯片的供电端接地，DS18B20 内部的寄生电源电路会在数据总线处于高电平时从数据总线获取电流储存到电容中，通过电容放电方式给内部电路供电。

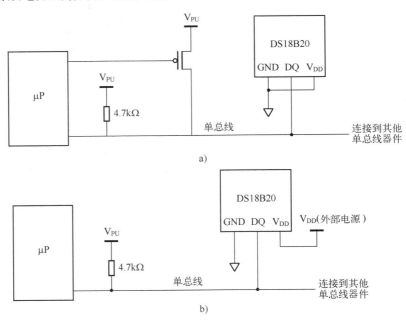

图 7.19　DS18B20 的供电方式

a）总线供电　b）外部电源供电

由于每个 DS18B20 出厂时被分配一个 64 位、独一无二的序列码，多个 DS18B20 可以挂在同一根数据总线上与主机远程通信，非常便于构建分布式温度检测系统。单片机每次访问DS18B20 都要经过下面三步：

- 第一步，总线上的主设备发出复位脉冲，然后从设备紧跟着发回一个存在脉冲。
- 第二步执行 ROM 命令。当主设备检测到存在脉冲后，就可以执行 ROM 命令。这些命令是对每个设备的 64 位 ROM 编码进行操作的，当总线上连接有多个设备时，可以通过这些命令识别各个设备。这些命令同时也可以使主设备确定该总线上有多少个什么类型的设备或者有温度报警信号的设备。总共有五种 ROM 命令，包括搜索 ROM [F0h]、读取 ROM[33h]、匹配 ROM[55h]、跳过 ROM[CCh]、警报搜索[ECh]，每个命令的长度都是 8 bit。
- 第三步执行 DS18B20 功能命令。主设备通过 ROM 命令确定了哪个 DS18B20 能够进行通信时，主设备可以向其中一个 DS18B20 发送功能命令。这些命令使得主设备可以向 DS18B20 的暂存寄存器写入或者读出数据，初始化温度转换及定义供电模式等。DS18B20 各命令的具体时序要求可参考 DS18B20 的数据手册。

如果上述三个步骤中的任何一个丢失或者没有执行，则 DS18B20 将不会响应。除非是ROM 搜索命令 [F0h] 和报警搜索命令 [ECh]，这两个命令不涉及第三步。当执行完这些ROM 命令之后，主设备必须回到第一步。表 7.6 列出了 DS18B20 的主要功能命令。

表 7.6 DS18B20 的功能命令集

命　令	描　述	协　议	单总线的反应
温度转换	启动温度转换	44h	外部供电模式下，温度转换完成总线电平变高
读暂存器	读取暂存器所有字节	BEh	返回 9 个字节的数据
写暂存器	写数据到暂存器第 2、3、4 字节	4Eh	按顺序写入 3 个字节数据到暂存器字节 2、3、4。遵守低位先发的原则。写入之前主设备先对从设备复位，否则数据将会损坏
复制暂存器	把暂存器 2、3、4 字节复制到 EEPROM	48h	无
调回 EEPROM	把 EEPROM 内容写入暂存器的 2、3、4 字节	B8h	显示总线状态
读取供电模式	获得 DS18B20 的供电模式	B4h	显示总线状态

除了 DS18B20 外，还有很多其他的数字型集成温度传感器。如与 DS18B20 相似的TC77。德州仪器的 TC77 内部集成了一个 13 位的 ADC、存储温度值的寄存器、校准寄存器、参数配置寄存器、产品序列码寄存器等。TC77 采用 SPI 作为与单片机通信的总线，接口简单，其应用接口电路和内部框图如图 7.20 所示。

此外，还有些半导体数字温度传感器集成了湿度检测功能。传感器能够根据被测对象的温度自动选择量程、自动校准、自动检测故障，实现了一定程度的智能化功能，如奥松电子的 SHT11。SHT11 的温度和湿度默认测量分辨率分别为 14 位和 12 位，当环境要求测量速度极高或功耗极低的情况下，各自可降低到 12 位和 8 位。SHT11 的最大特点是自校准，芯片内保存了校准系数，可根据实际情况对传感器检测数据进行校准，然后输出校准后的数值，温度测量精度达到±0.4℃，湿度精度为±3%。SHT11 通过 I^2C 总线输出温度和湿度数据。

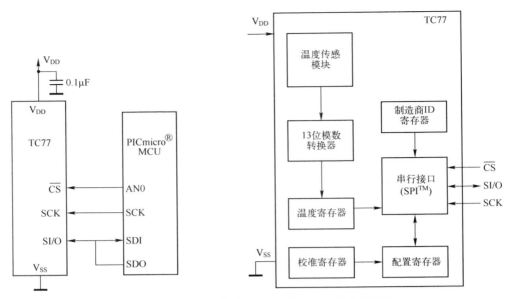

图 7.20　半导体温度传感器 TC77 的内部结构和应用接口

7.2.2　半导体集成压力传感器

半导体压力传感器是商业化比较早的集成传感器，目前在汽车电子、消费电子、航空航天、医药卫生、流程制造等领域得到了广泛应用。

半导体压力传感器主要分压阻型和压电容型两大类。

压阻型半导体压力传感器，也称扩散硅型压敏传感器，是利用硅膜片的压阻效应（piezo-resistive effect）进行力的传感。传感器的敏感元件一般采用单晶硅圆膜片制成，在硅膜片的切向和径向分别沉积上 P 型半导体可以得到压敏电阻条，径向压敏电阻的阻值随压力单调减，切向压敏电阻的阻值随压力单调增，把压敏电阻采用电阻电桥的方式连接起来，当膜片存在内外压力差时，压敏电阻条的阻值发生变化，电阻电桥不再平衡，并产生一个不等位电压，该不等位电压与压力差成正比。图 7.21 是一款硅压阻式半导体压力传感器的结构示意图。图 7.22 是封装后的半导体压力传感器图片。

压电容式压力传感器则在硅基上利用 MEMS 工业生成一个或多个微型平行板电容器。电容器的一个极板固定，另一个极板为沉积有金属膜的硅膜片，也是压力作用面，如图 7.23 所示。在压力作用下，硅膜片产生形变，两极板间距离发生变化，引起电容器电容的变化。硅压敏传感器的敏感结构有很多不同的设计，但一般都采用差动电容的形式来进行压力敏感。即有两个或两组电容器，两个电容器在压力作用下发生幅值相同但极性相反的电容变化。此外，单个微型平行板电容器极板面积小导致电容小，如果把多个微型平行板电容器并联可以大大提高电容，进而提高传感器的灵敏度。

硅电容式压力传感器的测量电路可以采用前面第 4 章介绍的电容检测电路，主要有电容电桥输出电路、鉴频式输出电路、脉宽调制脉冲输出电路及开关电容运算放大器电路等。半导体数字化电容式压力传感器中集成了检测电路和模数转换电路，可以通过芯片间总线 I^2C 等方式输出压力数值，也有通过现场总线方式输出压力数值。

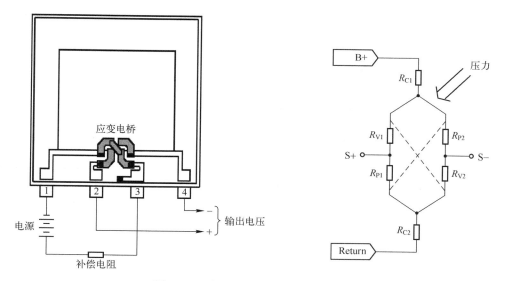

图 7.21　硅压阻式半导体压力传感器

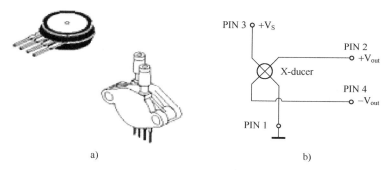

图 7.22　半导体集成式压力传感器的封装和引脚

a）两种封装形式　b）四个引脚含义

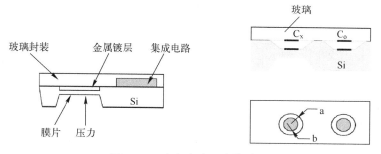

图 7.23　硅电容式压力传感器

由于半导体压力传感器体积小、性能稳定、便于集成，汽车上很多电子系统广泛采用半导体压力传感器，例如汽车的助力刹车系统、座位上的安全气囊、发动机进气阀控制系统、发动监护系统、燃烧废气再循环系统等。此外，在工业和消费电子产品上，也开始见到越来越多的半导体压力传感器。

工业界广泛应用的 3051 系列差压变送器是一款基于半导体电容式压力传感器的智能化

仪表。当传感器的膜盒充硅油时 3051 的工作温度范围为 -40℃~121℃，存放温度范围为 -46℃~110℃。如果膜盒充的是惰性物，则工作温度范围为 -18℃~85℃，存放温度范围为 -46℃~110℃。

3051 的供电电压范围为 10.5 V~55 V 直流电压。在最大量程的 100∶1 范围内量程可调，但不能小于最小量程。另外 3051 的测量精度可以达到 0.075%FS。

3051 是一款数字化压力仪表，且具有一定智能性，其智能化体现在量程自动调整、在线校准和故障自诊断方面，如图 7.24 所示。3051 支持 HART 协议，即高速可寻址远程变送协议（Highway Addressable Remote Transducer）。HART 协议使用工业标准的 BELL202 频率漂移键控（FSK）技术，在 4~20 mA 的信号回路上叠加上高频信号，将变送器的各种变量以数字方式传送到其他具有 HART 协议的设备上，或接收其数字信息，改变其组态参数。图 7.25 是 3051 差压变送器的模拟输出接口示意图。

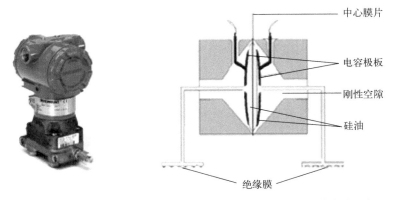

图 7.24 （左）3051 差压变送器外形 （右）压力变送器内部传感模块剖面图

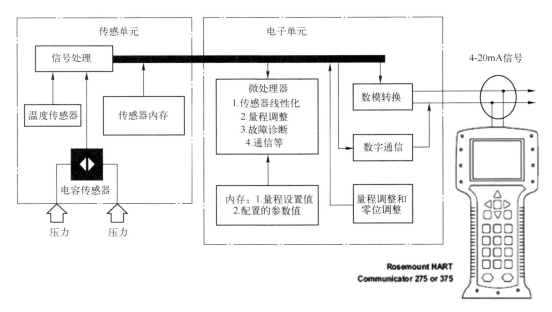

图 7.25 罗斯蒙特 3051 系列差压变送器的模拟输出接口框图

如图 7.26 所示, 3051 中的输入模块完成传感和模数转换任务, 电容传感器把压力差转换成电压信号并通过 A/D 转换成一个过程量 PV, PV 可以采用数字方式读出, 变换模块根据设定量程采用某种数学模型把 PV 转换成一个对应 4~20 mA 电流的数值, 输出模块再把该数值通过 D/A 转换成模拟量输出。

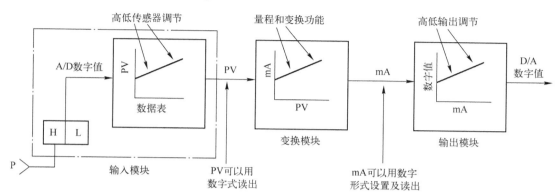

图 7.26　3051 差压变送器内部数值转换过程示意图

7.2.3　半导体集成加速度传感器

半导体集成式加速度传感器问世于 20 世纪 90 年代, 现广泛应用于汽车、飞机、机器人以及手机、相机等各类消费电子产品中。半导体集成加速度传感器的工作原理目前主要有硅压阻式和硅电容式两种类型。

1. 硅压阻式

采用单晶硅材料制作悬臂梁, 在悬臂梁的基部淀积四个半导体应变片, 如图 7.27 所示。当悬臂梁自由端的质量块受加速度作用时, 悬臂梁受到扭矩作用, 产生应力, 四个半导体应变片发生相应的形变, 输出不同的阻值, 然后通过电阻电桥把电阻变化转换成电压输出。

显然, 硅压阻式加速度传感器本质上属于电阻敏感型传感器, 机理与第 4 章介绍的传统压阻型加速度传感器相似。但是由于采用半导体层状加工和 MEMS 工艺, 弹性结构悬臂梁、电阻电桥电路、模/数转换和处理器电路等可以封装在一块芯片内, 大大提高了传感器的紧凑度, 同时降低了传感器的生产成本。

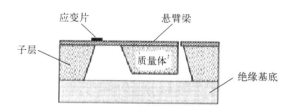

图 7.27　硅压阻式半导体加速度传感器

2. 硅电容式加速度传感器

硅电容式加速度传感器则利用电容的变化来测量加速度。传感模块由固定极板和悬臂梁上的活动极板组成。硅悬臂梁的自由端有一质量块, 上下两侧面淀积有金属电极, 作为电容的活动极板, 与固定极板组成一对差动式平板电容器, 如图 7.28 所示。

具体传感器产品的内部敏感结构往往设计得比较复杂而且精巧。例如图 7.29 所示的齿状结构, 在质量体上引出多个悬臂梁, 每个悬臂梁的上下面都镀有金属膜, 这就形成多个差动电容器的并联, 大大增加了电容极板面积, 提高了敏感度。如果是三轴加速度传感器, 需要在三

151

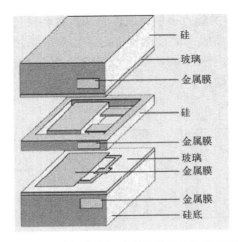

图 7.28　硅电容式加速度传感器结构示意图

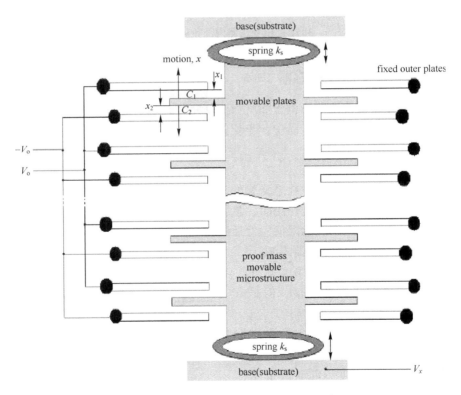

图 7.29　齿状结构的硅电容式加速度传感器

个互为正交的方向感知加速度，内部三维敏感结构就更复杂了。电容式加速度传感器的检测电路需要把电容变化转换成电压信号。半导体集成式电容加速度传感器内部电容电压转换电路一般采用开关电容和运算放大器来实现，原理如图 7.30 所示。两个幅值相同、相位相差 180℃ 的方波信号分别控制两个电容器的充电和放电，利用电荷总量平衡原理可建立方程：

$$(V_x + V_0) C_1 + (V_x - V_0) C_2 = 0$$

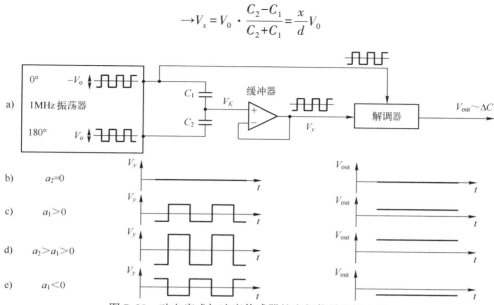

$$\rightarrow V_x = V_0 \cdot \frac{C_2 - C_1}{C_2 + C_1} = \frac{x}{d} V_0$$

图 7.30　硅电容式加速度传感器的内部信号变换电路

　　下面以飞思卡尔公司生产的三轴加速度传感器 MMA7455L 为例，对半导体集成加速度传感器的性能进行简单介绍。

　　MMA7455L 是飞思卡尔公司在 2007 年推出的一款低功耗、带温补、带自校准功能的三轴 MEMS 加速度传感器，MMA7455L 成本低，功耗小，抗震能力强，广泛应用于手机、笔记本电脑、掌上电脑、运动检测、硬盘保护等产品中。MMA7455L 的内部敏感模块简称为 G 单元（Cell），由一个复杂的三维微机械结构和三轴信号检测及放大电路组成，如图 7.31 所示。X、Y、Z 任意一个方向的加速度变化通过梳状电容结构被转换为一组差动电容器的电容变化量，然后通过开关电容积分电路转换成电压信号。依赖于内部复杂而精巧的三轴加速度敏感模块，MMA7455 能够同时检测三个方向的加速度。

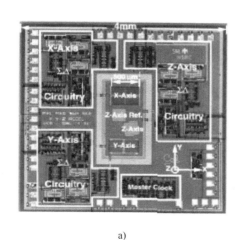
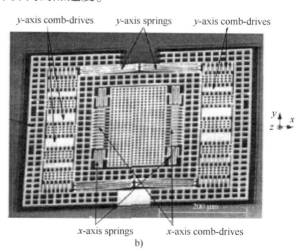

图 7.31　三轴加速度传感器

a）内部模块　b）内部梳状电容结构

MMA7455L 的芯片表面定义为 XY 平面，垂直于 XY 平面向下的方向定义为 Z 轴。根据用户需要，可以分别输出一个轴、两个轴或三个轴的加速度信息。MMA7455 的测量范围可以进行设置，分别是 ±2 g、±4 g、±8 g，在实际应用中可以根据被测量变化范围选择不同的量程。模/数转换的分辨率可选 10 位或 8 位模式。在 10 位模式下，传感器的灵敏度为 64LSB/g。传感器具有 I²C/SPI 串行总线接口，可以很方便地与微处理器进行数据通信。

除了三个方向的传感电容外，MMA7455 内部功能模块包括多路开关、电容–电压转换电路、放大电路、模数转换电路、I²C/SPI 通信模块、控制逻辑模块、自测试模块以及晶振模块等，如图 7.32 所示。

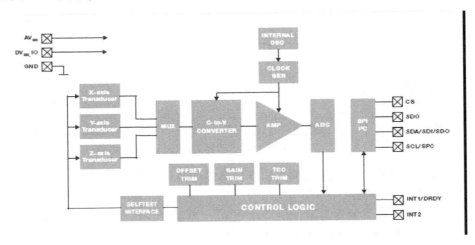

图 7.32　MMA7555 内部模块框图

MMA7455 采用 14 引脚 LGA 封装，外部尺寸为 3 mm×5 mm×1 mm，引脚分布如图 7.33 所示，各引脚功能如表 7.7 所示。微处理器或控制器可以利用 I²C 或 SPI 芯片间总线通信方式访问 MMA7455，向寄存器写入控制字并读取传感器的数据。I²C 总线通信只需要两根总线（引脚分别是#13 和#14）；SPI 总线通信时输入和输出是分开的，因此有三根总线（引脚分别是#12、#13 和#14）。图 7.34 是 MMA7455 采用 I²C 总线与微控制器进行通信的连接方式。图 7.35 是 I²C 总线单字节读写的控制时序。

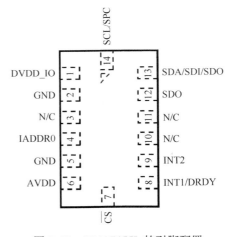

图 7.33　MMA7455L 的引脚配置

表 7.7　MMA7455 引脚说明

引脚序号	引脚名	说明	引脚状态
#1	DVDD_IO	数字电路供电端	输入
#2、#5	GND	电源地	输入

引脚序号	引 脚 名	说　　　明	引 脚 状 态
#3	N/C	保留，未定义	输入
#4	IADDR0	I²C 地址零位	输入
#6	AVDD	模拟电路供电端	输入
#7	CS	SPI 使能（0），I²C 使能（1）	输入
#8	INT1/DRDY	中断 1/数据就绪	输出端
#9	INT2	中断 2	输出端
#10、#11	NC	保留，未定义	输入
#12	SDO	SPI 数据输出端	输出端
#13	SDA/SDI/SDO	I²C 数据（SDA），SPI 数据输入端（SDI），三线串行数据输出端（SDO）	高阻态/输入/输出
#14	SCL/SPC	I²C 时钟（SCL），SPI 时钟（SPC）	输入

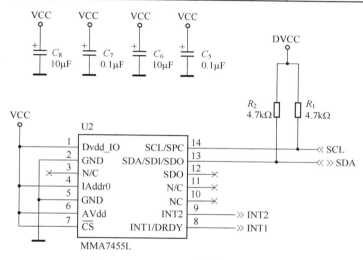

图 7.34　MMA7455L 的 I²C 连接方式

MMA7455 具有自测试功能。在芯片安装前或芯片安装就位后，用户都可以通过设置控制寄存器里的模式来启动芯片的自测试功能，检查芯片的功能是否正常。自测试时，系统会对芯片的每个测量轴加载一个一定大小的静电力，然后检查各个轴的输出值。在正常情况下，Z 轴（重力加速度方向）的输出会被自动调整到 1 g。模式控制寄存器（地址 \$16）是一个 8 位的寄存器，用以设置传感器的工作模式，具体位数含义如表 7.8 所示。

表 7.8　模式控制寄存器每一位数的含义

D7	D6	D5	D4	D3	D2	D1	D0
--	DRPD	SPI3W	STON	GLVL[1]	GLVL[0]	Mode[1]	Mode[0]

MMA7455L 具有四种工作模式，分别是待机（standby）、测量（measurement）、阈值检测（level detection）和脉冲检测（pulse detection）。当 Mode=0x00 时，为待机模式，此时芯片处于最低能耗状态；当 Mode=0x01 时，为测量模式，芯片测量三个轴（默认）或用户指

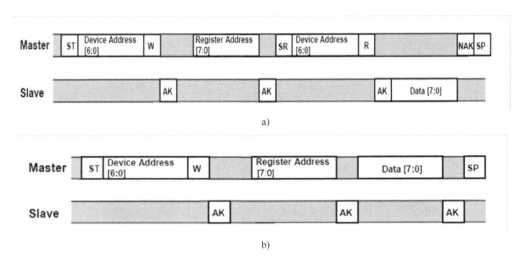

a)

b)

图 7.35 I²C 总线读写时序图

a) I²C 总线单字节读时序　b) I²C 总线单字节写时序

定轴的加速度值并保存到寄存器中；当 Mode = 0x10 时，为阈值检测模式，用户可以获取三个轴的加速度而且允许阈值中断，即当设定轴（或三个轴中任一轴，或三个轴）加速度达到阈值时，芯片会产生中断请求；当 Mode = 0x11 时，为脉冲检测模式，此时芯片全部功能都是开启的，可以测量三个轴的加速度，进行阀值检测，还可以进行脉冲检测，即发现某个轴的瞬态加速度变化，并发出中断请求。

7.3　习题

1. 增量式光电码盘和绝对式光电码盘的区别是什么？它们各有什么优缺点？
2. 二进制格雷码与二进制自然码相比有什么优点？
3. 什么是莫尔条纹？
4. 光栅式角度编码器的特点是什么？
5. 简述感应同步器的工作原理。
6. 半导体集成温度传感器的测温原理是什么？
7. 简述电容式半导体集成加速度传感器的敏感原理。

第8章 辐射测温与激光测距

近年来非接触式检测技术在工业、农业、交通业等领域中获得越来越广泛的应用。与接触式检测技术相比，非接触式检测系统与被测对象之间没有物理上的直接接触，对被测对象的功能及属性影响小，也不会对被测物理量产生扰动，可以获得更精确的测量结果。此外，一些高温、高压、高腐蚀、高辐射性等极端环境下的物理量检测由于安全原因必须采用非接触式检测技术。目前，非接触式检测技术中比较常见的有辐射检测、光电检测、磁电检测、超声检测等。本章主要介绍两种非接触测量技术：辐射测温和激光电子测距。辐射测温出现比较早，工业上主要用于高温、超高温以及超低温检测，此外在军事、医学上也有应用。激光测距则广泛应用于测绘、大地测量、建筑施工、生产制造、导航、自动驾驶、国防军事等领域。

8.1 辐射测温

很多工业生产过程，例如冶金、炼钢、铸造、玻璃、陶瓷和耐火材料生产等，涉及高温、超高温的检测。当被测对象的温度超过 1000℃ 时，采用热电偶、热电阻等接触式测温传感器进行测温是很困难的。另外有些科学实验如超导材料研究等涉及超低温的检测，其低温范围低于铂热电阻的测温下限。因此，高温、超高温以及超低温对象的温度检测一般采用辐射测温技术。

根据热力学定律，任何物体处于绝对零度以上时，都会以电磁波的形式向外辐射能量。辐射式测温仪表就是利用物体的辐射能量随温度而变化的特点制成。测量时，只需把温度计光学接收系统对准被测物体，而不必与物体接触，因此可以测量高温对象，也可以测量运动物体。由于不发生直接接触，辐射测温对被测物体的温度场干扰很小，感温元件只接收辐射能，不必达到被测物体的实际温度。从理论上讲，辐射测温没有测量上限，可以测量任意高温。

8.1.1 热辐射的基本定律

热物理学告诉我们，物体发生热交换有三种基本形式：传导、对流和辐射。

物体的热辐射波长范围在 0.01 μm 和 1000 μm 之间。低温物体的热辐射能量小，主要是红外线辐射。随着温度的升高，辐射能量急剧增加，辐射光谱也向短波方向移动，如图 8.1 所示，在 1000 K 左右时，辐射光谱包括了部分可见光。当物体温度达到 3000 K 时，热辐射中的可见红光大大增加，物体呈现"红热"现象。如果达到 5000 K 时，辐射光谱会包括更多的短波成分，使得物体呈现"白热"。

物体在向外发生热辐射的同时，也受到来自周围物体的热辐射。当物体接收到辐射能量以后，根据物体本身的性质，会发生能量吸收、透射和反射。根据物体对辐射能吸收率的不

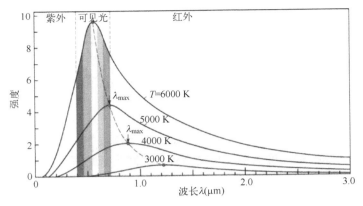

图 8.1 物体的热辐射光谱分布

同，工业上把物体分为黑体、白体、灰体和透明体。黑体吸收率为 1，即接收到的辐射能被全部吸收。透明体透射率为 1，即照射到透明体上的辐射能全部透射过去，没有吸收也没有反射。而白体的反射率为 1，辐射能被全部反射，没有吸收也没有透射。自然界不存在绝对的黑体、白体和透明体。但是利用一些特殊设计，可以制造近似的黑体，如图 8.2 所示的空腔及一些工业黑体模型。

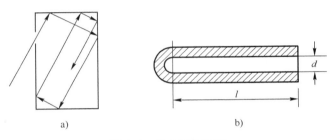

图 8.2 工业黑体结构

a）有小孔的空腔 b）工业黑体模型

大部分工业对象都可以看成是灰体。灰体的特点是透射率为 0，接收的辐射能一部分被反射，另一部分被吸收。

辐射测温的基础是热辐射三大基本定律。

1. 基尔霍夫定律

定义离开辐射源表面单位面积的辐射能量为辐射出射度。不同物体的辐射出射度和吸收率的比值与物体的性质无关，是物体的温度和发射波长的函数。写成公式如下：

$$\frac{M_0(\lambda,T)}{\alpha_0(\lambda,T)}=\frac{M_1(\lambda,T)}{\alpha_1(\lambda,T)}=\frac{M_2(\lambda,T)}{\alpha_2(\lambda,T)}=\cdots=f(\lambda,T) \tag{8-1}$$

其中 $M_0(\lambda,T)$、$M_1(\lambda,T)$、$M_2(\lambda,T)$ 是不同物体在辐射波长为 λ 时的辐射出射度；$\alpha_0(\lambda,T)$、$\alpha_1(\lambda,T)$、$\alpha_2(\lambda,T)$ 是不同物体对单色辐射波长为 λ 的吸收率。

假设物体 A_0 是绝对黑体，那么 $\alpha_0(\lambda,T)=1$，根据基尔霍夫定律，有

$$\frac{M_1(\lambda,T)}{\alpha_1(\lambda,T)}=\frac{M_2(\lambda,T)}{\alpha_2(\lambda,T)}=\cdots=M_0(\lambda,T) \tag{8-2}$$

也就是说，物体的单色辐射出射度和吸收率之比等于绝对黑体在同样的温度下、相同波长辐射的辐射出射度。

设 $M(\lambda, T)$ 为物体 A 在波长为 λ、温度为 T 下的辐射出射度，M 与 $M_0(\lambda, T)$ 的比值 $\varepsilon(\lambda, T)$ 称为物体 A 的单色辐射率，或称为单色黑度系数。物体的全辐射出射度可以看成是单波长的辐射出射度在全波长范围内的积分，即

$$M(T) = \int_0^{\infty} M(\lambda, T) \, \mathrm{d}\lambda = \int_0^{\infty} \alpha(\lambda, T) M_0(\lambda, T) \, \mathrm{d}\lambda = A(T) \int_0^{\infty} M_0(\lambda, T) \, \mathrm{d}\lambda = A(T) \cdot M_0(T)$$

$$(8-3)$$

式中，$A(T)$ 是物体 A 在温度 T 下的全吸收率，$M_0(T)$ 是黑体在温度 T 下的全辐射出射度。因此针对全辐射出射度的基尔霍夫定律形式如下：

$$\frac{M(T)}{M_0(T)} = A(T) = \varepsilon_T \tag{8-4}$$

公式表明在一定的温度 T 下，物体 A 的全辐射出射度与相同温度下黑体的辐射出射度的比值等于该物体的全辐射黑度系数。一般物体的 ε_T 小于 1，ε_T 越接近 1，表明它与黑体的辐射能力越接近。

2. 普朗克定律

温度为 T 的单位面积元的绝对黑体，在半球面方向所辐射的波长为 λ 的辐射出射度为：

$$M_0(\lambda, T) = 2\pi h c^2 \lambda^{-5} (e^{\frac{hc}{k\lambda T}} - 1)^{-1} = C_1 \lambda^{-5} (e^{\frac{C_2}{\lambda T}} - 1)^{-1} \tag{8-5}$$

其中，c——光速；

$\quad\;\; T$——绝对温度；

$\quad\;\; h$——普朗克常数，$6.626070 \times 10^{-34} \mathrm{J \cdot s}$；

$\quad\;\; k$——波尔兹曼常数，$1.38066244 \times 10^{-23} \mathrm{J/K}$；

$\quad\;\; C_1$——第一辐射常数，$= 3.7418 \times 10^{-16} \mathrm{W \cdot m^2}$；

$\quad\;\; C_2$——第二辐射常数，$= 1.4388 \times 10^{-12} \mathrm{m \cdot K}$。

当 $C_2/(\lambda T) \gg 1$ 时，即 $hc/\lambda \gg KT$，此时对应短波或低温情形，普朗克公式中的指数项远大于 1，故可以把分母中的 1 忽略，得到

$$M_0(\lambda, T) = C_1 \lambda^{-5} (e^{\frac{C_2}{\lambda T}})^{-1} \tag{8-6}$$

这一公式被称为维恩公式。

普朗克定律以及简化的维恩公式揭示了黑体单色辐射强度的计算公式，为光学高温计和比色温度计这类基于单色波长辐射强度来进行温度测量的测温仪器提供了理论基础。

根据普朗克公式，可以求出黑体在不同温度下的辐射峰值波长。已知单色波长的辐射强度是波长和温度的函数，记为 $M(\lambda, T)$，若令 $x = C_2/\lambda T$，则式（8-4）变为

$$M(x) = \frac{C_1 T^5}{C_2^5} \frac{x^5}{e^x - 1} \tag{8-7}$$

显然当 $\frac{\partial M}{\partial x} = 0$ 时，公式（8-7）可以取得最大值，即

$$\frac{\partial M}{\partial x} = \frac{C_1 T^5}{C_2^5} \frac{5 x^4 (e^x - 1) - x^5 e^x}{(e^x - 1)^2} = 0$$

整理可得方程 $5x^4(e^x-1)-x^5e^x=0$,

解此方程 $x=4.9651142$, 即 $c_2/\lambda T = 4.9651142$。

代入第二辐射常数, 可求出

$$\lambda_m T = 2898 \ (\mu m \cdot K) \tag{8-8}$$

该公式也称为维恩位移定律, 其中的 λ_m 即某温度 T 时黑体辐射出射度 $M_{b\lambda}$ 达到峰值的波长, 其值为 $\lambda_m = \dfrac{b}{T}$。

根据维恩位移定律, 可知当物体温度为 3000 K 时, 黑体辐射峰值波长 λ_m 为 960 nm, 处于近红外区, 即肉眼看到"红热"状态; 当物体温度达到 5000 K 时, λ_m 为 580 nm, 属于可见光的黄光区。

3. 斯蒂藩-波尔兹曼定律

也称全辐射强度定律, 是单色辐射强度定律 (普朗克公式) 在全波长内的积分。对式 (8-5) 进行积分, 积分结果如式 (8-9) 所示。对于温度为 T 的绝对黑体, 其单位面积元在半球方向上所发射的全部波长的辐射出射度与温度 T 的四次方成正比。

$$M_0(T) = \int_0^\infty M_0(\lambda, T)\,d\lambda = \int_0^\infty C_1 \lambda^{-5}(e^{\frac{c_2}{\lambda T}} - 1)^{-1}\,d\lambda = \frac{2\pi^5 k^4}{15c^2 h^3}T^4 = \sigma T^4 \tag{8-9}$$

式中, σ 为斯蒂芬-波尔兹曼常数, 值为 $5.66961 \times 10^{-8} \text{W}/(\text{m}^2 \cdot \text{K}^4)$, T 是热力学温度, 单位为 K。如果用辐射亮度来表示, 则为 $L_0 = \dfrac{\sigma}{\pi}T^4$。

斯蒂芬-波尔兹曼定律不仅适用于绝对黑体, 也适合所有非黑体的其他物体。对非黑体来说, 其辐射亮度要乘以发射率 ε, 即

$$L = \varepsilon(T)\frac{\sigma}{\pi}T^4 \tag{8-10}$$

8.1.2 辐射测温仪器

早期的辐射测温仪器主要有光学高温计, 特点是通过肉眼观察被测对象的辐射亮度并与灯丝亮度作比较来定标温度。后来随着光电检测元件的不断成熟, 出现了光电高温计, 光电高温计利用光电元件如硅光电池替代人眼感知被测物体在某个波长的辐射亮度的变化, 并把亮度信号转换成电信号, 经放大滤波后输出显示。近年来, 随着传感器技术和电子计算机技术的发展, 出现了全数字辐射温度计、数字式红外点温计、红外热像仪等智能程度更高的辐射测温仪器。根据辐射测温仪器对辐射的接收范围, 辐射测温仪大致可分为全辐射温度计、单色辐射温度和比色温度计。如果辐射温度计只能测量并显示一个点的温度, 则称为点温计, 如果能够测量并同时显示一个区域的温度差别, 则称为热像仪。因为日常生活及工业生产中遇到的被测对象温度大都处于-50℃到1000℃之间, 在这个温度范围内物体的热辐射主要在红外波段, 所以辐射测温仪器中红外测温仪最为常见。

1. 全辐射温度计

全辐射温度计利用物体的温度与总辐射出射度全光谱范围的积分辐射能量的关系, 即上述斯蒂藩-波尔兹曼定律来测温。全辐射温度计一般由辐射敏感元件、光学系统、显示仪表及辅助装置组成, 如图 8.3 所示。为了获得全光谱范围内的辐射能量, 辐射温度计一般采用

热敏传感器如热敏电阻、热电堆等，作为辐射敏感元件，通过热电转换把接收的辐射能量转化为电信号。图 8.4 是热电堆的示意图。全辐射温度计的光学系统的作用是汇聚被测物体整个半球方向的辐射光线到热电传感器上，光学系统有透射型和反射型两类。

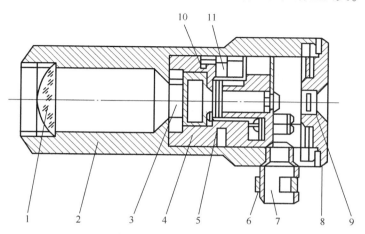

图 8.3　辐射温度计的结构

1—物镜　2—外壳　3—补偿光阑　4—座架　5—热电堆　6—接线柱
7—穿线套　8—盖　9—目镜　10—校正片　11—小齿轴

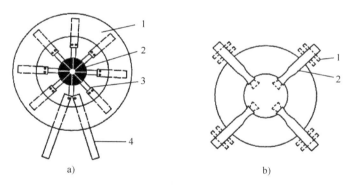

图 8.4　热电堆的组成

a) 1—云母基片　2—受热靶面　3—热电耦丝　4—引出线
b) 1—补偿片　2—双金属片

辐射温度计是按绝对黑体进行温度计算的。在测量非黑体时，需要对辐射温度进行修正，即根据被测物体的发射率和黑体辐射温度，求得物体的实际温度，公式为：

$$T = T_{黑} \sqrt[4]{\frac{1}{\varepsilon_T}} \tag{8-11}$$

全辐射温度计的测温范围 $-50 \sim 1000\,℃$，有些辐射温度计也能测量更高温度，但是高温段的误差会比较大。辐射测温计都有一个距离系数，它指的是传感器前端面到被测对象的表面距离 L 与被测对象的有效直径 D 的比值，即 L/D。另外测量时要正确瞄准，使目标的像充满热接收器，不能偏离。

2. 单波长辐射温度计

单波长辐射温度计一般用光电元件如光电二极管、光敏电池等作为接收元件。光敏元件虽具有一定的光谱响应特性，且只能对红限频率之上的光波照射产生光电效应，但是光谱响应范围还是有一定宽度的。为了检测单波长的辐射强度，必须对光学元件进行镀膜或加装滤光片允许某个波长的辐射光通过光学系统入射到光电传感器上。光学高温计、光电高温计以及很多红外温度计都属于单波长辐射温度计。

光学高温计一般采用红色单色光，有效波长为$(0.66\pm0.01)\mu m$，这也是我国温度量值传递系统规定的基准光学高温计的有效波长。光电高温计也是采用红色单色光作为测量波长。把物体在红色单色光波长位置的辐射亮度与受控灯光源的亮度作比较，通过不断调整受控光源的亮度，使两者达到一致，从而确定被测物体的单色辐射亮度，在普朗克单色辐射定律基础上确定物体的辐射温度。亮度测温可以达到较高的精度，基准测温仪表一般都采用单色亮度温度计。

由于一般物体的发射率都小于黑体的辐射率（=1），与辐射温度计类似，亮度温度计测得的温度也不是物体的真实温度，而是"黑体亮度温度"，即把物体看成黑体的温度。根据物体的黑度系数对这一温度进行修正，可以得到物体的真实温度。光电亮度温度计一般包括光学系统（瞄准光路和测量光路）、光调制系统、单色器、光敏元件以及放大显示电路等，如图8.5所示。

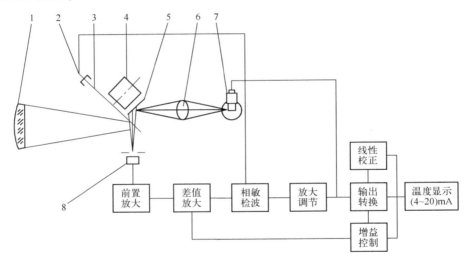

图 8.5　光电高温计原理框图

1—物镜　2—同步信号发生器　3—调制镜　4—微电机
5—反光镜　6—聚光镜　7—参比灯　8—探测元件

因为采用红色光波作为敏感波长，光学高温计和光电高温计一般只用于测量 3000 K 以上的高温物体。日常生活中以及工业上遇到的测温对象大都是属于常温、中温或中高温，物体温度一般在 1000℃ 以下，此时物体的热辐射集中在红外区域，因此测量常温或中高温对象的单波长辐射温度计一般选用某个红外波段作为敏感波长，此类温度计也称红外测温仪。红外测温仪的工作原理如图 8.6 所示。

根据测温范围和应用领域，选择合适的滤光器件或对光学玻璃进行镀膜，感知被测物体在红外线波长范围内的辐射强度，利用红外传感器把红外辐射转换成电信号，然后进行滤波放大及数字处理显示。光学系统可以是透射式，也可以是反射式。透射式光学系统的部件要

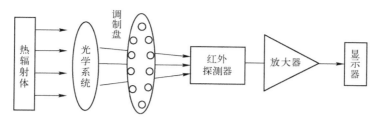

图 8.6　红外测温仪结构原理图

根据敏感的红外波长范围选择合适的光学材料。一般测量高温（700℃以上）仪器，主要用近红外波段（0.76~3 μm），可选用一般光学玻璃或石英材料。测量中温（100~700℃）仪器，有用波段主要是 3~5 μm 的中红外区，通常选用氟化镁、氧化镁等热压光学材料。测量低温（100℃以下），有用波段是 5~14 μm 的远红外波段，一般采用锗、硅、热压硫化锌等材料。反射式光学系统多用凹面玻璃反射镜，表面镀金、铝等在红外波段反射率高的材料。

另外，不同波长的红外光线在水体中的传输率也大不相同。一般说来，短波长的红外辐射穿透水汽或雨雾的能力比较强，随波长增大，雨雾或水汽对辐射传输的阻挡会增大，红外光线通过一定宽度的水汽后的传输率如图 8.7 所示。所以如果希望红外测温计不受水雾或水汽阻隔，单波长辐射测温计的敏感波长尽量选在近红外比较好。

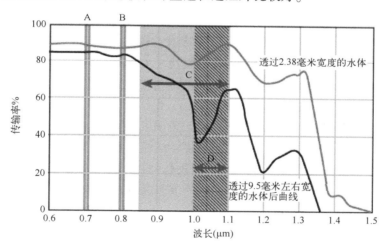

图 8.7　红外光线通过水体的穿透率

3. 比色高温计（Ratio Pyrometer）

根据维恩位移定律可知，当温度升高时，物体的辐射峰值波长向短波方向移动，光谱分布曲线的斜率也明显增大。根据两个波长的辐射亮度比来测量物体温度的方法称为比色测温法。采用这种方法的测温仪器称为比色高温计。采用比色高温计测得的温度为"比色温度"。因为实际物体的单色黑度系数和全辐射黑度系数的数值相差很大，但是同一物体在两个不同辐射波长的发射率却比较接近，其辐射强度的比值受发射率影响比较小。所以对很多金属材料来说，比色高温计测得的比色温度可以被当成物体的真实温度。如果被测对象在所选两个波长位置的发射系数不太一致，比色温度就必须进行修正。

根据普朗克公式，对于绝对黑体，两个不同波长的辐射亮度之比为：

$$R = \frac{L_{\lambda_1}^0}{L_{\lambda_2}^0} = \left(\frac{\lambda_2}{\lambda_1}\right)^5 \cdot e^{\frac{C_2}{T}\left(\frac{1}{\lambda_2}-\frac{1}{\lambda_1}\right)}$$

两边取对数，然后进行变换可以得到

$$T = \frac{C_2\left(\frac{1}{\lambda_2}-\frac{1}{\lambda_1}\right)}{\ln R - 5\ln\frac{\lambda_2}{\lambda_1}}$$

根据比色温度的定义，应用维恩公式可以推导出比色温度与实际温度的关系：

$$\frac{1}{T}-\frac{1}{T_s} = \frac{\ln\frac{\varepsilon_{\lambda_1 T}}{\varepsilon_{\lambda_2 T}}}{C_2\left(\frac{1}{\lambda_1}-\frac{1}{\lambda_2}\right)} \tag{8-12}$$

其中 T 为物体真实温度，T_s 为比色温度，$\varepsilon_{\lambda_1 T}$ 和 $\varepsilon_{\lambda_2 T}$ 分别为温度 T 时物体在 λ_1 和 λ_2 时的光谱发射率。对灰体来说，$\varepsilon_{\lambda_1 T}=\varepsilon_{\lambda_2 T}$，所以灰体的真实温度与比色温度接近一致。

WDS-II 是一款国产的光电比色高温计，其工作原理如图 8.8 所示。WDS-II 利用可见光 0.8 μm 和红外 1 μm 两个波长的辐射光线作为敏感波长。从光路系统可以看到，进入物镜视场的辐射光线经过平行平面玻璃和回零硅光电池后，经过透镜，再经分光镜分成两部分（0.8 μm 和 1 μm），其中红外部分经过 IR 滤光片滤去残余的可见光照射到硅光电池 7（E_2），另一部分可见光经过可见光滤光片照射到硅光电池 8（E_1）上。硅光电池把辐射光强转换成光电流，两个电流信号经平衡电阻电桥电路测量得到它们的比值，该比值输入到显示仪表进行显示。

如果选择的两个辐射波长都在红外波段，比色温度计就可以用来测量较低的温度，这种温度计一般称为比色红外温度计。比色红外温度计测温精度较高，而且对环境要求低，可以在有烟雾和粉尘的工业环境中使用，具有一定的优越性。有些先进的比色温度计内部还装有光学滤波片滚轮调节，用户可以自己选择并设定要采集的两个辐射波长，这种设计可以提高仪器在进行不同材料对象检测时的适用性。

4. 红外热像仪

在很多时候，人们希望了解被测物体表面或者内部的温度场分布情况，以便通过温度分布了解物理对象的运行状态或工程结构的健康状态，及时发现故障或潜伏的问题。红外热像仪就是这样一种仪器。通过从不同角度方向对物体的红外热辐射进行检测，然后将其量化并在二维空间进行直观的图像显示是红外热像仪的主要特点。

红外线在传输时，会受到大气中的水汽、二氧化碳、臭氧等的吸收，强度明显下降，仅在中波 3~5 μm 及长波 8~12 μm 的两个波段有较好的穿透率，这两个波段被称为大气窗口，大部分红外热像仪都是利用这两个波段进行检测、计算，然后显示物体的表面温度分布。

早期的红外热像仪是利用双轴运动控制系统控制棱镜改变入射光的方向进而对物体进行扫描、检测，然后利用红外显像管进行显示，如瑞典 AGA 公司开发的 AGA-750 热像仪。该热像仪的内部结构如图 8.9 所示。光学系统主要由物镜和两个多面平行棱镜组成。两个直流电机分别带动两个多面平行棱镜转动，构成垂直扫描和水平扫描头，两个方向的扫描速度由

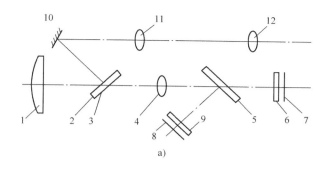

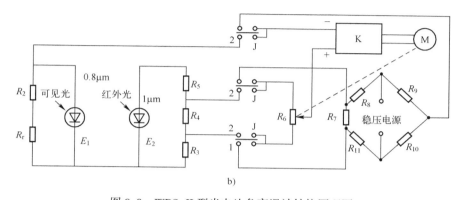

图 8.8　WDS-Ⅱ型光电比色高温计结构原理图

a）光路系统图　b）测量线路图

1—物镜　2—平行平面玻璃　3—光学镀膜　4—透镜　5—分光镜　6—红外滤光片

7、8—硅光电池　9—可见光滤光片　10—反射镜　11—立像镜　12—目镜

扫描触发器、脉冲发生器和控制电路决定。扫描时，不同方向的入射红外光线被顺序反射到一个红外探测器件上，转换成微弱的电信号，传感器输出信号经前置放大器放大，再经视频放大，输入到显像管控制显像管的亮度显示。

现代红外热像仪则大都采用二维传感器阵列或焦平面探测器件作为敏感器件，直接把光学聚焦平面上的红外线强度分布转换成电信号序列，然后放大，并通过模/数转换、数值变换等步骤后在液晶显示屏上显示，如图 8.10 所示。

红外热像仪中用的红外成像器件有热释电传感器阵列、近红外 CCD 图像传感器、红外焦平面探测器等。热释电传感器阵列利用热电效应把红外辐射转换成电信号，然后通过计算及校准后进行数字化图像显示。因为热释电材料只在温度有变化时才产生电信号，温度一旦稳定，热释电就消失。所以热像仪中会有一个类似光栅的调制盘（也称光学斩波器）用以对入射的辐射光进行调制，以便产生周期性变化的热辐射信号。

红外 CCD 图像传感器及各种红外焦平面探测器件则是利用光电效应把一定波长范围内的红外光线转换成电信号，然后通过计算、标度转换，进行数字化显示。基于光电探测器的红外热像仪一般会采用红外滤波片对入射光线的波长进行选择。一般说来，光电式红外探测器件的分辨率和灵敏度要高于热释电传感器阵列。光电式红外探测器件的缺点是其灵敏度容易受温度影响，所以有些红外探测器件带有制冷模块。

红外光电探测器件中使用的半导体材料有 InSb、HgCdTe，掺杂 Si、PtSi 等。表 8.1 列

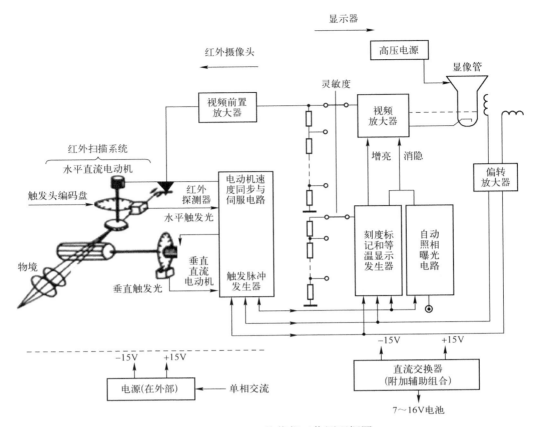

图 8.9　AGA-750 热像仪工作原理框图

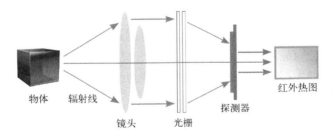

图 8.10　基于二维图像传感器的红外热像仪工作原理示意图

出了不同波段红外探测器件的半导体材料。

表 8.1　不同波段的红外探测器材料

红外波长范围	敏 感 材 料
近红外（0.7~1.1 μm）	硅（Si）
短波红外（1~3 μm）	铟镓砷（InGaAs）、硫化铅探测器（PbS）
中波红外（3~5 μm）	锑化铟（InSb）、碲镉汞探测器（HgCdTe）、量子阱探测器（QWIP）
长波红外（8~14 μm）	碲镉汞探测器（HgCdTe）、量子阱探测器（QWIP）

红外热像仪的应用领域包括森林火灾预警、高压输电线巡检、机电设备故障检测、热工过程监控、公共安全以及国防军事等，如图 8.11 所示。

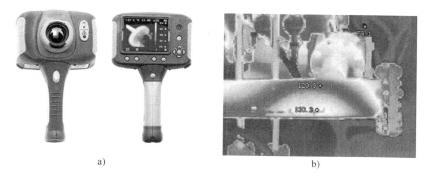

a)   b)

图 8.11　手持式红外热像仪及红外热图像

a）热像仪　b）热像仪用于管道保温检测的图像

8.2　激光测距

作为一种高精度、大量程的位移检测技术，激光测距在大地测量、军事侦察、工程建设、工业生产中应用极为广泛。激光电子测距在应用时可以配置反射棱镜，也可以不用棱镜，前者被称为光学合作式激光测距，后者被称为无合作目标激光测距。无合作目标激光测距利用被测对象表面对激光脉冲或激光连续波的漫反射来实现距离测量，与物体之间没有任何机械接触，可以看成是一种非接触式测量。由于物体材料和表面属性的不同，漫反射返回并进入激光电子测距系统的信号存在较大差异。当距离较远或者材料表面反射性能比较差时，激光回波信号非常微弱。因此，无合作目标激光测距比光学合作式激光测距难度大很多。近年来，由于微弱信号检测技术的进步和高性能光电探测器件的发展，无合作目标式激光测距也在不断发展，测距范围不断扩大，测距精度也越来越高。

根据采用的技术不同，激光电子测距系统可以分为两大类：脉冲式激光测距和连续波激光相位测距。

8.2.1　脉冲式激光测距仪

脉冲式激光测距的原理是：激光器发射一个激光脉冲信号，经目标反射后返回，接收系统接收反射回来的激光信号，根据接收信号与发射信号之间的时间差（即渡越时间）来计算目标的距离。脉冲式激光测距比较适合远距离测量任务，广泛应用在军事、气象研究和人造卫星上。

脉冲式激光测距系统的结构相对简单，一般包括脉冲激光发射系统、光电接收系统、门控电路、高精度时钟振荡电路和计数显示电路，如图 8.12 所示。

已知光在空气中的传播速度是 $c \approx 3 \times 10^8 \mathrm{m/s}$，假设目标距离测距仪的距离为 L，若光脉冲往返的时间为 t，则

$$L = \frac{ct}{2}$$
（8-13a）

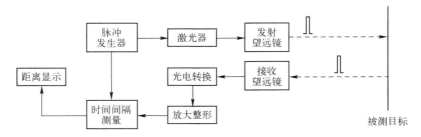

图 8.12　脉冲式激光测距原理示意图

显然只要能够准确计量激光脉冲的飞行时间，就可以算出目标距离。

脉冲激光测距的核心技术是高功率激光脉冲发生电路和渡越时间计量。高功率脉冲激光器在过去二十年进步很大，激光脉冲的瞬时功率可以达到兆瓦级或者更高，因此脉冲式激光测距仪的量程可以做得很大。如果激光脉冲的脉冲宽度足够窄、瞬时功率足够高，脉冲式激光测距仪的量程可以达到几十甚至上千千米。

渡越时间计量一般采用门控电路和高性能计数器来实现。脉冲激光器输出的激光脉冲一小部分通过取样镜反射至接收系统产生电脉冲信号，该信号经放大整形后输入给 Q 触发器，产生触发并使计数器按照一定时钟周期开始计数，当回波脉冲返回到接收系统时，再次产生一个电脉冲信号，输入到触发器，电平翻转，计数器停止计时，根据计数器的数值和时钟频率可以求得激光脉冲的渡越时间。假设计数器的计数频率为 f_0，激光往返之间的计数脉冲个数为 N，则目标距离可表示为：

$$L = \frac{cN}{2f_0} \qquad (8\text{-}13\text{b})$$

根据式（8-13b），要使激光测距仪的距离分辨率达到 1 m，计数器的计数频率必须达到 150 MHz，要达到 1 cm，计数频率则必须达到 15 GHz，这么高速的计数器实现起来很困难。由于计数脉冲的频率有限，脉冲式激光测距仪的分辨率一般都是米级，测距精度当然也不高。

8.2.2　相位式激光测距仪

相位式激光测距原理是测距仪发出一定频率的正弦波调制激光信号，该连续波激光信号到达目标后，经目标反射，测距系统根据接收到的回波与参考信号之间的相位差来确定目标的距离，如图 8.13 所示。

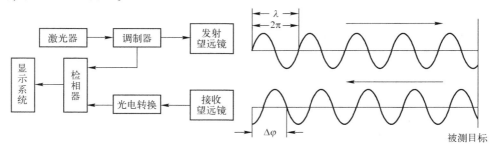

图 8.13　相位式激光测距原理示意图

相位式激光电子测距仪一般由激光光源、激光调制及发射电路、望远镜系统、光电接收模块、高频放大电路、采样积分电路、逻辑电路、振荡电路和微处理器部分组成。光源一般采用半导体激光二极管。激光调制及发射电路包括正弦波信号发生器、功率放大电路、锁相电路等。正弦波信号发生器产生一定频率的正弦波信号，利用锁相电路稳频，然后经功率放大，输入到半导体激光器，激光器产生按一定频率变化的正弦波激光信号。

望远镜系统包括发射光学系统、瞄准光学系统、接收光学系统以及内光路系统。发射光学系统主要由衰减板和一个特制棱镜组成。瞄准光学系统由望远镜物镜、调焦透镜、十字丝分划板、目镜组构成。接收光学系统则包括接收望远镜、分光棱镜、平面镜、传输光纤、光电倍增管或 APD 等。内光路系统由活动挡光板、小反光镜、光纤和光纤两端的聚光镜组成，主要用于内部光路测定。内外光路之间的转换通过一个直流电机控制的挡光板来实现。激光二极管发射出的激光束透过由步进电机控制的衰减板射到位于光轴上的发射棱镜，经镜面反射后沿光轴射出。由远处目标物反射回来的光信号被接收望远镜的物镜聚焦射到分光棱镜，棱镜的 45°面上镀有对指定波长的激光产生全反射的介质膜，接收到的激光被此介质膜反射后耦合到传输光纤，再由光纤传送到雪崩二极管，其他波长的光信号则通过该分光棱镜，进入瞄准光学系统。

光电传感器（雪崩二极管）把反射的激光信号转换成电信号，然后经过前端放大、带通滤波、采样积分等步骤，最后由计算机或数字电路来进行处理。

由于连续波激光信号的本振频率很高，相位测距仪需要采用差频来测相，即把主振频率信号和本振频率信号进行混频，两者之间的差频信号作为鉴相电路的输入信号，比较参考信号、接收信号分别与本振信号混频后得到的两个差频信号的相位差，就可以确定距离。

图 8.14 是某个连续波激光相位式测距系统的内部组成框图。

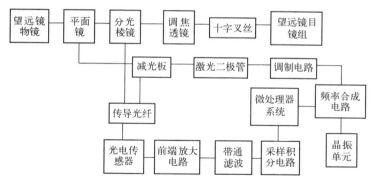

图 8.14　激光测距系统的内部组成框图

对相位测距来说，激光调制信号的波长相当于一把测尺。因为鉴相电路的分辨率是确定的，波长越短，即测尺越小，基于相位的位移检测精度就越高。同时，相位检测只能测量小于 2π 的相位余数，不能测量整周期数，所以一把测尺只能测量小于它的距离。为了实现长距离高精度检测，相位式激光测距仪一般采用几把不同波长的光尺。用最短的测尺保证必要的测距精度，用最长的测尺保证测距量程，中间尺度的测尺用来提高测量结果的可靠性。

测尺的设计有两种方案，一种是直接测尺法，另一种是间接测尺法。

直接测尺是直接用对应测尺长度的正弦波信号来进行激光调制。如果短测尺是 10 m，长测尺是 1000 m，假设相位检测精度是 1‰，则短测尺的测距精度是 1 cm，长测尺的测距精度是 1 m，短测尺对应的频率是 15 MHz，长测尺对应的频率是 150 kHz。如果测距精度要达到毫米级，短测尺的频率就需要达到 150 MHz。从长测尺到短测尺的频率跨度很大，如果采用直接测尺方法，无论是发射电路还是接收电路的带宽要求都很高，电路实现比较复杂。

间接测尺则是选用比较集中的几个高频正弦信号来进行激光调制，高频信号作为短测尺，高频信号之间的频率差符合一定的关系，它们的差频信号可以作为长测尺，用以确定相位的整数倍。

由于激光电子测距仪是根据测距信号和参考信号之间的相位变化来计算测量目标的距离，调制信号的频率必须非常稳定。传统的激光电子测距仪一般采用模拟锁相环技术来确保正弦发生电路输出信号的频率稳定性。模拟正弦波合成电路虽然能达到较高的频率精度，但是频率切换并不容易。直接数字频率合成技术 DDS（Direct Digital Synthesizer）是随着数字通信技术发展起来的一种数字集成电路，可以快速生成不同频率的正弦信号，具有应用简单、响应快、数字化控制等优点。图 8.15 是基于数字频率合成技术的相位式激光测距仪的硬件结构框图。图中，DDS1 和 DDS2 是两个同样型号的数字频率合成芯片，通过写入控制字，可以快捷、方便地输出不同频率的正弦波信号。DDS 输出的正弦信号经过分频、数字锁相环稳频后，再送到调制单元对半导体激光器的电流进行调制。

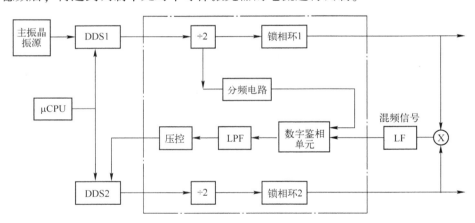

图 8.15　基于 DDS 的相位式激光测距示意图

系统中主振晶体的频率为 100 MHz，压控晶振源的频率为 100.0122 MHz。由高 Q 值的带温补的主振荡电路产生的正弦信号作为参考频率信号源输入到 DDS1，通过写入频率控制字，DDS1 可以输出不同频率的正弦信号，该正弦信号通过数字锁相环进行倍频，倍频后的信号输出到调制发射单元；另一方面由一个高精度的压控晶振源产生的本振信号则输入到 DDS2，DDS2 的频率控制字和 DDS1 的频率控制字完全相同，DDS2 输出的正弦信号同样经过数字倍频，倍频后的输出一路和发射信号进行混频，混频后的信号经过低通滤波输入到集成电路中的数字鉴相单元，和系统产生的低频参考信号做比较，鉴相单元的输出电压用来控制压控晶振源，使本振电路的输出与主振电路的输出频差稳定。本振信号的另一路则送到信号接收单元用来和接收到的激光信号进行混频。

假设主振信号表示为 $e_s = A_s \sin(\omega_1 t + \varphi_1)$，发射到外光路经目标反射回来后的信号表示为 $e_{ms} = B\sin(\omega_1 t + \varphi_1 + \varphi_d)$。

用来混频的本振信号为 $e_i = A_i \sin(\omega_i t + \varphi S_2)$，$e_i$ 分别与 e_s 和 e_{ms} 混频后经低通滤波得到的

差频信号为：

$$e_r = \cos\left[(\omega_i - \omega_1)t + (\varphi_2 - \varphi_1)\right] \tag{8-14}$$

$$e_{ms} = \cos\left[(\omega_i - \omega_1)t + (\varphi_2 - \varphi_1) + \varphi_d\right] \tag{8-15}$$

由式（8-14）和式（8-15）可知，混频后的差频信号频率降低了，但是相位差与原来的高频信号是一致的。两个差频信号的相位差 φ_d 代表了激光通过的外光路的长度，即目标距离的 2 倍。

DDS 集成电路是数字可编程芯片。通过改变 DDS 控制字，系统可以快速改变发射激光的调制频率。例如，在 100 MHz 到 150 MHz 之间，选择了 11 个频率作为相位精测尺信号频率，对应的测尺长度大约在 1~1.5 m 之间，表 8.2 是这 11 个频率的数值、对应测尺长度及 DDS 控制字。选择这 11 个频率的原因之一是相邻两个频率的频差构成一定的比例关系，它们之间的差频信号可以用作不同长度的粗测尺。

表 8.2　激光电子测距仪的精测尺频率和 DDS 数字控制字

	DDS 控制字	DDS 输出（Hz）	分频系数	DLL 倍数	发射频率（Hz）	测尺长度（m）
Fine 0	537657320	12518310	1024	16	100146480	1.49634635
Fine 1	537722818	12519835	1024	16	100158680	1.49616409
Fine 2	538705722	12542720	1024	16	100341760	1.49343424
Fine 3	539754123	12567130	1024	16	100537040	1.49053344
Fine 4	541850926	12615950	1024	16	100927600	1.48476552
Fine 5	546044532	12713590	1024	16	101708720	1.47336256
Fine 6	554431744	12908870	1024	16	103270960	1.45107415
Fine 7	571206169	13299430	1024	16	106395440	1.40846093
Fine 8	537657320	12518310	1024	18	112664790	1.33008565
Fine 9	537657320	12518310	1024	20	125183100	1.19707708
Fine 10	537657320	12518310	1024	24	150219720	0.99756424

差频信号的相位可以采用硬件鉴相电路来检测，也可以进行采样积分后用计算机来计算。对差频信号按照一定频率进行同步采样并进行积分以提高信噪比，之后对得到的离散信号进行傅里叶变换，可以得到信号的频谱分布状况。如果信号 1 个周期的采样点数为 16，即采样频率为信号频率的 16 倍，利用 16 点 DFT 计算公式，我们可以求出对应基频（信号频率）的傅里叶变换系数，进而算出信号的相位。

计算基频频率成分的 16 点 DFT 公式为：

$$a_r(1) = \frac{\displaystyle\sum_{n=0}^{15} x(n)\cos(2\pi n/16)}{16}$$

$$a_i(1) = \frac{\displaystyle\sum_{n=0}^{15} x(n)\sin(2\pi n/16)}{16} \tag{8-16}$$

计算基频的 2 倍频率成分的傅里叶系数：

$$a_r(2) = \frac{\displaystyle\sum_{n=0}^{15} x(n)\cos(2\pi n \cdot 2/16)}{16}$$

$$a_i(2) = \frac{\displaystyle\sum_{n=0}^{15} x(n)\sin(2\pi n \cdot 2/16)}{16} \tag{8-17}$$

式（8-16）和式（8-17）中的 $a_r(m)$ 和 $a_i(m)$ 代表 m 倍于基频的频率成分中余弦变量和正弦变量各自的系数，$x(n)$ 是采样值，N 是信号一个周期内的采样点数。根据余弦变量和正弦变量的比值，可以计算出对应频率成分的相位。从理论上看，信号的 2 倍频率分量的相位应该是一次频率分量相位的 2 倍。在实际应用中，可以同时计算基次频率分量和 2 倍频率分量的相位，然后利用加权平均来提高相位的检测精度。

11 个精测尺频率中的 10 个与最小精测尺频率相减，可以得到一系列新的频率作为粗测尺，如表 8.3 所示。激光电子测距仪的粗测尺相位可以利用这些频率的相位来计算。本系统中实际应用了 10 个粗测尺，粗测尺频率之间正好是整数倍的关系。

表 8.3　激光电子测距仪的粗测尺频率

精测尺频率（Hz）	粗测尺频率（Hz）	调制波长（m）	激光粗测尺长（m）
100146480	------	------	------
100158680	12200	24573.15	12283.10
100341760	195280	1535.19	767.38
100537040	390560	767.59	383.69
100927600	781120	383.80	191.84
101708720	1562240	191.90	95.92
103270960	3124480	95.95	47.96
106395440	6248960	47.97	23.98
112664790	12518310	23.95	11.97
125183100	25036620	11.97	5.98
150219720	50073240	5.99	2.99

对应于目标距离的相位是外光路返回的激光回波信号的相位与未经外光路的内部参考信号之间的相位差。有了基于各个测尺的相位，把各测尺的测量结果组合起来就可以得到测量目标的距离值。由于存在测量噪声，简单的数据组合得出的距离往往有错。一般需要对各测尺的相位值进行判断，以保证各测尺频率的相位值正确衔接。最简单的办法是逐次比较法。从最长粗测尺测量值开始，根据最长粗测尺的相位值计算次粗测尺的整数倍周期数，算出的整数倍周期加上次粗测尺的测量相位值得到基于次粗测尺频率信号的总相位值。利用次粗测尺频率的相位值，重复上面的计算过程可以求出基于更短测尺的频率信号相位值。如此重复迭代 9 次，可以得到基于精测尺频率信号的测距相位值。把算出的测距相位值除以周期相移后乘以计算好的精测尺的准确长度可以得到测量目标的准确距离。

除了逐次比较法外，也可以采用其他一些算法来计算测量目标的距离，例如最大似然法或者逆傅里叶算法。最大似然法根据测尺相位的粗测量值对潜在的所有不同测尺相位周期的整数倍组合计算似然概率值，根据最大似然概率原理找出不同测尺的整数周期数，再配合精测尺的原始测量相位来计算目标距离。逆傅里叶算法则根据不同频率信号的幅值与相位构造出一个脉冲信号，根据脉冲峰值推算出实际的目标距离。这两种算法对微处理器的计算性能要求都比较高。

8.3 激光雷达（LiDAR）

激光雷达是一种扫描式的激光测距传感器，又称 LiDAR（Light Detection and Ranging）。激光雷达问世于 20 世纪 90 年代末。早期的激光雷达主要应用于国防、军工、环境监测、水利工程、测绘、气象预报等特殊行业。近年来，随着半导体激光技术的成熟和光电子技术、数字信息处理技术的发展，激光雷达的成本不断下降，并在自动驾驶、智能机器人、工业制造等很多新领域获得应用。

激光雷达的工作原理与雷达相近，但一个是用微波、毫米波等无线电信号，另一个是用激光信号。激光雷达中的激光器通过一个扫描装置向空间有规律地发射激光脉冲，打到周围的各种物体上，一部分光波反射到激光雷达的接收器上，把接收到的激光脉冲信号与发射信号进行比较，根据激光飞行时间就可以获得目标点相对于激光雷达的距离。由于激光是通过一维或二维转台向空间有序地发射，不同时刻发射的激光信号的方位角和高度角是已知的，加上距离信息就可以构建精确的三维环境图像。

机械扫描式激光雷达一般由激光器、激光信号接收单元、水平转台、数字信息处理系统组成，如图 8.16 所示。激光器大都用的是波长在 905 nm 左右的半导体红外激光器，体积小、功耗小、探测器成本低。也有采用 1400 nm 左右的红外激光作信号，这一波段的红外光信号不能使用硅基光电探测元件，需要用砷化镓类光电探测元件，成本要高很多。激光信号接收单元与激光测距仪的接收模块类似，由高性能光电探测器（PIN 型光电二极管、雪崩二极管等）和相应的模拟放大电路、模/数混合电路组成。水平转台和反射镜一起组成扫描装置，可以实现激光束在水平方向的扫描。垂直方向上多个激光束通过扫描装置同时发射激光信号，然后通过多个接收模块接收反射信号，只要激光扫描速度足够快，就可以实现在空间一定范围内的瞬时距离测量，再通过计算机及数字信息处理系统获得密集的空间点云图像。对这些点云进行处理，然后根据位置和地图信息，可以实现动态的三维环境构建，如图 8.17 所示。对机械扫描式激光雷达来说，垂直方向的激光束数目越多，测得的点就越多，激光雷达的空间分辨率也就越高。目前，市场上有 8 线、16 线、32 线、64 线、128 线等不同分辨率的激光雷达，其中 128 线的激光雷达输出速率可达 2400000 点/s。激光雷达在自动驾驶汽车上应用非常普遍，自动驾驶系统通过激光雷达和摄像头获取外部环境信息，进行环境建模，进而判断汽车行驶方向上的各类障碍物，实现汽车的自主避障和自动驾驶。

机械扫描式激光雷达目前已比较成熟，但是由于此类雷达体积大，功耗大，成本比较高，不利于大规模应用。近年来，不少研究机构开始研发其他类型的激光扫描雷达，其中比较成功的有 MEMS 雷达和固态相控阵激光雷达。MEMS 雷达采用 MEMS 制造的微振镜实现激光束的发射角调节，进而实现激光雷达的空间扫描式测量任务。MEMS 微振镜是一种硅基半导体集成器件，内部集成了可动的微型镜面，如图 8.18 所示，因此 MEMS 激光雷达也被称为混合固态激光雷达。目前市场上已经出现了这类混合固态的激光雷达。相控激光雷达则

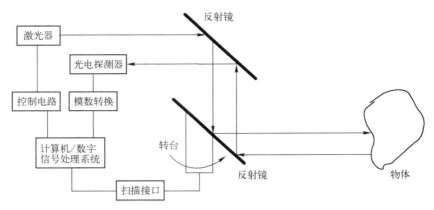

图 8.16 机械扫描式激光雷达示意图

图 8.17 激光雷达点云成像与环境建模示意图

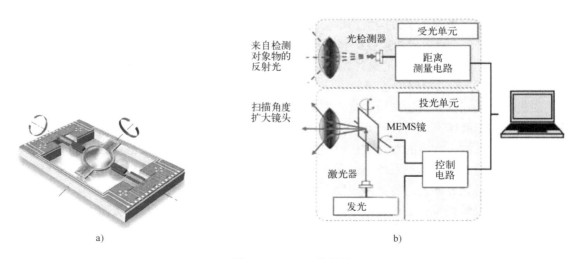

图 8.18 MEMS 微振镜

a) MEMS 微振镜外观 b) MEMS 激光雷达示意图

是通过电子方式调节激光发射器的相位改变激光发射的角度，进而实现不同视角的扫描，其优点是全电子控制，不需要任何机械旋转部件，体积可以做得很小，但是目前视角比较小，技术还不够成熟。

8.4 习题

1. 什么是黑体？什么是灰体？辐射测温时常提到的物体黑度系数有什么意义？

2. 已知人体的温度 $T = 36.5℃$（假定人体的皮肤是黑体），试根据维恩位移定律分析人体的辐射特性。

3. 什么是亮度温度？什么是比色温度？这些温度和物体的真实温度有区别吗？

4. 简述脉冲式激光测距仪的工作原理和优缺点。

5. 试说明连续波激光测距仪的测距原理和优缺点。

6. 相位差式激光测距仪由哪些模块组成？

7. 根据扫描技术不同，激光雷达可以分为哪几类？

第9章 机器视觉

机器视觉，也称计算机视觉检测，是利用成像系统对待测物体（目标）进行成像，然后利用数字图像处理和图像分析技术，提取图像的几何或纹理等特征实现对相关物体的几何属性或物理属性检测的一种技术。

机器视觉具有自动化程度高、速度快、灵活性好、精度高等优点，非常适合现代工业生产线的产品质量监测以及生产过程中一些在线参数的非接触检测。早期的机器视觉系统主要应用于天文观测、汽车装配、半导体封装产业。近年来随着图像传感器技术的不断成熟及成像系统成本的下降，计算机视觉检测技术已广泛应用于公共安全、自然灾害监测、半导体、汽车制造、新能源、食品饮料、包装印刷、生物医药等各行各业，如图9.1所示。

图 9.1　机器视觉检测

9.1　机器视觉系统的组成

机器视觉系统一般由光源、被测物体、图像采集系统、数字图像处理软件、计算机、图像显示与输出装置等构成，如图9.2所示。

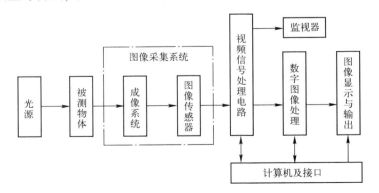

图 9.2　机器视觉系统的组成

光源可以是自然光或人造的结构光。一般把用太阳光、星光或其他自然产生的光作为光源的视觉检测系统称为被动视觉；采用人造光源的机器视觉系统则称为主动视觉。主动视觉可以通过结构化的照明，获取物体更清晰的图像，从而提高机器视觉检测系统的精度。还可以根据光束的结构化特点提取被测对象的几何空间信息。主动视觉对光源以及光源相机之间的几何关系有较高要求，适合对测量精度要求较高、环境可控的应用领域。被动视觉对光源没有特殊要求，只要求能够均匀照亮被测物体，通过对物体表面的散射光会聚进行成像，然后根据摄像机成像模型及物体本身的关联关系，获得被测物体的信息。

图像采集系统包括物理成像系统和图像传感器。物理成像系统完成对被测对象的物理成像（一般是光学成像），再由图像传感器把光学图像转换成电信号输出。在设计机器视觉系统时，需要根据被测对象的大小、物性、检测环境等选择或搭建合适的光学成像系统，保证被测物体的清晰成像，才能实现测量的目标。

计算机通过一定制式的模拟或数字接口电路读入采集系统输出的二维图像信号，并把二维图像信号转换成计算机存储空间中的一个二维数字矩阵，完成相应的图像处理和图像分析任务，并进行输出。需要指出的是，对于涉及物理尺寸测量的机器视觉系统，还必须建立摄像机成像模型，完成物理成像系统参数的标定，以获得物理空间尺度和图像空间尺度之间的变换关系。在得到两个空间的转换模型后（仿射变换矩阵），根据图像分析得到的图像坐标或图像尺度求得物理坐标或物理尺寸。对于某些不涉及尺度的应用，例如类型识别等，一般不需要进行相机内外参数的标定。

9.2　光源与照明

光源有自然光源和人造光源之分。光谱反映了光的组成成分，例如太阳光谱包含了从紫外到红外的所有波段。除了自然光外，有很多人造光源可选，例如卤素灯、荧光灯、氙灯、LED 灯、半导体激光二极管等。其中 LED 光源颜色丰富、发光效率高、响应速度快、体积小、发热小、功耗低、发光稳定、寿命长、易于组成不同形状的光源，是光学测量系统中最重要的照明光源。

市场上的 LED 光源产品很多，根据几何形状选择有环形、方形、穹形、长条形光源。从发光特性来选择，有点光源、线光源、面光源等。根据发光颜色来选，有红光 LED、蓝光 LED、绿光 LED、白光 LED 等。在实际项目中，一般可以根据下面几个方面的要求来选择光源：

- 光源发光光谱特性；
- 光源发光强度；
- 光源稳定性；
- 其他方面如发光面积、空间分布等。

光源选定后，还需要根据被测对象的物性以及环境特点构造合适的照明方式。被测物体的照明可以采用均匀照明，也可以采用结构化照明：均匀照明即物体处于环境光的均匀覆盖中；结构化照明则指照明有一定的方向性或具有某种空间特点。在实际应用中，按照光源与被测对象的相对位置可分为正向照明和反向照明两大类。正向照明又有镜面轴向照射、离轴照射、漫反射、半漫反射、黑场等。图 9.3 显示了正面高角度和正面低角度离轴照明的效果差异。图9.4则显示了正面轴向照明和黑场照明对光盘进行成像时的差异。反向照明同样有轴向照射、离轴照明、漫反射、透射照明等。图9.5是利用反向透射照明对医用胶布的成像。

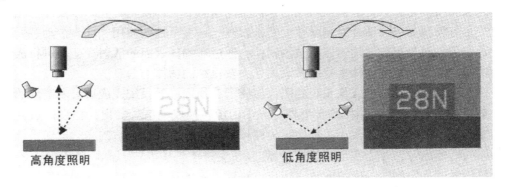

图9.3　正面高角度离轴照明和低角度离轴照明

图9.4　正面轴向照明和黑场照明

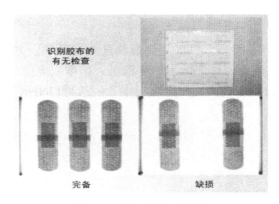

图9.5　反向透射式照明

9.3　图像采集系统

图像采集系统由光学成像系统、图像传感器、采集电路/图像采集卡组成。光学成像部分可以是单一的透镜，也可以是一系列光学组件构成的一个光学成像系统。常见的光学元件有反射镜、透镜、棱镜等。反射镜又分为球面反射镜、平面反射镜、平行平板、反射棱镜等。图像传感器的功能是把光学成像系统形成的光学图像转换成电信号。常见的图像传感器有 CCD 图像传感器、CMOS 图像传感器等。采集电路/图像采集卡对图像传感器的输出信号进行放大、滤波、模数转换、数字处理等，然后按照一定的制式输出给计算机或其他控制电路。

9.3.1　光学成像系统

典型的光学成像系统有：
- 显微成像系统；
- 望远成像系统；
- 投影系统；
- 摄影系统。

当被测对象是很小的物体时，光学系统需要有较高的放大率，此时可能要采用显微成像系统。光学显微镜由物镜和目镜组成，物体经物镜放大后得到一倒立的实像后，再由目镜放大变成人眼中正立的虚像，成像过程如图 9.6（左）所示。显微镜的视角放大率等于物镜的垂轴放大率 β 和目镜的视角放大率 Γ_e 的乘积。

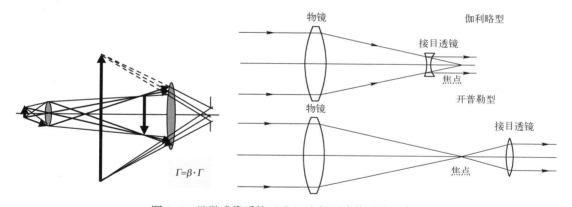

图 9.6　显微成像系统（左）和望远成像系统（右）

望远成像系统用来观测很远的物体，其光学成像原理如图 9.6（右）所示。物镜对目标成像，像落在物镜的像方焦平面上，该焦平面与目镜的物方焦点在同一位置，物镜成的像由目镜放大成像落在目镜的像方焦平面上。

投影系统是把一平面物体放大成一平面实像来观测，一般包括光源、聚光镜、平面物体投射透镜和幕布，如图 9.7（左）所示。要投影的平面物体或画片置于透镜的物方焦平面附近。

机器视觉中用得最多的是摄影系统，也即照相机成像系统，一般由透镜直接成像到感光器件（胶片、CCD 传感器等）上。在摄影系统中，拍摄对象的距离一般比焦距大得多，因此感光元件一般置于物镜的像方焦平面附近。

由于光学元件的生产周期长、成本高，开发机器视觉系统时一般会尽量选用标准规格的光学元件来搭建光学成像系统。常见的工业镜头焦距有 5 mm、8 mm、16 mm、25 mm、50 mm

等，光圈多为 1.4。当需要对小目标或远距离物体成像时，也可以选用一些商业长焦镜头来成像。

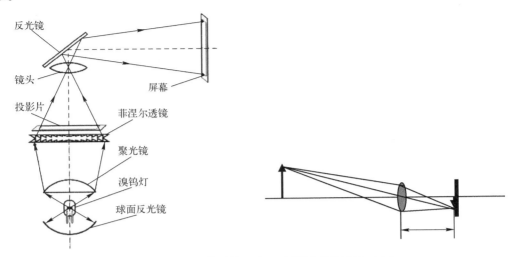

图 9.7 投影成像系统（左）和摄影成像系统（右）

选择镜头时，主要需要考虑镜头的焦距、视场（光圈）和景深。镜头的焦距 f 决定了物体在成像面成像的大小，焦距越大，成像越大。镜头的相对孔径 F 等于镜头的有效直径 D 除以焦距 f。我们常说的光圈，数值就是以 $1/F$ 来表示，光圈 5.6 即 $1/F=5.6$。光圈和景深是一对矛盾，一般说来，光圈越大，景深越短。要想获得较大景深的清晰图像，光圈就不能太大。

选择镜头时，首先要根据被测对象的大小，像面尺寸以及成像距离来选择合适的焦距。

$$f=\frac{WD \times PMAG}{1+PMAG} \tag{9-1}$$

上述公式中，WD 是工作距离，$PMAG$ 是物像放大倍数，如图 9.8 所示。

$$PMAG=\frac{传感器尺寸}{视场大小}=\frac{H_i}{H_0}=\frac{D_i}{WD} \tag{9-2}$$

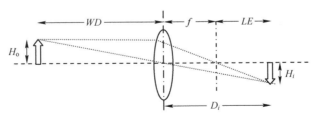

图 9.8 镜头参数之间的几何关系

根据计算出来的焦距选择相邻焦距值的标准镜头即可。当然成像系统的工作距离最后要根据实际焦距值进行微调。

例 9.1 一生产线需要加装一个机器视觉检测系统，摄像头的安装距离为 10~30 cm，零件的最大径向尺寸不超过 6 cm，传感器的像面尺寸为 6.6 mm，请确定工作距离并为该系统选择一个合适的镜头。

解： 假设工作距离 WD 取 20 cm，

则镜头放大倍数为： $\text{PMAG} = 6.6\,\text{mm}/60\,\text{mm} = 0.11$

镜头焦距因此等于 $\qquad f = \dfrac{\text{WD} \times \text{PMAG}}{1 + \text{PMAG}} = 200 \times 0.11/(1+0.11) = 19.82\,\text{mm}$

市场上可买到的标准镜头焦距有 8 mm、16 mm、25 mm 和 50 mm，其中 16 mm 镜头的焦距最接近计算值，因此选用 16 mm 镜头。使用该值重新计算工作距离：

$$\text{WD} = f \times \frac{1 + \text{PMAG}}{\text{PMAG}} = 16 \times (1+0.11)/0.11 = 16.1\,\text{cm}$$

镜头的扩充距离为： $\qquad \text{LE} = f \times \text{PMAG} = 16\,\text{mm} \times 0.11 = 1.76\,\text{mm}$

如果镜头扩充距离不够，可以通过垫圈（1 mm 或 0.5 mm）来调节聚焦机构获得所需扩充距离。

9.3.2 图像传感器

图像传感器是计算机视觉检测系统中的核心部件。常用的图像传感器主要有 CCD 和 CMOS 两大类，两类传感器的工作原理和特性在第 5 章有详细介绍。总的来说，CCD 传感器在灵敏度和动态性能上优于 CMOS 图像传感器，而 CMOS 图像传感器则在输出帧率和价格上更有优势。在实际项目中，可以根据灵敏度、分辨率和动态性能要求选择合适的、满足指标的图像传感器。

图像传感器的长宽比多为 4:3，常见规格有 1/4 in、1/3 in、1/2 in、2/3 in 等。像素尺寸一般为几微米到十几微米。相同规格（面积）的传感器，像素尺寸越小，像素个数越多，传感器的分辨率就越高。随着超大规模集成电路技术的发展，CCD 和 CMOS 图像传感器的像素分辨率越来越高，市场上已经有了百万像素、千万像素级的图像传感器。像素多，图像的空间分辨率更高，但是图像的输出速度可能会变慢，对机器视觉系统的存储空间和计算性能也会有更高要求。

此外，无论是 CCD 图像传感器还是 CMOS 图像传感器，在发生光电效应时是不区分入射光波长的，也就是像素本身没有颜色区分能力。市场上常见的彩色 CCD/CMOS 相机一般是在传感器表面的光学玻璃上镀膜，形成 Bayer 模式的光学滤波阵列，让相邻像素点分别感知入射红光、入射绿光和入射蓝光，然后通过插补得到红、绿、蓝三个波段的图像。Bayer 彩色滤波阵列会降低图像的分辨率，同时像素的灵敏度也受到影响。因此，当不需要考虑物体颜色信息时，选择同等分辨率的黑白图像传感器一般能获得到更好的成像效果。

9.3.3 采集电路/图像采集卡

CCD 传感器的输出信号为模拟信号，在进行计算机处理前，需要对传感器输出的模拟信号进行采样和模数转换。采集电路或图像采集卡把图像传感器的输出转换成一定制式的数字信号，然后输入到计算机内存。

CCD 模拟摄像头大多是输出标准制式的模拟电视信号，例如 CCIR 黑白闭路电视信号、PAL/NTSC（彩色电视信号）等。基于 PCI 总线的图像采集卡可以把一帧帧的模拟电视信号转换成数字信号，然后通过 PCI 总线读入计算机内存，如图 9.9 所示。选择图像采集卡时需要考虑所支持的相机类型：是线扫描摄像头还是面扫描摄像头；是黑白摄像头还是彩色摄像头等。除了 PCI 总线外，图像采集卡的数据输出接口还有 USB、IEEE1394（火线）、Camera link、Ethernet 接口等。采集卡输出的图像可以是 8、10、12、14、16、32 位等不同位数的黑白或彩色图像。除了视频信号的输入输出外，很多图像采集卡还提供模拟、数字 I/O 口，这些 I/O 口可用于控制机器视觉系统中的控制器及执行器等。

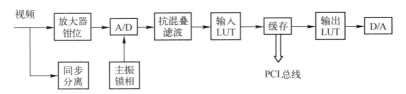

图 9.9　基于 PCI 总线的模拟图像采集卡

近年来，由于超大规模集成电路技术的发展，图像采集电路和图像传感器开始逐渐集成到一个模块上，甚至一个芯片内。市场上出现了越来越多的数字摄像头。数字摄像头直接输出标准制式的数字图像信号，并提供 USB 接口、IEEE1394 接口、Camera Link 接口或者 Ethernet 接口等。计算机可以通过这些数字通信接口读入数字图像信号。

9.4　图像处理

读入计算机内存的数字图像一般用一个二维数组（矩阵）来表示，如果是彩色图像则有 R、G、B 三个数组。矩阵中每个元素的数值代表了相应位置像素点的灰度值。数字图像处理就是对内存空间的图像矩阵进行相应的处理，最后获得需要的图像、特征、类别等信息。机器视觉中常见的图像处理任务有图像增强、图像分析、特征提取、模式识别、运动估计等。

图像增强是通过空域、频域或两者相结合的一系列手段来提高图像的清晰度和对比度，减小图像中的噪声或者强化感兴趣区域，目的是为后面的图像分析提供更好的条件。图像空域增强技术有直接灰度变换、直方图均衡化、图像代数运算、空域滤波等。频域增强技术有频域变换、频域滤波等。

图像分析是数字图像处理中的关键步骤，主要是提取图像中感兴趣区域并以一定的方式对其进行描述与分析，进而达到测量或识别的目的。图像分析的手段包括边缘检测、区域分割、目标提取、二值形态学运算、配准定位等。相关数字图像处理和图像分析技术目前已有很多成熟的算法，专业图像处理软件包及一些开源图像处理软件包提供了比较全面的数字图像处理算法库，如 MIL（Matrox Imaging Library）、Halcon、OpenCV 等。有些机器视觉公司还提供了图形化编程环境，大大减小了机器视觉软件的开发难度，节省了时间。因为篇幅限制，本书不介绍具体的图像处理算法，感兴趣的读者可以参考数字图像处理方面的书籍。

图像分析时除了采用边缘、角点、形状等可见的几何特征外，也经常采用一些其他类型的特征，如纹理特征。所谓纹理，指的是图像强度局部变化的重复模式，一般可通过分析像素的邻域灰度空间分布获得。纹理特征可以用来分类和识别场景。纹理分析的算法可以分为统计分析法和结构分析法。当纹理基元很小时，统计方法比较有用；当纹理基元很大时，采用结构化方法更有效。

模式识别指识别各种符号、图画等平面图形。模式一般指一类事物区别于其他事物所具有的共同特征。模式识别方法分为统计方法和句法方法两大类。统计方法从模式中抽取特征值，然后以划分特征空间的方法来识别每一个模式。句法方法则利用一组简单的子模式通过文法规则来描述复杂的模式。模式识别方法为机器视觉识别物体提供了重要基础。

9.5 摄像机标定

除了物体识别和分类任务外，机器视觉系统有时也需要根据图像信息来计算物体的物理尺寸或者物体的空间位置信息，这一任务同传统的摄影测量学有很多相似之处。要完成这类几何尺寸或空间位移测量任务，往往需要对机器视觉系统中的成像系统/摄像机进行标定，获取成像系统/摄像机的内、外参数，建立比较准确的物理成像模型，然后利用二维图像坐标或二维图像的数字特征计算出物体在物理空间的实际尺寸或位置变化。在这一节中，先介绍机器视觉检测系统中常用的透视成像数学模型，然后介绍基于该成像模型的三种摄像机标定方法：Faugeras 标定法、Tsai 氏标定法和张正友标定法。

9.5.1 透视成像模型（小孔成像模型）

在很多情况下，单摄像机的成像系统可以近似看作一个小孔成像模型，如图 9.10 所示。图 9.10 中有三个坐标系：世界坐标系、摄像机坐标系和像平面坐标系。其中世界坐标系 X_w $Y_w Z_w$ 是物理世界的坐标系，用来描述三维物理世界中的物体位置。摄像机坐标系是以摄像机为中心建立的笛卡儿坐标系 O_c-$X_c Y_c Z_c$，其原点 O_c 在摄像机的光学中心，Z 轴与摄像机的光轴一致。摄像机坐标系与世界坐标系之间的关系可以用一个旋转矩阵 R 和一个平移向量 t 来描述。像平面坐标系是与摄像机坐标系的 $X_c Y_c$ 平面平行的实际成像平面，像平面的原点在摄像机的光轴与像平面的交点位置。

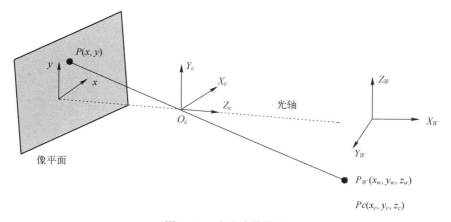

图 9.10　小孔成像模型

世界坐标系统中的 P_W 点通过镜头成像到像平面上的点 p。在没有镜头畸变的情况下，点 p 在 P_W 点与摄像机光心连线的延长线上。如果存在镜头畸变，点 p 的位置会有偏移。像平面与摄像机光心的距离近似等于镜头的焦距 f。

从物理世界坐标 $P_w = (x_w, y_w, z_w)^T$ 到摄像机坐标系下的 $P_c = (x_c, y_c, z_c)^T$ 之间的转换可看成刚体变换，两组坐标之间的关系如下：

$$\begin{bmatrix} x_c \\ y_c \\ z_c \\ 1 \end{bmatrix} = \begin{bmatrix} R & t \\ 0^{\mathrm{T}} & 1 \end{bmatrix} \begin{bmatrix} x_w \\ y_w \\ z_w \\ 1 \end{bmatrix} \tag{9-3}$$

式中 $t = \begin{bmatrix} t_x & t_y & t_z \end{bmatrix}^{\mathrm{T}}$ 是摄像机坐标系原点在世界坐标系下的位置坐标，R 是摄像机坐标系相对于世界坐标系的旋转矩阵，三个轴的旋转角度分别记为 α、β、γ。其中 α 是摄像机坐标系绕 x 轴的旋转角度，β 是绕 y 轴的旋转角度，γ 是绕 z 轴的旋转角度。根据刚体变换原理，旋转矩阵 R 是绕这三个坐标轴旋转的旋转矩阵乘积，如式（9-4）所示：

$$R(\alpha,\beta,\gamma) = \begin{bmatrix} 1 & 0 & 0 \\ 0 & \cos\alpha & -\sin\alpha \\ 0 & \sin\alpha & \cos\alpha \end{bmatrix} \begin{bmatrix} \cos\beta & 0 & \sin\beta \\ 0 & 1 & 0 \\ -\sin\beta & 0 & \cos\beta \end{bmatrix} \begin{bmatrix} \cos\gamma & -\sin\gamma & 0 \\ \sin\gamma & \cos\gamma & 0 \\ 0 & 0 & 1 \end{bmatrix} \tag{9-4}$$

因为 R 和 t 决定了摄像机在世界坐标系中的姿态和位置，因此 R 和 t 中的六个参数（α, β, γ, t_x, t_y, t_z）也被称为摄像机的外参数。

摄像机坐标系下的三维空间点 P_c 经小孔成像到像平面上，在像平面上对应的坐标点为 $P(x,y)$。摄像机的焦距是 f，根据小孔成像性质，可知

$$\begin{cases} \dfrac{x_c}{z_c} = \dfrac{x}{f} \\ \dfrac{y_c}{z_c} = \dfrac{y}{f} \end{cases} \tag{9-5}$$

图 9.10 中的像平面坐标原点在成像元件的中心。为了计算方便，可以把像平面坐标系进一步转换成计算机内部的虚拟像平面坐标系，坐标轴用 (u,v) 表示，单位是像素。虚拟像平面坐标系与像平面坐标系的两个坐标轴之间存在线性变换的关系，且像平面坐标系的原点位于 (u_0, v_0)（光轴与成像元件的交点，一般为图像的中心点）。两个坐标系关系如图 9.11 所示。

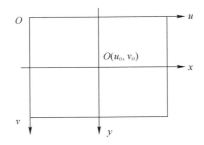

图 9.11 计算机图像坐标系与像平面坐标系关系

每个像素在 x 轴、y 轴方向上的物理尺寸为 d_x、d_y，图像上任意一个像素点在两个坐标系中表示形式有如下关系：

$$\begin{bmatrix} u \\ v \\ 1 \end{bmatrix} = \begin{bmatrix} 1/d_x & 0 & u_0 \\ 0 & 1/d_y & v_0 \\ 0 & 0 & 1 \end{bmatrix} \begin{bmatrix} x \\ y \\ 1 \end{bmatrix} \tag{9-6}$$

综合式（9-5）和式（9-6），可以得到像素坐标(u,v)和摄像机坐标系下的点坐标P_c之间的关系：

$$\begin{bmatrix} u \\ v \\ 1 \end{bmatrix} = \begin{bmatrix} \dfrac{f}{d_x} & 0 & u_0 \\ 0 & \dfrac{f}{d_y} & v_0 \\ 0 & 0 & 1 \end{bmatrix} \begin{bmatrix} x_c/z_c \\ y_c/z_c \\ 1 \end{bmatrix} = \begin{bmatrix} k_x & 0 & u_0 \\ 0 & k_y & v_0 \\ 0 & 0 & 1 \end{bmatrix} \begin{bmatrix} x_c/z_c \\ y_c/z_c \\ 1 \end{bmatrix} \tag{9-7}$$

式（9-7）中的四个参数(k_x, k_y, u_0, v_0)，分别是摄像机的水平轴放大倍数、垂直轴放大倍数以及摄像机中心在像平面上的对应点（主点坐标），被称为摄像机的内参数。

从成像模型可以知道，要根据物体在像平面上的坐标(u,v)来获取物体在世界坐标系下的实际尺寸或实际空间位移，需要知道摄像机（成像系统）的内参数和外参数。利用离线或在线的成像实验获取数据，然后通过算法获取摄像机内外参数的过程被称为摄像机的标定。

9.5.2 Faugeras 标定法

Faugeras 等在 1986 年提出的线性模型摄像机标定方法属于比较基础的一种标定方法。在摄像机前方放置一个靶标，靶标上有已知距离和位置的一些特征点，采集靶标图像，根据特征点的图像坐标、实际的三维物理坐标以及相机成像模型可以得到一组方程。解这组线性方程即可得到相机的内外参数。

根据式（9-1）和式（9-7），可以得到一般情况下的摄像机成像模型如下：

$$z_c \begin{bmatrix} u \\ v \\ 1 \end{bmatrix} = \begin{bmatrix} k_x & 0 & u_0 & 0 \\ 0 & k_y & v_0 & 0 \\ 0 & 0 & 1 & 0 \end{bmatrix} \begin{bmatrix} R & t \\ 0 & 1 \end{bmatrix} \begin{bmatrix} x_w \\ y_w \\ z_w \\ 1 \end{bmatrix} = M_{in} M_w \begin{bmatrix} x_w \\ y_w \\ z_w \\ 1 \end{bmatrix} = M \begin{bmatrix} x_w \\ y_w \\ z_w \\ 1 \end{bmatrix} \tag{9-8}$$

其中，(u,v)是景物点的图像坐标，(x_w, y_w, z_w)为景物点的世界坐标，R是摄像机坐标系相对于世界坐标系的旋转矩阵，t是摄像机坐标中心的平移矢量。M_{in}是内参数矩阵，M_w是外参数矩阵，用M表示内外参数矩阵的乘积，是综合的系数矩阵，表示如下：

$$M = \begin{bmatrix} m_{11} & m_{12} & m_{13} & m_{14} \\ m_{21} & m_{22} & m_{23} & m_{24} \\ m_{31} & m_{32} & m_{33} & m_{34} \end{bmatrix}$$

对式（9-8）展开，并消去Z_c后，可以得到以下两个方程：

$$\begin{cases} m_{11}x_w + m_{12}y_w + m_{13}z_w + m_{14} - m_{31}x_w u - m_{32}y_w u - m_{33}z_w u = m_{34}u \\ m_{21}x_w + m_{22}y_w + m_{23}z_w + m_{24} - m_{31}x_w v - m_{32}y_w v - m_{33}z_w v = m_{34}v \end{cases} \tag{9-9}$$

因此，若已知n个已知世界坐标的特征点，根据式（9-9）可以得到$2n$个方程构成的方程组，把M中的元素看成未知量，该方程组写成代数形式如下：

$$A m' = B \tag{9-10}$$

其中，$A = \begin{bmatrix} x_{w1} & y_{w1} & z_{w1} & 1 & 0 & 0 & 0 & 0 & -u_1 x_{w1} & -u_1 y_{w1} & -u_1 z_{w1} \\ 0 & 0 & 0 & 0 & x_{w1} & y_{w1} & z_{w1} & 1 & -v_1 x_{w1} & -v_1 y_{w1} & -v_1 z_{w1} \\ \vdots & & & & & & & & & & \vdots \\ x_{wn} & y_{wn} & z_{wn} & 1 & 0 & 0 & 0 & 0 & -u_n x_{wn} & -u_n y_{wn} & -u_n z_{wn} \\ 0 & 0 & 0 & 0 & x_{wn} & y_{wn} & z_{wn} & 1 & -v_n x_{wn} & -v_n y_{wn} & -v_n z_{wn} \end{bmatrix}$

$$m' = \frac{1}{m_{34}} \begin{bmatrix} m_{11} & m_{12} & m_{13} & m_{14} & m_{21} & m_{22} & m_{23} & m_{24} & m_{31} & m_{32} & m_{33} \end{bmatrix}^{\mathrm{T}}$$

$$B = \begin{bmatrix} u_1 & v_1 & \cdots & u_n & v_n \end{bmatrix}^{\mathrm{T}}$$

利用最小二乘法，可以求得式（9-10）的解：

$$m' = (A^{\mathrm{T}} A)^{-1} A^{\mathrm{T}} B \tag{9-11}$$

把矩阵 M 改写成如下形式：

$$M = \begin{bmatrix} m_1^{\mathrm{T}} & m_{14} \\ m_2^{\mathrm{T}} & m_{24} \\ m_3^{\mathrm{T}} & m_{34} \end{bmatrix}$$

另一方面，

$$M = \begin{bmatrix} k_x & 0 & u_0 & 0 \\ 0 & k_y & v_0 & 0 \\ 0 & 0 & 1 & 0 \end{bmatrix} \begin{bmatrix} R & t \\ 0 & 1 \end{bmatrix} = \begin{bmatrix} k_x & 0 & u_0 & 0 \\ 0 & k_y & v_0 & 0 \\ 0 & 0 & 1 & 0 \end{bmatrix} \begin{bmatrix} r_1^{\mathrm{T}} & t_x \\ r_2^{\mathrm{T}} & t_y \\ r_3^{\mathrm{T}} & t_z \\ 0 & 1 \end{bmatrix} = \begin{bmatrix} k_x r_1^{\mathrm{T}} + u_0 r_3^{\mathrm{T}} & k_x t_x + u_0 t_z \\ k_y r_2^{\mathrm{T}} + v_0 r_3^{\mathrm{T}} & k_y t_y + v_0 t_z \\ r_3^{\mathrm{T}} & t_z \end{bmatrix}$$

根据恒等原则，$\|m_3^{\mathrm{T}}\| = \|r_3^{\mathrm{T}}\| = 1$，$m_{34} = 1/\|m_3'\|$

利用 R 矩阵是单位正交矩阵这一特点，可以从 M 矩阵中分解得到摄像机的内外参数。

$$\begin{cases} k_x = \|m_1 \times m_3\| \\ k_y = \|m_2 \times m_3\| \\ u_0 = m_1^{\mathrm{T}} m_3 \\ v_0 = m_2^{\mathrm{T}} m_3 \end{cases}, \quad \begin{cases} r_1 = (m_1 - u_0 m_3)/k_x \\ r_2 = (m_2 - v_0 m_3)/k_y \\ r_3 = m_3 \end{cases}, \quad \begin{cases} t_x = (m_{14} - u_0 m_{34})/k_x \\ t_y = (m_{24} - v_0 m_{34})/k_y \\ t_z = m_{34} \end{cases} \tag{9-12}$$

Faugeras 标定算法是最基本的摄像机标定方法，标定过程中没有考虑离轴误差。在真实成像系统中，镜头畸变总是存在的，标定时获得的图像和物理坐标总是包含一定误差，采用 Faugeras 线性模型标定算法来求解 M 矩阵，求出的 M 矩阵因此也有较大误差。另外，从 M 矩阵分解摄像机的内外参数也不太容易。因此，在实际应用中，往往会采取另外两种方法：Tsai 氏标定法和张正友标定法。

9.5.3 Tsai 氏标定法

Tsai 氏标定法，也称基于径向约束的标定方法，在标定过程中考虑了透镜径向畸变因素对成像点位置的影响，可以获得更准确的相机参数。Tsai 氏标定法分为两步，第一步利用最小二乘法求出摄像机的外参数，第二步再求出摄像机的内参数。

假设 $P_w(x_w, y_w, z_w)$ 是一个标定点，r_w 是从光轴上的点 $(0, 0, z_w)$ 到点 P_w 的径向矢量，

$\boldsymbol{P}_u(x_u, y_u)$ 是 $\boldsymbol{P}_w$ 在成像平面上的理想像点，$\boldsymbol{P}_d(x_d, y_d)$ 是 $\boldsymbol{P}_w$ 的实际像点，如图 9.12 所示。当相机只有径向畸变时，矢量 $\overrightarrow{\boldsymbol{P}_d\boldsymbol{P}_u}$ 应平行于 r_w，摄像机的内部参数以及在摄像机坐标系在 Z 方向上的偏移量 t_z 不会改变这一平行关系，利用这个约束关系可以求解相机的姿态和位置变量。

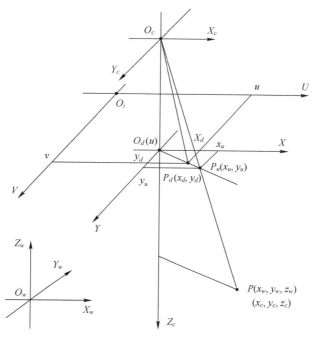

图 9.12　考虑径向畸变的透视成像模型

过点 P 作垂直于光轴的平面 $z=z_w$，假设摄像机与该平面的位置关系满足下面两个条件：
1）世界坐标系中的原点不在相机的视场内；
2）世界坐标系的原点不会投影到图像平面上接近图像坐标的 y 轴。
根据式（9-3），摄像机的外参数模型表达成如下形式：

$$\begin{bmatrix} x_c \\ y_c \\ z_c \\ 1 \end{bmatrix} = \begin{bmatrix} R & t \\ 0^{\mathrm{T}} & 1 \end{bmatrix} \begin{bmatrix} x_w \\ y_w \\ z_w \\ 1 \end{bmatrix} = \begin{bmatrix} r_{xx} & r_{xy} & r_{xz} & p_x \\ r_{yx} & r_{yy} & r_{yz} & p_y \\ r_{zx} & r_{zy} & r_{zz} & p_z \\ 0 & 0 & 0 & 1 \end{bmatrix} \begin{bmatrix} x_w \\ y_w \\ z_w \\ 1 \end{bmatrix} \tag{9-13}$$

由小孔成像原理，可知

$$x_d y_c = y_d x_c \tag{9-14}$$

其中 x_d、y_d 为像点在像平面上的坐标（以主点成像点为原点），x_c、y_c 为物点在摄像机坐标系下的坐标。

根据式（9-13）可得 x_c、y_c 的表达式，代入式（9-14），可得

$$x_d x_w r_{yx} + x_d y_w r_{yy} + x_d z_w r_{yz} + x_d p_y = y_d x_w r_{xx} + y_d y_w r_{xy} + y_d z_w r_{xz} + y_d p_x$$

如果把世界坐标系建立在标定平面上，则 $z_w = 0$。根据前面假设条件 2，世界坐标系的原点不会投影到图像平面上接近图像坐标的 y 轴，所以 $p_y \neq 0$，把上式两边除以 p_y，然后整理可得

$$y_d x_w \frac{r_{xx}}{p_y} + y_d y_w \frac{r_{xy}}{p_y} - x_d x_w \frac{r_{yx}}{p_y} - x_d y_w \frac{r_{yy}}{p_y} + y_d \frac{p_x}{p_y} = x_d \tag{9-15}$$

假设有 n 个标定点（$i=1,2,3,\cdots,n$），第 i 个标定点在世界坐标系下坐标用（x_{wi},y_{wi},z_{wi}），在摄像机坐标系下的坐标为（x_{ci},y_{ci},z_{ci}），在以主点为原点的像平面上的坐标为（x_{di},y_{di}），根据式（9-15）就可以获得 n 个方程，这 n 个方程组成的方程组可写成如下矩阵形式：

$$\boldsymbol{A}h = \boldsymbol{B} \tag{9-16}$$

其中 $\boldsymbol{A}$ 是一个 $n\times5$ 的矩阵，矩阵 $\boldsymbol{A}$ 的第 i 行为：

$$a_i = (y_{di}x_{wi}, y_{di}y_{wi}, -x_{di}x_{wi}, -x_{di}y_{wi}, y_{di})$$

$\boldsymbol{B}$ 是一个矢量，$\boldsymbol{B} = \begin{bmatrix} x_{d1} & x_{d2} & \cdots & x_d \end{bmatrix}^T$，$h$ 是一个 5×1 的矩阵，

$$h = \begin{bmatrix} h_1 & h_2 & h_3 & h_4 & h_5 \end{bmatrix}^T = \begin{bmatrix} \dfrac{r_{xx}}{p_y} & \dfrac{r_{xy}}{p_y} & \dfrac{r_{yx}}{p_y} & \dfrac{r_{yy}}{p_y} & \dfrac{p_x}{p_y} \end{bmatrix}^T$$

式（9-16）有 5 个未知数，当 $n>5$ 时，可以利用最小二乘法求出方程的最优解

$$h = (A^T A)^{-1} \boldsymbol{B} \tag{9-17}$$

式（9-13）中的 $\boldsymbol{R}$ 是单位正交矩阵，根据单位正交阵的性质，可得：

$$r_{xx}^2 + r_{xy}^2 + r_{yx}^2 + r_{yy}^2 = 1 + (r_{xx}r_{yy} - r_{xy}r_{yx})^2 \tag{9-18}$$

把 h 代入式（9-18），可得：

$$(h_1^2 + h_2^2 + h_3^2 + h_4^2)p_y^2 = 1 + (h_1 h_4 - h_2 h_3)^2 p_y^4$$

（1）当 $(h_1 h_4 - h_2 h_3)^2 \neq 0$ 时

$$p_y^2 = \frac{(h_1^2 + h_2^2 + h_3^2 + h_4^2) \pm \sqrt{(h_1^2 + h_2^2 + h_3^2 + h_4^2)^2 - 4(h_1 h_4 - h_2 h_3)^2}}{2(h_1 h_4 - h_2 h_3)^2}$$

对上式开根号，可得 p_y 的 4 个候选值。根据世界坐标系原点与摄像机之间的相对位置以及后续求出的 $\boldsymbol{R}$ 矩阵，可以判别出 p_y 的真实值。

（2）当 $(h_1 h_4 - h_2 h_3)^2 = 0$ 时：

$$p_y^2 = \frac{1}{h_1^2 + h_2^2 + h_3^2 + h_4^2}$$

对上式开根号，得 p_y 的两个候选值，根据世界坐标系的原点与摄像机之间的相对位置，也可以判别出 p_y 的真实值。

根据 h 的定义，可求得 r_{xx}、r_{xy}、r_{yx}、r_{yy}、p_x。$\boldsymbol{R}$ 矩阵中的其他值可由这些值求出：

$$\begin{cases} r_{xz} = \pm\sqrt{1 - r_{xx}^4 - r_{xy}^2} \\ r_{yz} = \pm\sqrt{1 - r_{yx}^2 - r_{yy}^2} \\ r_{zx} = (1 - r_{xx}^2 - r_{xy}r_{yx})/r_{xz} \\ r_{zy} = (1 - r_{yy}^2 - r_{xy}r_{yx})/r_{yz} \\ r_{zz} = \pm\sqrt{1 - r_{zx}r_{xz} - r_{xy}r_{yz}} \end{cases} \tag{9-19}$$

$\boldsymbol{R}$ 矩阵中各元素的符号可根据 $\boldsymbol{R}$ 矩阵的正交性以及摄像机和世界坐标系之间的相对位置来确定。

假设摄像机的焦距为 f，图像行间距为 d_y，由小孔成像原理：

$$\frac{y_c}{z_c} = \frac{y_d d_y}{f} \tag{9-20}$$

对标定平面上的某个标定点 p_{wi}，由公式（9-13）可求得 y_c、z_c，代入式（9-20），得：

$$\begin{bmatrix} x_{wi}r_{yx} + y_{wi}r_{yy} + p_y & -d_y y_{di} \end{bmatrix} \begin{bmatrix} f \\ p_z \end{bmatrix} = (x_{wi}r_{zx} + y_{wi}r_{zy})d_y y_{di} \tag{9-21}$$

对 n 个标定点，利用式（9-21）可以获得 n 个上述方程，然后利用最小二乘法求解出 p_z 和焦距 f。

9.5.4 张正友标定法

张正友标定法采用对形如棋盘格的标定板进行多角度成像，获取棋盘格角点图像坐标和物理坐标之间的映射关系，然后利用最大似然法估计得到相机的内、外参数矩阵。

假设标定板位于世界坐标系的 $x_w y_w$ 平面上，即 $z_w = 0$。记旋转矩阵 $\boldsymbol{R}$ 中的第 i 列为 r_i。标定板上的三维点 $P_w = \begin{bmatrix} x_w & y_w & 0 \end{bmatrix}^T$，该点在计算机像平面上成像点坐标为 $p = [u,v]^T$，采用齐次坐标表示为，$\widetilde{P}_w = \begin{bmatrix} x_w & y_w & 0 & 1 \end{bmatrix}^T$ 和 $\widetilde{p} = \begin{bmatrix} u & v & 1 \end{bmatrix}^T$。令

$$\boldsymbol{H} = \lambda \boldsymbol{A} (\boldsymbol{R} \quad \boldsymbol{t}) \tag{9-22}$$

式中，λ 为比例系数，$\boldsymbol{H}$ 为透视成像矩阵。根据式（9-8），空间点 P_w 和图像点 p 之间具有如下关系：

$$z_c \widetilde{p} = \boldsymbol{H} \widetilde{P}_w \tag{9-23}$$

张正友标定法的第一步是通过一组二维/三维坐标映射点对，求解透视投影矩阵 $\boldsymbol{H}$。求解过程中，采用了了最大似然法来估计，即通过迭代方法求出使得基于映射模型的系列点图像坐标与其实际图像坐标之间的马氏（Mahalanobis）距离为最小的 $\boldsymbol{H}$ 矩阵。优化的目标函数为：

$$\min \sum_i \|p_i - \hat{p}_i\|^2 \tag{9-24}$$

式中 $\hat{p}_i = \dfrac{1}{\overline{h}_3 P_i} \begin{bmatrix} \overline{h}_1 P_i \\ \overline{h}_2 P_i \end{bmatrix}$，$\overline{h}_i$ 为透视投影矩阵 $\boldsymbol{H}$ 的第 i 行。

这个最优化问题可以采用 Levenberg-Marquardt 算法进行求解。该算法运用迭代法进行求解，在进行迭代前需要先设定一个初始值。可以通过选取 n 组映射点然后由式（9-23）得到 n 个方程组求出的解作为 $\boldsymbol{H}$ 的初始值。

当透视投影矩阵 $\boldsymbol{H}$ 求解出来后，$\boldsymbol{H}$ 矩阵中既包含内参数，也包含外参数，因此要进一步从矩阵 $\boldsymbol{H}$ 中分解出各个摄像机参数。因为标定板是放在 $Z_w = 0$ 的平面上的，因此由式（9-23）可得到：

$$z_c \begin{bmatrix} u \\ v \\ 1 \end{bmatrix} = A(r_1 \quad r_2 \quad r_3 \quad t) \begin{bmatrix} x_w \\ y_w \\ 0 \\ 1 \end{bmatrix} = A(r_1 \quad r_2 \quad t) \begin{bmatrix} x_w \\ y_w \\ 1 \end{bmatrix} \tag{9-25}$$

再由式（9-22）可得到：

$$\boldsymbol{H} = (h_1 \quad h_2 \quad h_3) = \lambda \boldsymbol{A} (r_1 \quad r_2 \quad t) \tag{9-26}$$

其中 λ 为比例系数，h_i 为矩阵 $\boldsymbol{H}$ 的第 i 列。

因为所使用的坐系为笛卡儿坐标系，因此 r_1 和 r_2 正交，由此可以得到以下关系：

由 $r_1^T r_2 = 0$ 得：

$$h_1^{\mathrm{T}} \boldsymbol{A}^{-\mathrm{T}} \boldsymbol{A}^{-1} h_2 = 0 \tag{9-27}$$

由 $r_1^{\mathrm{T}} r_1 = r_2^{\mathrm{T}} r_2 = I$ 得：

$$h_1^{\mathrm{T}} \boldsymbol{A}^{-\mathrm{T}} \boldsymbol{A}^{-1} h_1 = h_2^{\mathrm{T}} \boldsymbol{A}^{-\mathrm{T}} \boldsymbol{A}^{-1} h_2 \tag{9-28}$$

令

$$\boldsymbol{B} = \boldsymbol{A}^{-\mathrm{T}} \boldsymbol{A}^{-1} = \begin{bmatrix} B_{11} & B_{12} & B_{13} \\ B_{21} & B_{22} & B_{23} \\ B_{31} & B_{32} & B_{33} \end{bmatrix}$$

$$= \begin{bmatrix} \dfrac{1}{f_x} & \dfrac{\cos\theta}{f_x \cdot f_y} & -\dfrac{v_0 \cdot \cos\theta}{f_x \cdot f_y} - \dfrac{u_0}{f_x^2} \\[3mm] \dfrac{\cos\theta}{f_x \cdot f_y} & \dfrac{1}{f_y^2} & -\dfrac{v_0}{f_y^2} - \dfrac{u_0 \cdot \cos\theta}{f_x \cdot f_y} \\[3mm] -\dfrac{v_0 \cdot \cos\theta}{f_x \cdot f_y} - \dfrac{u_0}{f_x^2} & -\dfrac{v_0}{f_y^2} - \dfrac{u_0 \cdot \cos\theta}{f_x \cdot f_y} & \dfrac{v_0^2}{f_y^2} + \dfrac{u_0^2}{f_x^2} - 2\dfrac{u_0 \cdot v_0 \cdot \cos\theta}{f_x \cdot f_y} + 1 \end{bmatrix} \tag{9-29}$$

从式（9-29）可以看到，$\boldsymbol{B}$ 是一个对称矩阵，所以可以定义一个 6 维的向量 $\boldsymbol{b}$ 来表示。

$$\boldsymbol{b} = (B_{11} \quad B_{12} \quad B_{22} \quad B_{13} \quad B_{23} \quad B_{33})^{\mathrm{T}} \tag{9-30}$$

记 $\boldsymbol{H}$ 矩阵的第 i 列为 $h_i = [h_{i1} \quad h_{i2} \quad h_{i3}]^{\mathrm{T}}$，则可得：

$$h_i^{\mathrm{T}} \boldsymbol{B} h_j = (h_{i1}h_{j1} \quad h_{i1}h_{j2} + h_{i2}h_{j1} \quad h_{i2}h_{j2} \quad h_{i3}h_{j1} + h_{i1}h_{j3} \quad h_{i3}h_{j2} + h_{i2}h_{j3} \quad h_{i3}h_{j3})^{\mathrm{T}} = v_{ij}^{\mathrm{T}} \boldsymbol{b} \tag{9-31}$$

从而式（9-27）和式（9-28）可以写成：

$$\begin{bmatrix} v_{12}^{\mathrm{T}} \\ (v_{11} - v_{12})^{\mathrm{T}} \end{bmatrix} \boldsymbol{b} = 0 \tag{9-32}$$

因此对于一个给定的单应性矩阵，能够得到两个包含 $\boldsymbol{b}$ 的齐次方程，因为 $\boldsymbol{b}$ 是 6 维向量，所以至少需要得到 3 个单应性矩阵，$\boldsymbol{b}$ 有唯一解。因此，这种方法进行标定时，至少需要在不同位置获取 3 幅图像。在解得 $\boldsymbol{b}$ 后，就可知矩阵 $\boldsymbol{B}$，设得到的 $\boldsymbol{B}$ 带有比例系数，即 $\boldsymbol{B} = \lambda \boldsymbol{A}^{-\mathrm{T}} \boldsymbol{A}^{-1}$，可进一步从 $\boldsymbol{B}$ 中分解得到各个内参数：

$$\begin{cases} v_0 = \dfrac{B_{12} B_{13} - B_{11} B_{23}}{B_{11} B_{22} - B_{12}^2} \\[3mm] \lambda = B_{33} - \dfrac{\left[B_{13}^2 + v_0 (B_{12} B_{13} - B_{11} B_{23}) \right]}{B_{11}} \\[3mm] f_x = \sqrt{\dfrac{\lambda}{B_{11}}} \\[3mm] \dfrac{f_y}{\sin\theta} = \sqrt{\dfrac{\lambda B_{11}}{B_{11} B_{22} - B_{12}^2}} \\[3mm] \cot\theta = \sqrt{\dfrac{B_{12}^2}{B_{11} B_{22} - B_{12}^2}} \\[3mm] u_0 = -v_0 \dfrac{B_{12}}{B_{11}} - \dfrac{B_{13} f_x^2}{\lambda} \end{cases} \tag{9-33}$$

得到内参数矩阵中所有参数后，即可根据内参数矩阵 A 得到外参数 R 和 t：

$$r_1 = sA^{-1}h_1$$
$$r_2 = sA^{-1}h_2$$
$$r_3 = r_1 \times r_2$$
$$t = sA^{-1}h_3 \tag{9-34}$$

其中，$s = \dfrac{1}{\|A^{-1}h_1\|} = \dfrac{1}{\|A^{-1}h_2\|}$

9.6 习题

1. 什么是机器视觉？机器视觉系统由哪些部分组成？

2. 一生产线需要加装一个机器视觉检测系统，摄像头的安装距离为 50~80 cm，零件的最大径向尺寸不超过 10 cm，传感器的像面尺寸为 6.6 mm，试确定工作距离并为该系统选择一个合适的镜头。

3. 什么情况下需要进行摄像头标定？目前有哪些常见的标定算法？

4. 小孔成像模型适合应用于哪一类机器视觉系统？

5. 摄像头的内参数指的是什么？

6. 什么是摄像头的外参数？

第10章 现代检测系统设计与应用案例

10.1 基于单片机的红外点温仪

在工矿企业的生产现场经常需要进行温度检测，传统的红外测温枪一般不具有测量数据记录功能。本节介绍一个基于单片机的红外点温仪设计方案。该点温仪不仅可以实现对温度信号的高精度测量，还可以借助嵌入的数据库管理机制实现不同设备、不同测量位置、不同测量时间的数据记录的添加、删除、查询、存储等操作。除了红外测温外，仪器还可以与热电偶相连，实现热电偶测温。

10.1.1 硬件设计

系统采用 ATmega64L 单片机作为主控芯片，完成液晶显示、数据存储、A/D 转换、实时时钟、内部定时器、串行通信模块的初始化和协调控制工作；读取并处理时间、温度、电压信号等信息，处理按键响应、刷新液晶显示、上位机通信等任务。

系统硬件设计框图如图 10.1 所示。

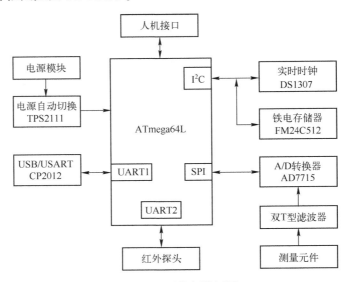

图 10.1　系统硬件框图

单片机 ATmega64L 提供丰富的外围设备接口，包括 TWI（I^2C）、SPI、两个独立的 UART、两个 8 位定时/计数器、两个 16 位定时计数器、8 通道 10 位 A/D 转换模块、看门狗及上电复位电路等，可以很方便地接入外部设备。此外，单边机的供电电压为 DC1.8~5 V，具有多种休眠模式，实际应用时可以根据具体情况启动不同等级的休眠模式以便降低单片机系统的功耗。单片机内部还集成了 RC 振荡电路，可以提供 1~8 MHz 的时钟信号。

端口 A~E 均为双向 I/O 口，具有可编程的内部上拉电阻。其输出缓冲器具有对称的驱动特性，可以输出和吸收大电流。端口 F 也可以作为 A/D 转换器的模拟输入端。当不使用A/D 转换器时，端口 F 为 8 位双向 I/O 口。在复位过程中，端口处于高阻状态。

单片机的外围电路扩展情况如图 10.2 所示。

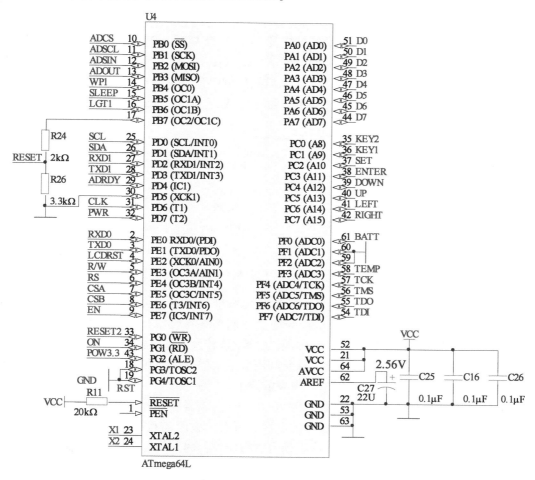

图 10.2　ATmega64L 单片机

为了保证串行通信正常工作，单片机采用外置的晶体振荡器作为系统的时钟源，晶振的大小为 7.3728 MHz，晶振的连接如图 10.3 所示。为了选择外部晶振，需要为单片机设置熔丝位 CKOPT 和 CKSEL。

单片机的供电电压为 5 V。AVCC 是单片机内部 A/D 转换器的电源，因为系统中需要使用单片机内部的 A/D 转换器进行外接电池的电压监测，所以 AVCC 通过一个低通滤波器与VCC 连接，滤波器的 3 个滤波电容均为 0.1 μF，如图 10.2 所示。

AREF 是单片机 A/D 转换器的模拟基准输入引脚，系统采用单片机的片内能隙基准源产生的 2.56 V 作为内部 A/D 转换模块的基准电压，为了保证 A/D 转换结果的稳定性，在AREF 与地之间外加钽电容。

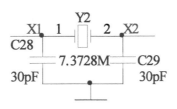

图 10.3　单片机的晶振连接

热电偶信号采集电路包括双 T 型滤波电路和 A/D 转换器 AD7715。双 T 型滤波电路如图 10.4 所示，图中 JP1 为 K 型热电偶的温度信号输入接口，由它引入信号的正负端 I+、I−，输入端口处设有 TVS 和自恢复保险管，起浪涌电压抑制的功能。L1～L4 均为磁珠，L2、L3 采用 1210 封装的磁珠滤除较低频率的干扰，而 L1、L4 采用 0805 封装的磁珠。

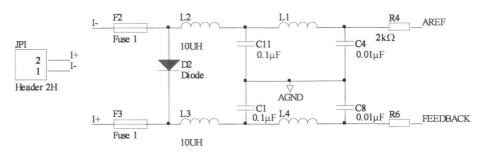

图 10.4　双 T 型滤波电路

AD7715 是 Analog Device 公司生产的一款高集成度、采用 ∑−Δ 技术的模/数转换芯片，具有体积小、功耗低的优点。∑−Δ 也称为增量调制型转换技术，和普通的模/数转换原理不同，该转换技术采用了数字技术。简单地说，模/数转换器件以很低的采样分辨率（1 位）和很高的采样速率将模拟信号数字化，然后利用数字采样、整形和滤波等技术增大有效分辨率，使得 ADC 输出达到合适的分辨率和带宽的要求。

AD7715 具有 16 位分辨率，非线性度为 0.0015%。该器件具有三线制串行接口，可灵活地与微处理器或 DSP 连接，内部有自校准电路，可有效去除零点漂移和增益误差。此外内部还有模拟输入缓冲器，可直接对高内阻信号进行转换，内部带输出速率可编程的低通滤波器，可根据需要选用不同转换速率。

AD7715 外部连接电路如图 10.5 所示。芯片的 REF+为基准电压输入引脚，经过低通滤波后的电源电压 AVCC 由 R17 电阻和精密电压基准芯片 D7（LM4040-2.5）分压后输出 2.5 伏接入该引脚。此外，REF+还连接了 10 μF 钽电容、0.1 μF 和 0.01 μF 的独石电容进行滤波。MCLKIN 和 MCLKOUT 外接 2.4576MHz 的晶振，为芯片提供时钟源。AIN+是模拟量输入的正端，与滤波电路的输出端相连。AIN−与 REF+相连，而不是 AGND。这样做的目的是允许测量双极性的电压信号。当电压信号小于零时，仍能保证 AIN−电位高于 AGND，否则将无法测量负信号。

DRDY 低电平时表明来自 AD7715 数据寄存器新的输出字是有效的。CS、SCLK、DIN、DOUT 引脚分别与单片机对应的 SPI 接口 PB0（SS）、PB1（SCK）、PB2（MOSI）、PB3（MISO）相连，这样单片机就可通过 SPI 总线访问 AD7715 芯片，进行功能设定并读取转换结果。

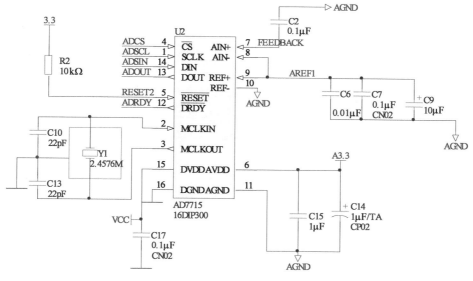

图 10.5　AD7715 外围电路图

AD7715 具有上电自校准模式，从而消除 A/D 转换器固有的偏移误差，提高转换精度。当外接热电偶时，输入信号幅值在 70 mV 以内，内部增益确定为 32，信号输入为单极性模式。

当测温仪通过热电偶测量设备温度时，需要进行冷端补偿。本方案中采用半导体集成温度传感器 LM34 测量温度，它可以将−50~300℉的温度信号以 10 mV/℉的分辨率转换成电压信号输出。

系统具有两种供电方式：电池供电和 USB 供电。现场测量时可由仪表内部的 9 V 电池供电。在数据上传和下载过程中则可以采用 USB 供电。

电池供电电路如图 10.6 所示。TPS7350 是 TI 公司生产的一款 LDO 稳压芯片，输出电压为 5 V，输入电压在 5.3 V~11 V 之间，带载能力为 500 mA。RST 引脚在上电或电压低于 4.75 V 时输出一个脉冲宽度 200 ms 的低电平信号，促使单片机等芯片可靠复位。

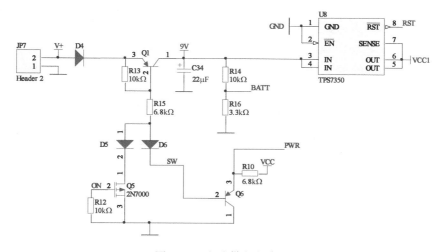

图 10.6　电池供电电路图

在 JP7 端接上 9 V 电池且极性正确时，二极管 D4 导通。当场效应管 Q5 截止和 SW 端悬空时晶体管 Q1 的发射极端的电压为 9 V，故 Q1 关断，输出的供电电压为零。当按下电源开关键时，SW 接地，D6 导通，9 V 电压经 R13、R15 分压，使 Q1 饱和导通，再经电压调节器 TPS7350 输出 5 V 电压，整个系统上电开始工作。

在此电路中单片机的 PG1 引脚与 Q5 的栅极连接，当单片机上电后，PG1 口输出为高电平 5 V，Q5 马上导通。当电源开关键松开后，使 Q1 保持导通，持续供电。这样设计的目的是单片机可以控制整个仪表是否需要断电。Q6 的作用是 SW 对地通断时输出信号 PWR 在 0~5 V 之间变化。

R14 和 R16 组成的分压电路将电池电压分压成 0~2.25 V 之间的值后送到单片机的 ADC0 通道进行模数转换，以便在工作过程中实施监测电池的状态。

USB 接口的 VBUS 端输出电压 5 V，经过 0.3 A 自恢复保险接入电路中，作为 USB 供电电源。SP0503 用来吸收热插拔过程中 USB 总线和 VBUS 上产生的过电压，起到保护 USB 接口的作用。具体线路如图 10.7 所示。D+、D- 是 USB 接口的信号端。

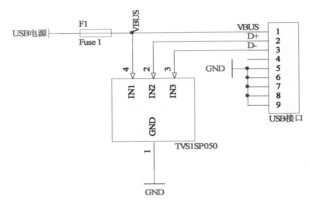

图 10.7　USB 接口及保护电路

当两种供电电源都接入电路中时，电路会主动采用 USB 电源，9 V 电池供电那一路的负载会被切断。两路电源的自动切换时间应该在几毫秒内完成，否则将导致单片机系统复位，影响系统的正常工作。本方案采用 TI 公司的 TPS2111 作为电源管理芯片，切换时间在 5 ms 之内，完全可以满足系统带载要求。具体实现电路如图 10.8 所示。9 V 电池降压后获得的供电电源 VCC1 接入芯片的 IN2 引脚，USB 电源 VCC2 接入 IN1 引脚，同时 USB 电源电压经 R18 和 R19 分压后，接入 VSNS 引脚作为门槛电压。

红外测温模块用的是 OEM 红外探头。该红外探头测量范围为 -20~600℃，光学分辨率（距离系数）为 30:1，红外敏感波谱在 8~14 μm，响应时间在 300 ms 左右。探头具有辐射率修正功能，用户可根据检测对象的黑度系数手动设置修正系数。该测温探头的测量误差不超过示值的 1.5%，重复性误差小于或等于 1℃。模块支持 RS485 输出，单片机可通过串口和 Modbus 协议读取红外探头的数据。

测温仪与上位机之间通过 USB 进行数据交互。选择 USB 接口替代传统的 RS232 接口可以实现记录仪的热插拔，同时又解决了通信过程中的供电问题。本方案通过桥接芯片 CP2102 实现单片机异步串行接口与上位机 USB 接口的转换。CP2102 芯片通过驱动程序将 USB 接口虚拟成 COM 接口实现通信功能，其 UART 接口与单片机相连，如图 10.9 所示。

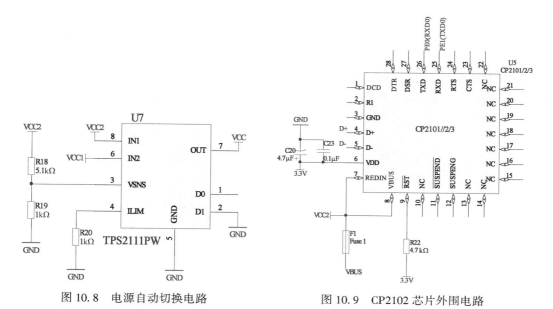

图 10.8　电源自动切换电路

图 10.9　CP2102 芯片外围电路

测温仪有 6 个按键，分别为电源/测量开关 SW、UP、DOWN、LEFT、RIGHT，界面切换 KEY2。除了电源开关键 SW 接在 9 V 电池供电电路中（D6 的阴极），其他的按键都与单片机的 I/O 口相接，且所有的 I/O 口设置为内部电阻上拉。当按键按下时，对应的端口的电平被拉到低电平；当按键抬起时，对应的端口变为高电平。通过键盘扫描电路实现对按键状态的监控。

显示器采用 LED 背光段式液晶显示器。单片机采用 SPI 总线方式控制显示器，与 PA 端口相连，DATAX、CLKX 为控制端口。CS1X、CS2X 为模块两个驱动芯片片选，如图 10.10 所示。单片机与液晶显示器连接的接口，都设定为输出状态。液晶显示器显示内容包括红外温度/热电偶温度信号的测量值、测量的槽号、位置号、时间信息以及一些辅助测量的参数。

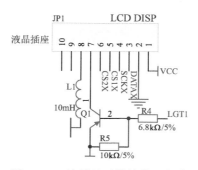

图 10.10　液晶显示器的接口电路

系统采用 MAXIM 公司的 DS1307 芯片为系统提供实时时钟，接口电路如图 10.11 所示。它是一个 I²C 总线接口的时钟电路，片内具有 8 个特殊功能的寄存器。它具有秒、分、时、星期、月、年的计时功能，并且具有 12 小时制和 24 小时制的计数模式，可自动调整每月的天数，具有自动掉电保护和上电复位的功能。同时它独立于 CPU 工作，不受 CPU 主晶振及其电容的影响，而且计时准确，月累计误差小于 10 s。电路连接如图 10.11 所示，晶振 Y3 为 32.768 kHz，为时钟芯片提供时钟源；Vbat 为 DS1307 的备用电池（3.6 V@100 mAh），以便在记录仪断电的情况下能够保证时钟正常工作；电阻 R21、R23 为 I²C 总线的上拉电阻，取值 1 k。初始化后，芯片的 7 号引脚可输出周期为 1 s 的方波，将其接在单片机的 PD6 引脚，作为单片机内部闪烁定时器的时钟源用。

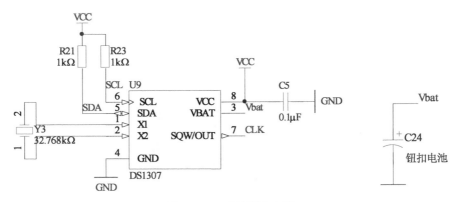

图 10.11　时钟模块电路

由于单片机 ATmega64 的内部 EEPROM 只有 2 KB，满足不了存储测量数据的要求。因此，选用 64 KB 的铁电存储器 FM24C512，用来存储测量结果。

图 10.12 中的 WP1 为芯片的写保护控制引脚。当 WP1 为高电平时，芯片处于写保护状态，防止意外情况下数据写入。每次需要写入数据以前，单片机事先将 WP1 变为低电平，完成写入操作后重新变回高电平。E0～E2 用来设置片选地址，这样在同一 I²C 总线上连接多个同类存储芯片。

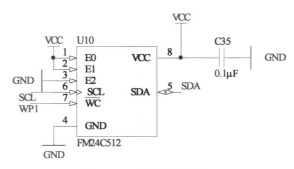

图 10.12　存储模块电路

10.1.2　软件设计

软件采用模块化设计，主要包括初始化、人机接口、定时采样、数据处理、存储器管理、数据通信等模块。

初始化是任何单片机控制系统一上电运行后必须做的工作，既包括单片机内部资源的一些运行方式的设定，也有外部设备的初始化，如图 10.13 所示。单片机内部模块初始化主要包括 I/O 口、内部定时器、I²C、SPI、UART 以及中断系统等模块的初始化工作。外围模块的初始化对象主要是 AD7715、DS1307、液晶模块等需要进行参数设置的芯片。

1. I/O 口初始化

按照实际 I/O 口的功能设定 I/O 口的方向 DDRX（X 指 A~G 口），某位为 1 代表输出模式，反之为输入模式；若某 I/O 口设定为输出模式，则可以通过 PORTX 来确定其初始输出状态；若设定为输入模式，则可以通过 PORTX 来使能或禁止内部上拉电阻，PORTX 对应位为 1 时允许上拉。

2. 定时器初始化

内部定时器 T0 的中断周期为 20 ms，主要用来实现显示刷新和键盘扫描，内部 A/D 模块采样等工作；内部定时器 T1 工作在计数模式，其计数输入端连接到 DS1307 的时钟输出端，每秒中断一次，实现秒标志的闪烁。

3. TWI 初始化

Atmel 公司将 I²C 称为 TWI。本方案中单片机通过 TWI 接口访问 DS1307 和 FM24C512，访问速率可以在 100 kbit/s~400 kbit/s 之间选择。

4. 串口初始化

单片机通过串口以 38.4 kbit/s 的速率与上位机通信，采用 8 位字符长度，1 位起始位，1 位停止位，无校验模式。

5. 内部 A/D 初始化

选择 A/D 转换时钟，转换结果采用右对齐方式，采用内部基准，使能转换结束中断。

6. SPI 初始化

单片机通过 SPI 高速串行接口访问 AD7715，需要完成 AD7715 检验、时钟选择、工作模式、滤波器设定等重要参数的设定。

7. AD7715 初始化

AD7715 内部具有多个寄存器，用来保存参数或转换结果。

在本方案中，通用寄存器赋值为 00010011B，即内部增益设置位 G1G0 为 2，对应的实际增益为 32。同时，指明下一个访问的寄存器为参数设置寄存器，芯片暂不进入待机模式。

参数设置寄存器应赋值为 01100110B，即启动自校准模式、输出更新频率为 50 Hz，允许输入缓冲，启用滤波器。滤波算法流程如图 10.14 所示。在上电或修改增益后进行自校准可以有效消除偏置误差和增益误差，使采样精度进一步得到提升。滤波器的陷波频率设定为 50 Hz，这样可以通过芯片内部电路自动提出信号中引入的工频干扰。

完成初始化任务以后，就可以进入主程序的主循环。为了保证程序响应的实时性，建议读者不要在中断程序中执行过多任务，而是将相应任务启动标志在中断程序中置位后，在主程序中执行为佳。

外部响应采用一种基于散转架构的人机接口编程方法。散转结构和传统的比较-跳转方法相比具有可扩展性强、程序可读性好等优点。散转方法是根据实现触发事件的指针直接跳转到相应的程序段进行处理。

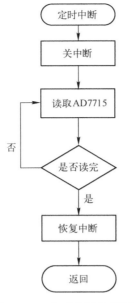

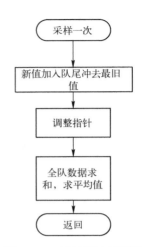

图 10.13　定时采样流程图　　　　图 10.14　滤波算法流程图

液晶显示器一共有 3 个界面，其中界面 1 和 2 为测量界面，分别进行红外温度、热电偶温度测量值的显示。界面 3 为辐射率参数设定界面。

使用 ATmega64 单片机自带的定时器 T0 进行 20 ms 定时，当定时器 T0 由设定值加 1 计数发生溢出时，进入中断子程序，读取 AD7715 的 A/D 转换结果，实现信号的周期性采集。此外。中断子程序还需要对仪表掉电计数器和键盘扫描计数器加 1 计数，并根据计数值置位相应的标志。

10.1.3　信号处理

信号处理主要包括信号采样通道的增益自动调整（量程自动切换）、滤波、线性校正操作。

1. 数字滤波程序

在这里采用递推平滑滤波算法，将这一次采样值和过去的若干次采样值一起求平均值，得到的平均值作为有效的采样值投入使用。

在单片机的内部 RAM 中，预先开辟 N 个数据的暂存区，工作机制仍然为先入先出（FIFO），每新采集一个数据便存入暂存区，同时去掉一个最旧的数据。这种数据存储方式可以用环形结构实现，每存入一个新数据便自动覆盖一个最旧的数据。

程序滑动平均的窗口宽度为 16，可以采用累加和右移的方法替代除法操作。

2. 线性误差修正子程序

由于 AD7715、信号传输路径固有偏置电压的存在，测量结果往往会出现偏差。这种偏差可以通过下面的方法进行修正，从而使转换结果精度进一步提高。

图 10.15 中上方的直线 I 对应实际测量值 y，下面的直线 II 对应真实值 y_r，点 (x_2, y_2) 和 (x_2, y_4) 分别是直线 I、II 上输入信号 $x_2 = 75$ mV 时实测输出 y_2 和理想值 y_4（$= 75$ mV）。要对测量结果进行修正，就要从图中找出测量值与真实值的对应关系。

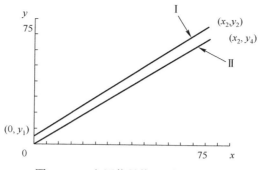

图 10.15　电压信号修正原理示意图

由于实际条件限制，只能采用 FLUKE 公司的热电偶信号校准仪 F714 进行校准。该校准仪既可以模拟各种热电偶输出热电势信号，又可以输出 $-10 \sim 75\,\mathrm{mV}$ 的毫伏级电压信号，输出精度可以达到 0.1%。所以电压信号的横轴、纵轴最大值均取为 $75\,\mathrm{mV}$。下面给出线性修正原理。

$$y_r = \frac{y_4 \times (y - y_1)}{y_4 + (y_2 - y_4) - y_1} \tag{10-1}$$

这样就得到了偏差修正公式，可以通过设定 y_1、y_2 和采样结果 y 计算出理想值。

已知 AD7715 采用的电压基准为 $2500\,\mathrm{mV}$，内部增益 GAIN$=32$，下面给出单极性测量模式下的修正公式：

$$y = \frac{\mathrm{ad\_result}}{65536} \times \frac{2500}{32} = 0.11921 \times \mathrm{ad\_result}\,(\text{单位：}0.01\,\mathrm{mV}) \tag{10-2}$$

式（10-2）带入式（10-1），用变量 m 替代 y_r，用变量 zeroj 替代 y_1，用变量 fullj 替代 $(y_2 - y_4)$ 得到单极性模式下的修正公式：

$$m = \frac{7500(0.11921\,\mathrm{ad\_result} - \mathrm{zeroj})}{7500 + \mathrm{fullj} - \mathrm{zeroj}} \tag{10-3}$$

3. 温度计算

图 10.16 是热电偶的示意图。热电偶的分度表都是在冷端温度为 0℃ 时做出的，因此在用热电偶测温时，若要直接应用热电偶的分度表，就必须满足冷端温度 t_0 为 0℃ 的条件。

图 10.16　热电偶示意图

当冷端的温度不为零时，由于工作端与冷端的温差随冷端的变化而变化，一般冷端温度高于 0℃，则 $E_{AB}(t, t0) < E_{AB}(t, 0℃)$，导致测量结果偏小，需要用式（10-4）修正测量误差：

$$E_{AB}(t, 0) = E_{AB}(t, t_0) + E_{AB}(t_0, 0) \tag{10-4}$$

$E_{AB}(t, t_0)$ 是直接测得的热电势。温度修正时，先测出冷端温度 t_0，然后从分度表中查出 $E_{AB}(t_0, 0)$，并把它加到所测得的 $E_{AB}(t, t_0)$ 上，得到修正后的热电势信号 $E_{AB}(t, 0)$，再根据此值在分度表中查出相应的温度。

为了简化计算，在温度计算程序中，采用查表的方法计算实际温度。K 型热电偶的测温范围是-200~1250℃，定义一个一维数组，相邻两个元素是相差 50℃且冷端温度为零时的热电势。

此时可以采用线性插值的方法计算实际温度 t 为：

$$t = t_i + 50 \frac{E_{AB}(t,0) - E[i]}{E[i+1] - E[i]} \qquad (10-5)$$

4. 数据库空间分配与数据库操作

系统使用铁电存储器进行数据存储。铁电存储器 FM24C512 是一个 64 KB 的高速串行、非易失性存储器，读写通过 I^{2}C 接口完成。将 64 KB 存储空间分为两个区：0x0000~0xbfff（存储红外数据）和 0xc000~0xffff（存储热电偶数据）。为了便于管理测量任务，每个存储区均对应一个空间分配表，用来保存数据库中可测设备数量、每台设备测量数据的起始和终止地址。

（1）红外温度数据存储区

0000H~0001H：设备个数 1（2 B），占用两个字节。

0002H~05FFH：设备区 1，每条记录占用八个字节，具体包括设备槽号（2 B）、待测点个数（2 B）、测量数据的起始地址（2 B）、测量数据的末地址（2 B）。

0600H~0BFFFH：数据空间 1，保存多台设备对应的各个测量点数据记录/测试任务。每条数据记录包括设备槽号（2 B）、位置编号（2 B）、时间信息（5 B，年-月-日-时-分）、实测红外温度（2 B）。

（2）热电偶温度存储区

0C000H~0C001H：设备个数 2（2 B），占用两个字节。

0C002H~0C5FFH：设备区 2，每条记录占用八个字节，具体包括设备槽号（2 B）、待测点个数（2 B）、测量数据的起始地址（2 B）、测量数据的末地址（2 B）。

0C600H~0FFFFH：数据空间 2，保存多台设备对应的各个测量点数据记录/测试任务。每条数据记录包括：设备槽号（2 B）、位置编号（2 B）、时间信息（5 B，年-月-日-时-分）、实测热电偶温度（2 B）。

所有的数据库操作都是通过存储器读写实现的。数据库操作有添加任务、上传任务、保存测量数据、设备查找等。添加任务是指向存储器中已有的数据库增加数据记录，具体流程如图 10.17 所示。任务上传过程是指仪表根据上位机指令将特定的设备某点数据记录从数据库中找到并通过串行接口上传的过程，流程如图 10.18 所示。图 10.19 是保存测量数据的流程，在信号显示界面下，当用户测量到满意的数据结果时按下 SW 键时进行的操作，即保存测量数据到当前的数据记录中。图 10.20 是设备查找的流程，设备查找的范围是数据库中的设备分配表，需要按照分配表的具体存储结构进行查找。

5. 数据通信

系统采用 CP2102 桥接芯片连接单片机与上位机的 USB 接口。插上 USB 线，单片机就能用异步串行接口与上位机进行数据通信，并解决了通信过程中的供电问题。

为了方便读者理解通信实现的过程，下面给出了一部分通信协议。需要说明的是，协议中的"AABB"和"CCDD"分别是协议的头和尾，在具体实现时均使用它们对应的 ASCII 码。

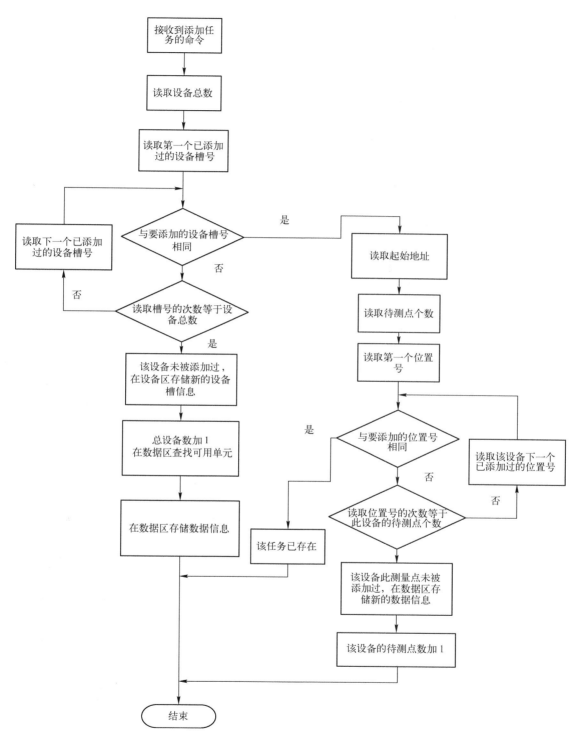

图 10.17　添加任务流程图

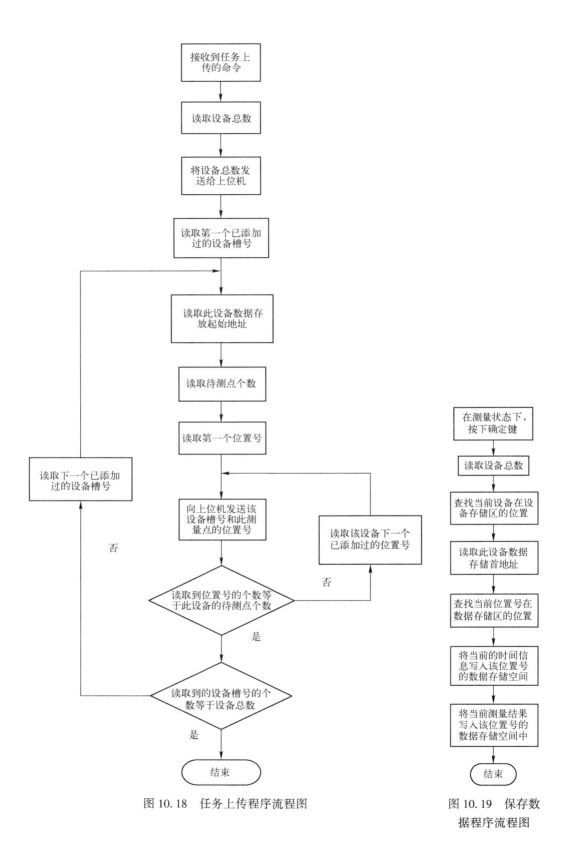

图 10.18　任务上传程序流程图

图 10.19　保存数据程序流程图

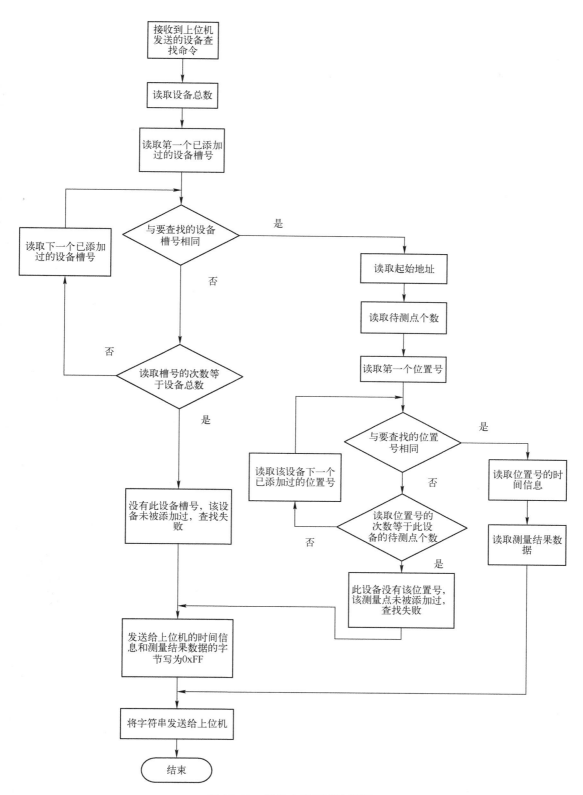

图 10.20 设备查找程序流程图

本仪表既可以测量、记录电压信号，也可以记录温度信号。所以内部的数据也分为两大类：红外温度数据和热电偶温度数据。

以红外温度数据交互为例，表 10-1 给出了上位机查询红外温度时的协议格式。单片机反馈数据格式如表 10-2。

表 10-1　温度查询协议

序号	通信头信息	功能码	数据区（6字节）	通信尾信息	功能描述
1	A A B B	0x81	槽号、位置编号、00、00	C C D D	查询数据
2	A A B B	0x82	00、00、00、00、00、00	C C D D	温度数据区格式化
3	A A B B	0x83	槽号、位置编号、00、00	C C D D	新增设备
4	A A B B	0x85	00、00、00、00、00、00	C C D D	存储器查询

表 10-2　单片机的响应

序号	通信头信息	功能码	数据区	通信尾信息	功能描述
1	A A B B	0x81	槽号、位置编号、时间信息、温度	C C D D	当时间信息、温度等数据均为 0xFF 时表明查询失败
2	A A B B	0x82	空	C C D D	温度数据区格式化成功
3	A A B B	0x83	空	C C D D	新增设备
4	A A B B	0x85	设备总数、00、00	C C D D	单片机首先返回本条协议内容，然后逐条返回所有槽号，位置号信息

单片机通过中断响应程序来完成数据接收和发送。接收中断程序的触发条件是每接收到一个字节，就进入中断程序一次。为了防止接收过程中出现数据丢失而造成通信无法正常建立，所以在接收中断起始代码段加入一段 FIFO 程序，队列长度与数据包的长度一致，为 15 B。发送中断程序完成数据发送工作。需要发送的数据预先保存在数组 trans_to_pc 中，trans_cnt 是发送计数器。为了防止在一个数据包发送完毕前再次启动发送过程，定义了一个通信状态标志 flag_busy，在发送过程中该标志一直为 0xFF。而在每次刷新数组 trans_to_pc 内容之前都需要对 flag_busy 进行判断，只有通信结束后才可以进行下一次传输。

10.2　基于采集模块的多通道压力/温度检测系统

在改造传统生产线或提升某些流程工艺设备的自动化程度时，往往需要采集或检测生产线上的多个物理量送到计算机里进行分析或显示，进而为智能控制或人工干预提供数据信息。当检测系统台套数要求不多，且开发时间比较有限时，采用工控机+商业化采集模块架构来检测系统实现不失为一种快速有效的开发方案。本节介绍的多通道压力/温度检测系统即为这样的应用实例。

该多通道压力/温度检测系统用于某流程工艺的过程参数监测。系统包括多个温度传感器（热电偶）、多个压力传感器、模拟采集模块、上位机及监控软件等。采集模块为研华工控的 ADAM4018，用了 8 个采集模块，可以同时采集 64 路模拟信号。上位机对监测系统的多路信号进行采集和显示，可以实现对所有节点的实时数据曲线显示、数据存储、历史数据查看、历史数据导出等功能。

10.2.1 传感器与采集模块

系统中用的温度传感器为 K 型热电偶，一共 32 个，标记为 T0~T31。K 型热电偶的正极为镍-铬合金（Ni-Cr），负极为镍-硅合金（Ni-Si），长期测温范围为 0℃~1200℃。K 型热电偶线性度好，输出热电势较大，且有良好的稳定性和复现性，抗氧化性强，能用于氧化性和惰性气体环境中，价格也比较便宜。图 10.21 是 K 型热电偶的分度表。图 10.22 是多通道压力/温度采集系统的架构图。

温度单位:℃
电压单位:mV

温度	0	-10	-20	-30	-40	-50	-60	-70	-80	-90	-95	-100
-200	-5.8914	-6.0346	-6.1584	-6.2618	-6.3438	-6.4036	-6.4411	-6.4577				
-100	-3.5536	-3.8523	-4.1382	-4.4106	-4.669	-4.9127	-5.1412	-5.354	-5.5503	-5.7297	-5.8128	-5.8914
0	0	-0.3919	-0.7775	-1.1561	-1.5269	-1.8894	-2.2428	-2.5866	-2.9201	-3.2427	-3.3996	-3.5536

温度	0	10	20	30	40	50	60	70	80	90	95	100
0	0	0.3969	0.7981	1.2033	1.6118	2.0231	2.4365	2.8512	3.2666	3.6819	3.8892	4.0962
100	4.0962	4.5091	4.9199	5.3284	5.7345	6.1383	6.5402	6.9406	7.34	7.7391	7.9387	8.1385
200	8.1385	8.5386	8.9399	9.3427	9.7472	10.1534	10.5613	10.9709	11.3821	11.7947	12.0015	12.2086
300	12.2086	12.6236	13.0396	13.4566	13.8745	14.2931	14.7126	15.1327	15.5536	15.975	16.186	16.3971
400	16.3971	16.8198	17.2431	17.6669	18.0911	18.5158	18.9409	19.3663	19.7921	20.2181	20.4312	20.6443
500	20.6443	21.0706	21.4971	21.9236	22.35	22.7764	23.2027	23.6288	24.0547	24.4802	24.6929	24.9055
600	24.9055	25.3303	25.7547	26.1786	26.602	27.0249	27.4471	27.8686	28.2895	28.7096	28.9194	29.129
700	29.129	29.5476	29.9653	30.3822	30.7983	31.2135	31.6277	32.041	32.4534	32.8649	33.0703	33.2754

图 10.21　K 型热电偶分度表

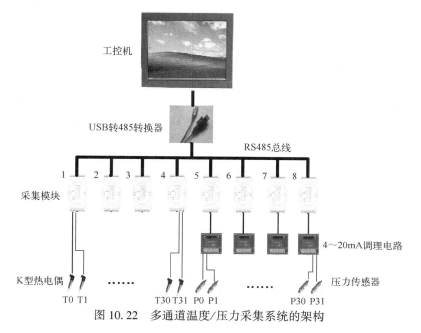

图 10.22　多通道温度/压力采集系统的架构

压力传感器用的是压电式传感器,一共 32 个,标记为 P0~P31。压力传感器的测压范围为 0~5 MPa,工作温度范围为 0℃~250℃,具有 IP66 防护等级,测量误差小于 0.5%,压力传感器的输出信号为 4~20 mA 电流信号。

如图 10.23 所示,ADAM-4018+是研华工控生产的一款 16 bit、8 通道的模拟信号采集模块,采用光隔离输入(可隔离 3000 V 直流电压),可以采集 8 路差分电压信号,也可以采集 4~20 mA 电流信号,与上位机之间的通信采用 RS485 接口,通信协议可以采用 Modbus/RTU 协议,也可以是研华自定义协议。另外,ADAM-4018+内置看门狗程序,当模块死机时,微处理器会自动重启。

在本系统中,数据通信采用 Modbus-RTU 通信协议,波特率设置为 9600 bit/s。采集模块的地址和参数设置方法是将模块右侧一个拨码开关设置为 INIT(初始化),然后利用工具软件设置,如图 10.24 所示。

图 10.23 ADAM-4018 模块

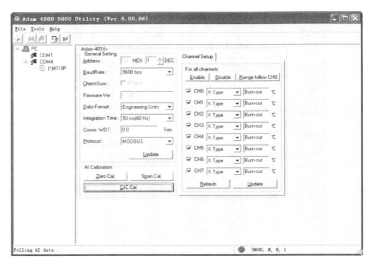

图 10.24 ADAM-4018 配置界面

10.2.2 Modbus-RTU 协议

Modbus-RTU 协议采用半双工通信方式,主机按照从机的不同地址,将指令信号传输给终端设备,终端设备经过相应的操作后,其发出的应答信号以相反的方向传输给主机。该协议只允许在主机与终端设备间通信,终端设备间不能进行数据交换。

Modbus-RTU 通信协议数据帧格式如表 10-3 所示。

表 10-3 Modbus-RTU 通信协议数据帧格式

地 址 码	功 能 码	数 据 区	校 验 码
8 bit	8 bit	N×8 bit	16 bit

计算机与 ADAM-4018+模块间采用查询应答方式通信,计算机每发送一条查询命令,模块对应一条应答信息。根据 Modbus-RTU 通信协议,结合实际需要,计算机查询命令格式如表 10-4 所示。

地址码"01~08"表示计算机选择查询本项目中01到08号模块的数据；功能码"03"表示模块进行读取寄存器值操作；4018+模块为8路差分输入，计算机可以查询00到07通道的数据，故起始通道高位为"00"低位为"00~07"；数据长度"00 01"表示读取从起始通道起1个通道的数据；CRC校验码由计算机程序计算得出。

表10-4 计算机查询命令

地址码	功能码	起始通道号（高位）	起始通道号（低位）	数据个数高位	数据个数低位	CRC低字节	CRC高字节
01~08	03	00	00~07	00	01	低字节	高字节

模块接收到计算机发送的命令，执行相应功能后返回应答信息，格式如表10-5所示。

表10-5 ADAM-4018+模块应答命令格式

设备号	功能码	字节数	数据高字节	数据低字节	CRC低字节	CRC高字节
01~08	03	02			低字节	高字节

CRC值由发送设备计算，存于数据帧尾部，接收信息的设备重新计算CRC值，返回发送设备后由其计算CRC值与接受信息的CRC值比较，如果两者不相符，则表示通信发生错误。CRC校验码的生成步骤如下：

1）置16 bit寄存器为0FFFFH（全1），为CRC寄存器。
2）把数据帧的第一个字节与CRC寄存器的低字节异或，结果存于CRC寄存器。
3）将CRC寄存器内数据向右移一位，高位补0，检测移出位，即最低位。
4）如果移出位为0，重复3）；如果移出位为1，将CRC寄存器与一个固定值（0A001H）异或。
5）重复3）和4）直到8次移位，这样处理了一个8 bit数据。
6）重复第2）步到第5）步来处理下一个8 bit数据，直到数据帧所有字节处理结束。
7）最后CRC寄存器值就是CRC值。

要注意的是，在Modbus-RTU协议传送的数据中，CRC16 bit校验码的低字节在前面，高字节在后面。

在采集模块向工控机发送数据时，上位机若发现CRC错误，数据将被舍弃。在工控机向采集模块发送指令时，发现CRC错误，模块将不返回相应数据，上位机软件经过一定时间等待后，会自动发送下一条指令。

ADAM-4018软件具有看门狗功能。当意外情况造成长时间无响应时，采集模块会根据宕机时间的长度判断是否自动重启。

10.2.3 上位机软件

上位机软件逐次读入8个采集模块的数据并在计算机上进行显示。所有节点的单轮次采集时间小于5 s。除了数据显示外，软件还具有参数设置、数据存储、历史数据查看、数据导出等功能。

单击软件界面左上"角课题设置"→"参数设置"，进入参数设置界面，如图10.25所示。在参数设置界面中，可对每个通道是否采集、是否显示、曲线颜色、曲线线宽等进行个性化设置，还可设置时间轴长度、串口、编号等。

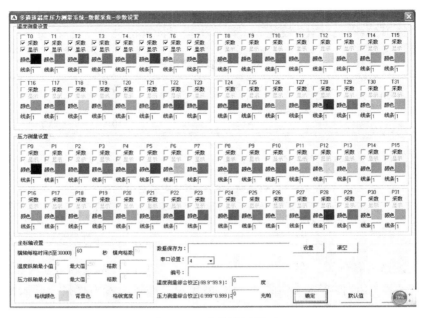

图 10.25　参数设置界面

在数据存储页面中，可以设置所要存储数据文件的保存位置、文件名、数据格式等。数据可保存为 csv 或 txt 两种格式，其中 csv 格式可用 Excel 软件打开编辑，可以进行回放分析，如图 10.26 所示。

序号	时间	相对时间(秒)	T0	T1	T2	T3	T4	T5	T6	T7
1	13:29:00	8	1027.7	1169.8	350.6	475.8	1189.3	1176.3	569.5	816.1
2	13:29:08	16	163.1	1105.1	300	1362.2	436.4	455.3	711.1	976.2
3	13:29:16	24	513.8	363.5	223.6	274.9	798	1222.3	1075	109
4	13:29:24	32	1006.6	1107.2	915.6	389.1	734.9	572.6	60.7	1082.3
5	13:29:32	40	57.2	783.1	444.3	653.6	649.2	76.5	1068.7	869.3
6	13:29:40	48	29.3	1177.4	1070.3	199	482.3	1059	786.4	570.7
7	13:29:48	56	520.4	14.3	888.3	798.8	1262.6	569.7	809.2	727.1
8	13:29:56	64	160.7	34	1268.1	1082.7	250.1	1348.8	1137.1	1338.4
9	13:30:04	72	320	1236.4	839.9	1051	184.8	656.2	400	1034.5
10	13:30:12	80	998.5	881.4	973.6	703.4	1066.8	1231.9	1337.9	1185.6

图 10.26　数据的 csv 存储格式

10.3　基于 CCD 的定日镜跟日误差检测系统

塔式太阳能热发电站是利用众多的定日镜，将太阳光反射到置于吸热塔顶部的高温集热器上，通过光热转换使吸热工质达到较高温度，然后产生高温蒸汽驱动汽轮机组进行发电。图 10.27 是一个塔式太阳能热发电站的图片。作为塔式太阳能热发电系统中的聚光部件，定日镜的跟日聚光精度是决定太阳能热发电系统工作效率的重要因素之一。定日镜的聚光原理如图 10.28 所示。只有定日镜的定日精度足够高，才能保证吸热器的光热转换效率，进而保障太阳能热发电系统的工作效率。目前实际运行的塔式太阳能热发电站的定日镜都是采用开环或半开环跟踪方式。开环跟踪方式指的是控制系统根据天文公式计算出定日镜每时刻应该达到的姿态角，然后输出指令给电机使其调整转动角度。半开环系统是在开环方式基础上加上两个方向电机转动角度的反馈，一般采用码盘反馈，以保证传动系统的运动控制精度。如果最终控制目标是定日镜反射光斑落在吸热器上的位置，采用这两种控制方式的定日镜运动控制系统都不是真正的闭环位置控制系统。

图 10.27　塔式太阳能热发电站

　　要实现对太阳的精确跟踪，定日镜至少需要两个运动自由度，例如常见的水平-俯仰双轴运动结构，如图 10.29 所示。

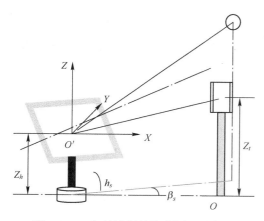

图 10.28　定日镜跟日聚光原理示意图

图 10.29　双轴跟踪定日镜

　　由于机械设计原因，双轴运动伺服系统的转动中心和定日镜架的转动中心存在一个固定的位置偏移，这使得定日镜的姿态角与转动系统的转角存在一个非线性误差。此外，双轴跟踪定日镜一般由立柱、镜架、反射镜、传动系统、电机和控制器组成，各部分加工完成后在现场组装成一个完整的运动系统。定日镜属于大型光机电运动系统，各个部件的机械加工误差和系统安装误差往往不可避免。定日镜转轴之间的安装偏差，定日镜支架的垂直度误差，定日镜支架的水平安装偏差，定日镜镜面的整体安装误差等，以及太阳位置计算公式的误差和传动系统的累积误差等都会给定日镜的跟日精度带来影响。除此之外，由于定日镜工作在野外，机电部件难免受到环境的干扰，如大风引起的抖动，气流扰动产生的几何形变，定日镜支架和反射玻璃在温度变化下的形变等。有些误差是静态或慢时变的，有些误差则属于动态误差。一般说来，静态误差可以通过补偿方式来消除，动态误差则需要引入闭环控制来消除。无论是静态补偿，还是闭环控制，都需要测量定日镜反射光斑的实际位置，以便计算定日镜在跟日过程中的实际误差，并为定日镜在跟踪过程中的角度补偿提供依据。

10.3.1 系统设计

定日镜跟日误差检测系统利用数字图像处理技术对定日镜的反射光斑进行分析，然后根据光斑中心的偏移量得到定日镜的跟日误差。图 10.30 是安装于现场的定日镜光斑检测系统图片。工作时，镜场控制器把需要进行测量的定日镜的聚光点调整到靶面中心位置，并通知定日镜光斑检测系统采集靶面上的太阳光斑图像，光斑检测系统对采集的图像进行处理，然后把光斑两轴误差数据、采集时间、定日镜编号等信息通过 OPC 传递给控制器，同时在数据库中记录相关信息。

图 10.30　安装于现场的定日镜光斑检测系统

定日镜与聚光塔之间的距离一般在几十米到上千米之间，要获取反射光斑的位置，显然最好的方法是用摄像机成像。但是聚光塔的聚光中心是吸热器，吸热器属于黑体，其反射率接近零，所以不可能直接对吸热器成像。那么，如何获得定日镜的实际反射光斑呢？解决方案是，在吸热器的下部塔体上安装一块合适的漫反射靶。在镜场固定地点处安置一个带望远镜头的高分辨率工业 CCD 摄像机，CCD 摄像头通过光缆与装有图像采集卡的 PC 相连，PC 通过工业总线或以太网接口与镜场控制器进行通信。当需要校准某个定日镜时，中央控制器将该定日镜的瞄准点设定为靶标中心，控制器控制定日镜运动使定日镜的反射光斑落在漫反射靶上。CCD 摄像头采集靶上的光斑图像送到计算机，然后利用数字图像处理技术分析光斑的形状和光斑中心相对于靶标中心的位置，计算光斑在 X 方向和 Z 方向的偏差 ΔX 和 ΔZ。

利用光斑中心坐标和定日镜高度角以及方向角之间的理论公式，可以导出高度角、方向角与光斑中心坐标的微分关系，在此基础上利用实际测得的光斑中心偏移量可以反推出高度角和方向角存在的偏移。利用计算出的角度偏移量修正定日镜不同时刻的控制角，可以保证定日镜的跟日精度。另外，因为聚光光斑中心的偏移可以是定日镜安装误差引起，也可以是太阳模型偏差引起的，为了提高补偿精度，可以测定同一定日镜不同时刻的光斑中心偏移量，然后利用查表或插值法求出该定日镜在不同高度角和不同方向角时的角度补偿量。系统也可以和镜场控制系统一起使用，用来调整初装定日镜在不同时刻的方位角及俯仰角的初始值，进而提高定日镜的跟踪精度。

10.3.2　硬件设计与实现

系统的硬件包括反射靶、置于镜场的光斑采集系统、视频传输模块和置于控制室的计算机系统。光斑采集系统主要考虑的是光学成像元件和摄像头的选择。此外要尽量减小外部环境对成像系统的干扰，保证摄像头的稳定。由于控制室距离镜场较远，视频传输选择光纤通信，需要有支持摄像头输出接口的光端机。计算机系统则选用工业 PC，用于完成光斑图像的数字处理任务及与镜场控制器之间的数据通信任务。

在成像系统的选择上，主要难点是光斑的强度随天气及时间变化有很大不同，早晨光斑强度弱，随着光照增强，中午光斑会很亮，摄像头很容易进入饱和。此外，由于定日镜反射距离远，成像系统的畸变容易给光斑检测带来很大误差。

为了保证良好的成像效果和较高的测量精度，光靶应为平面，且表面具有良好、均匀一致的漫反射特性。可以采用金属板加涂层来制造合适大小的反射光靶。反射光靶置于聚光塔的吸热器开口之上或之下。光靶上需要有特定的靶标用以标定摄像机的内外参数靶标如图 10.31 所示。

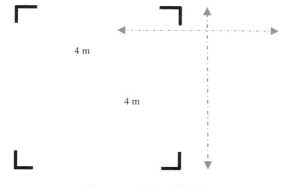

4 m

4 m

图 10.31　光靶上的图案

摄像机和镜头的选择需要根据光靶距离和光靶大小来确定。对大型太阳能热发电站来说，中央聚光塔一般都比较高，例如西班牙的 PS10 塔高 114 m，PS20 塔高 134 m，延庆太阳能热电站的塔高 120 m。安装在聚光塔上的光靶位置因此也比较高，为了避免定日镜的转动遮挡摄像机的成像，同时也为了避免因仰角过大造成图像的畸形，摄像头需要安装在定日镜场的后面、距离聚光塔比较远的位置。设计中的光靶是一个 6 m 宽，8 m 高的长方形板子。一般 1/3 in CCD 图像传感器的有效成像面积是 6 mm×6 mm，要对整个光靶完整成像，光学放大倍数为：

$$\beta = \frac{\text{像的尺寸}}{\text{物的尺寸}} = \frac{6}{8000} = 0.75 \times 10^{-3} \tag{10-6}$$

根据光学放大倍数要求，当成像距离为 300 m 时，镜头的焦距应为：

$$f = \frac{\beta l}{1+\beta} = \frac{0.75 \times 10^{-3} \times 300}{1+0.00075} \approx 225 \text{ mm} \tag{10-7}$$

定日镜的设计跟日精度为 0.1 毫弧，这意味着在 300 m 距离远的定日镜反射产生的光斑位移误差至少为 30 mm，而 60 m 远的定日镜反射产生的光斑位移误差则为 6 mm 左右。乘以光学放大倍数，在像面上的光斑最小位移偏差为 $0.75 \times 6 = 4.5$ μm。要保证光斑测量系统的精度，显然摄像机的像素分辨率要达到一定要求。虽然可以利用一些特殊的图像处理技术使得视觉测量系统达到亚像素级的测量精度，但是相机的像素尺寸最好小于 4.5 μm。

根据这些指标要求，选择了 JAI 公司生产的千兆网相机 CM200 GE，其有效成像面积为 7.13×5.37 mm，像素大小为 4.4×4.4 μm，有效像素为 1624×1326，全帧输出频率为 25 帧/s，可以满足成像要求。选择的镜头则是 COMPUTAR 公司生产的焦距 300 mm 镜头，根据选择的镜头焦距和需要成像的光靶范围，重新计算工作距离，大约为 400 m。

JAICM-200GE 相机采用逐次扫描方式成像，具有可外部触发曝光，曝光时间可编程控制，可以输出自动光圈驱动信号等特点。CM200 支持千兆网输出，采用以太网接口输出视频数据，有利于视频数据的快速传输。图 10.32 是相机及其引脚说明。

Pin no.	Signal	Remarks
1	GND	
2	+12 V DC input	
3	Opt IN 2 (-) / GND (*1)	
4	Opt IN 2 (+)/Iris Video out (*1)	
5	Opt IN 1 (-)	
6	Opt IN 1 (+)	
7	Opt Out 1 (-)	GPIO IN / OUT
8	Opt Out 1 (+)	
9	Opt Out 2 (-)	
10	Opt Out 2 (+)	
11	+ 12 V DC input	
12	GND	

*1: Iris视频输出功能可以通过内置DIP开关进行设置

图 10.32　JAI 相机及其控制接口引脚

相机和计算机之间的数据传输采用光纤通信。选用的相机支持 Ethernet TCP/IP 通信协议，所以可以采用互联网光通信中的普通光端机，所采用的光纤数据发送和数据接收模块均是台湾 A-Link 公司的产品。

10.3.3　光斑检测软件设计与实现

光斑检测系统软件包括光斑图像采集、光斑分析、靶标识别与相机标定、相机控制、数据存储与通信、定日镜控制角误差修正等部分。光斑检测软件有 1.0 和 2.0 两个版本。软件 1.0 版本需要安装 Matrox 公司的商业化图像处理库 MIL 8.0。软件 2.0 版本是在开源图像处理函数库 OpenCV 基础上开发的，不需要安装 MIL 函数库。本节介绍的光斑检测应用软件是 2.0 版本。

光斑检测软件利用 C++语言开发。利用 JAI 相机提供的 SDK 开发库和 OpenCV 图像处理库实现了视频采集、图像保存、图像转换以及图像处理等基本功能，组成模块如图 10.33 所示。

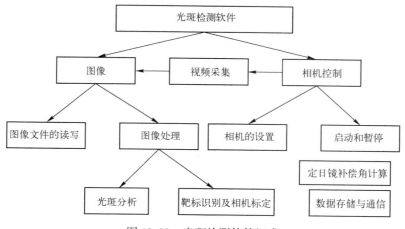

图 10.33　光斑检测软件组成

光斑图像采集程序的主界面如图 10.34 所示。整个子窗口被平均分为左右两部分，左边显示视频，右边显示截取的图片（拍照）。主菜单包括"文件""视图""窗口""图像""视频"和"帮助"等子菜单。

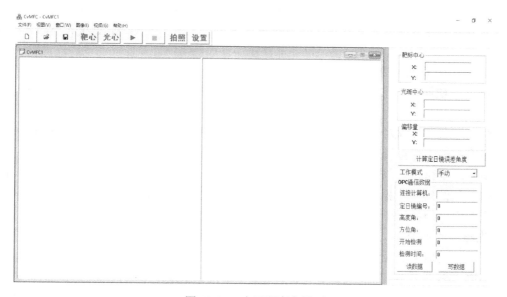

图 10.34　应用程序主界面

在"视频"子菜单下包含了与采集相关的命令项。一共有 7 个命令项，分别是开始采集、停止采集、OPC 服务器连接、OPC 服务器断开、拍照、设置、相机标定。鼠标单击"设置"会弹出一个对话框，如图 10.35 所示，利用此对话框可以对相机的参数进行设置，还可以对定日镜的系统参数进行设置。鼠标单击"相机标定"也会弹出一个对话框，如

图 10.36 所示，通过此对话框可以完成相机的标定，标定后的结果可以在该对话框里看到，标定结果同时也以 YML 文件形式保存在计算机硬盘上。

图 10.35　相机参数设置对话框

图 10.36　相机标定对话框

在"图像"子菜单下包含 6 个命令项，主要是对采集到的图像进行处理和计算，分别是二值化、拉普拉斯变换、灰度增强、靶标中心（计算靶标中心的位置坐标）、光斑中心（计算光斑中心的位置坐标）、数据库数据删除。单击"靶标中心"，程序计算并显示靶标中心的像素位置坐标。单击"光斑中心"，程序计算并显示定日镜反射光斑中心的像素位置坐标。

工具条上除了创建文件、打开文件和保存文件三个图形按钮外，还有靶心、光心、开始、停止、拍照、设置快捷按钮。分别对应"图像"和"视频"子菜单下相应的命令项。

主窗口的右侧停靠对话框显示采集光斑的一些处理结果。靶标中心表示的是漫反射靶面中心在图像中的坐标位置，光斑中心显示的是光斑中心在图像中的坐标位置，偏差部分显示了光斑中心的偏移量，前面这些值都是以像素为单位。"计算定日镜误差角度"按钮可以根据光斑中心的偏移量、相机标定得到的内参结果、设置对话框输入的定日镜系统的一些参数计算出当前定日镜的两个误差角度（方位轴偏差角和俯仰轴偏差角）。

1. 光斑中心计算

为了计算光斑中心位置，首先必须从图像中分割出整个光斑。我们采用自适应阈值法确定边界阈值，然后分割出整个光斑。图 10.37（左）为相机（分辨率为 1624×1236 像素）采集到的单帧图像，对图像进行阈值处理找到合适的阈值 I_{th}，令图像中灰度值小于该值的像素点灰度置为 0，大于该阈值的不变，处理后的效果如图 10.37（右）所示。

在寻找光斑中心时遇到的首要问题是如何定义光斑中心。光斑的几何中心、光斑的能量中心、光斑的高斯拟合中心，哪一个能更为准确地代表定日镜反射光斑的中心位置？从定日镜跟日反射的仿真结果来看，定日镜反射光斑大小随着日地之间的距离改变而不同，光斑的形状也随太阳入射角改变而变化。在理想情况下，定日镜反射光斑可近似看成一个椭圆，此时几何中心、能量中心和高斯拟合中心都是一致的。由于太阳的圆盘角比较大，且太阳光线在传输过程中受到大气中颗粒的折射和吸收，光斑几何中心和能量中心比较容易受干扰，因此选择光斑的高斯拟合中心作为定日镜反射光斑中心。

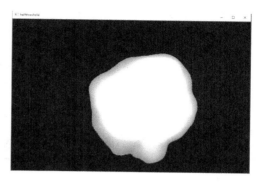

图 10.37　光斑原始图像（左）和阈值处理后的图像（右）

采用二维高斯函数来拟合反射光斑，则光斑的光强分布满足：

$$f(x,y) = I_0 \cdot e^{-\left[\frac{(x-x_0)^2}{\sigma_x^2} + \frac{(y-y_0)^2}{\sigma_y^2}\right]} \tag{10-8}$$

式中 $f(x,y)$ 为光斑上 (x,y) 位置处的光强，I_0 为光斑中心的光强幅值，(x_0,y_0) 为光斑中心坐标，σ_x、σ_y 为高斯光斑在两个方向的均方差。由（10-8）式可知，光强幅值最大值位置为光斑中心，即高斯函数的极点。对（10-8）式两边取对数并展开平方项整理后可得式（10-9）：

$$\ln f = \ln I_0 - \frac{x_0^2}{\sigma_x^2} - \frac{y_0^2}{\sigma_y^2} + \frac{2x_0}{\sigma_x^2} \cdot x + \frac{2y_0}{\sigma_y^2} \cdot y - \frac{1}{\sigma_x^2}x^2 - \frac{1}{\sigma_y^2}y^2 \tag{10-9}$$

要获得函数（10-9）中的系数，可以通过已知坐标点的灰度值来进行最小二乘拟合求得。假设参加拟合的数据点（去掉中间灰度饱和的点）有 N 个，将这 N 个数据点写成矩阵的形式：

$$A = BC \tag{10-10}$$

其中 A 为 $N×1$ 的向量，其元素为 $a_i = \ln f_i$，其中 $i = 1,2,3,\cdots,N$；B 为 $N×5$ 的矩阵，$B = [b_i] = [1, x_i, y_i, x_i^2, y_i^2]$，其中 $i = 1,2,3,\cdots,N$；C 为待求参数组成的向量，

$$C^T = \begin{bmatrix} C_0 & C_1 & C_2 & C_3 & C_4 \end{bmatrix} = \begin{bmatrix} \ln I_0 - \dfrac{x_0^2}{\sigma_x^2} - \dfrac{y_0^2}{\sigma_y^2} & \dfrac{2x_0}{\sigma_x^2} & \dfrac{2y_0}{\sigma_y^2} & -\dfrac{1}{\sigma_x^2} & -\dfrac{1}{\sigma_y^2} \end{bmatrix} \tag{10-11}$$

采用最小二乘拟合，使 N 个数据点的均方误差和达到最小，误差函数为：

$$e^2 = \|A - BC\|^2 \tag{10-12}$$

将 B 进行正交三角（QR）分解，其中 Q 为 $N×N$ 正交矩阵，R 为 $N×5$ 上三角矩阵。

$$E = A - BC = A - QRC \Rightarrow Q^T E = Q^T A - RC \tag{10-13}$$

$$\|Q^T E\|_2^2 = (Q^T A - RC)^T (Q^T A - RC) = \|Q^T A - RC\|_2^2 \tag{10-14}$$

令 $Q^T A = \begin{bmatrix} S_{5×1} \\ T_{(N-5)×1} \end{bmatrix}$，$R = \begin{bmatrix} R_{15×5} \\ 0_{(N-5)×5} \end{bmatrix}$，则

$$Q^{\mathrm{T}}A-RC=\begin{bmatrix} S-R_1C \\ T \end{bmatrix},$$

$$e=\|Q^{\mathrm{T}}A-RC\|_2^2=\|S-R_1C\|_2^2+\|T\|^2 \tag{10-15}$$

由（10-15）式可知当 $S=R_1C$ 时，误差最小，即 $C=R_1^{-1}S$，

因此可求得矩阵 C 的值，进而求出拟合的高斯光心：

$$\begin{cases} x_0=-\dfrac{C_1}{2C_3} \\[3mm] y_0=-\dfrac{C_2}{2C_4} \end{cases} \tag{10-16}$$

在采集光斑图像时，有时会出现由于光线太强导致中间像素点达到饱和的现象。为了避免饱和点对高斯拟合的影响，在实际拟合过程中，需要先去掉光斑中的过饱和点，然后再进行拟合。图 10.38 显示的就是去掉饱和部分的光斑图像。

即使去掉饱和的像素点，光斑像素点还是有很多。为了缩短计算时间，我们仅选取 1000 个数据点来进行二维高斯拟合。检测结果如图 10.39 所示（"十"字交点处即为光斑中心）。

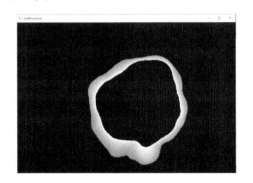
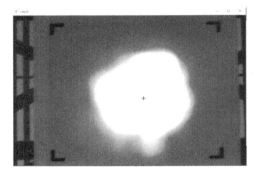

图 10.38　阈值处理后再去除过饱和点　　　　图 10.39　光斑中心检测结果

2. 光靶中心的计算

为了标定摄像机的参数，反射靶上设计了 4 个角标。采集图像中，分布在图像中左上、右上、左下、右下 4 个 "L" 型的标记就是角标。靶标中心是反射光斑的设定位置。为了获得靶标中心在图像坐标系中的精确坐标，需要先确定 4 个角标的位置，然后计算出靶标中心的实际图像坐标。

角标的颜色近似为黑色，角标和相邻区域比较有明显的灰度差，显然角标区域的像素灰度值之和也大大小于其他同等大小区域的灰度值之和。因此我们采用区域灰度值之差来判别角标位置。图 10.40a 中是左上角的靶标图像。根据角标图案，我们建立了角标区域模型（L 代表长，W 代表宽），如图 10.40b 所示，其中 B 代表角标区域，A 和 C 代表相邻的区域，令 A、B、C 区域积分为分别为 $\mathrm{Sum}(A)$、$\mathrm{Sum}(B)$、$\mathrm{Sum}(C)$，定义

$$T=[\mathrm{Sum}(C)-\mathrm{Sum}(B)]+[\mathrm{Sum}(A)-\mathrm{Sum}(B)]=\mathrm{Sum}(A)+\mathrm{Sum}(C)-2\mathrm{Sum}(B) \tag{10-17}$$

其中

$$\mathrm{Sum}(A)=(I_4+I_2-I_3)-(I_7+I_5-I_6)$$

$$\text{Sum}(B) = (I_7 + I_5 - I_6) - (I_{10} + I_8 - I_9)$$
$$\text{Sum}(C) = (I_{10} + I_8 - I_9) - (I_{13} + I_{11} - I_{12})$$

当在图像中找到 T 值最大的区域时，该区域即为左上角靶标区域，区域中标号为 9 的像素点就是左上角标的左上角点。

T 的计算涉及多个区域灰度值之和的计算，为了减少计算量，可以首先建立图像的积分图。对于一幅灰度图像，积分图像中的任意一点 (x,y) 的值是指从图像的左上角原点和 (x, y) 点所构成的矩形区域内所有的点的灰度值之和。$I(x,y)$ 表示积分图像，$G(x,y)$ 表示原始图像，则 $I(x,y) = \sum\limits_{i=0}^{i \leq x} \sum\limits_{j=0}^{j \leq y} G(i,j)$ 积分图像本质是一种算法，是一种中间图像，使用这种中间图像可以大大减少计算量并快速地计算图像上某一区域内的像素和，如图 10.41 所示。

a)

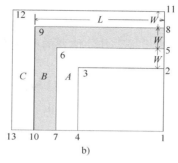

b)

图 10.40　左上靶标截图

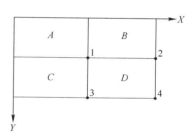

图 10.41　积分图像计算

要计算原图像中 D 区域内的像素灰度值的和，只需要获得积分图像中的 1、2、3、4 点各点的像素值，如式（10-18）所示。

$$\text{Sum}(D) = \text{Sum}(A+B+C+D) - \text{Sum}(A) - \text{Sum}(B) - \text{Sum}(C) = I_4 - I_3 - I_2 + I_1 \quad (10-18)$$

其中 $\text{Sum}(\cdot)$ 表示对应区域像素灰度值之和，I_1、I_2、I_3、I_4 是积分图像中对应点的像素值。

根据此方法同样可以检测出左下、右上、右下其余 3 个靶标的外角点，最后根据这 4 个角点确定靶标的中心位置。检测出的结果如图 10.42 所示，右图中的 4 个白色圆点表示检测到的角点，黑色圆点表示靶标的中心点。

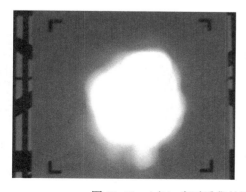

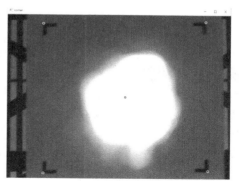

图 10.42　（左）实时采集的图像（右）靶标中心检测结果

3. 相机标定

为了把图像分析中得到的以像素为单位的光斑中心位置转换成物理世界的实际位置，需要对图像采集系统进行标定。本项目采用了张正友标定法。张正友标定法要求摄像机从 3 个不同的角度拍摄同一标定板的图像，根据图像空间的特征点坐标和实际物理坐标之间的对应关系计算出摄像机的内外参数。标定过程中，摄像机和 2D 标定板可以移动，摄像机的外参数可以变化，但是摄像机的内参数保持不变。

项目使用的标定板不是常见的棋盘格，而是绘有 4 个"L"型靶标的光靶。每个靶标取 6 个特征点，4 个靶标共有 24 个特征点。检测出这 24 个特征点的像素坐标，再根据 24 个特征点的世界坐标，利用 OpenCV 提供的标定函数可以得到相机的内外参数。在实际应用中，由于白板上的污渍、成像的噪声以及背景光干扰等问题常导致 24 个角点不能被准确检测到。

为了提高特征角点检测的鲁棒性，本文提出了一种基于模板匹配的角点检测算法。算法具体步骤如下。

1）在图像中截取一个子图像作为模板，其他位置的模板可用这个模板翻转得到，进行模板匹配得到局部 ROI 区域。

2）ROI 区域的宽为 Width，高为 Height。将 ROI 区域的每一列像素的灰度值求和得到 colsSum$[x]$，其中 $x=0,1,2,\cdots$，Width-1；同理将 ROI 区域的每一行像素的灰度值求和得 rowsSum$[y]$，其中 $y=0,1,2,\cdots$，Height-1。

3）将 colsSum$[x]$ 中每相邻两个元素做差，将结果的绝对值放入向量 colsDev（元素个数为 Width-1）中，同理可以得到 rowsDev（元素个数为 Height-1）。

4）容易知道，当 ROI 区域的竖直方向存在线段时 colsDev$[i]$（$i=0,1,\cdots$，Width-2）会很大，而且线段越长值越大，找到 colsDev 中最大的 3 个值即可找到对应的竖直方向的 3 条直线；同理在水平方向一样可找到 3 条直线。

5）为避免最大的几个 colsDev（或 rowsDev）聚集，可以设置检测区间，取得区间的最大值，再对所有区间最大值进行排序，取最大的 3 个值。

图 10.43 显示了局部检测结果：根据上述方法检测出的 6 条直线。图 10.44 显示了对整个光斑采集图像进行搜索后得到的靶标角点。OpenCV 提供了基于棋盘格标定板和张正友标定法的标定函数。本课题利用光靶上的 24 个角点作为标定点，对 OpenCV 的标定函数做了修改，完成了摄像机的标定。

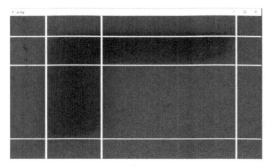

图 10.43 ROI 局部直线检测结果

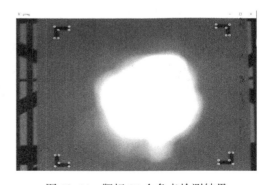

图 10.44 靶标 24 个角点检测结果

4. 数据存储

为了对定日镜跟踪误差进行评价，有必要保存定日镜连续跟踪过程中的光斑图像以及光斑图像分析结果。光斑原始图像按照日期和采集顺序保存在当前目录下，光斑处理结果则保存在一个 MS ACCESS 数据库中。

软件采用 ODBC 数据库接口函数对数据库读写进行控制。默认的数据库文件名是 dbHeliostatNew。

数据库每项记录除了主键（自动编号）外，另有 16 个字段。字段的类型如图 10.45 所示。各字段的意义如下：

dbHeliostatNew。

字段名称	数据类型	说明
序号	自动编号	
定日镜编号	文本	
俯仰角	数字	
方位角	数字	
靶标 X	数字	靶标中心坐标
靶标 Y	数字	
光斑 X	数字	
光斑 Y	数字	
面积	数字	
直径	数字	
紧凑度	数字	
几何中心 X	数字	
几何中心 Y	数字	
X 倍数	数字	
Y 倍数	数字	
图像	文本	
测量时间	日期/时间	

图 10.45　数据库的字段名称和类型

- 定日镜编号是区分不同定日镜的代号，形式为 No. 1、No. 2、No. 3，等等；
- 俯仰角和方位角是相关定日镜运动控制系统预设的角度初始值，通过 OPC 通信从定日镜场的 DCS 系统获取。只有在进行客户端任务时，才有相关数据输出。当此两项值为 -1 时，表明相关数值不明；
- 靶标 X 和靶标 Y 是当次测量时光靶中心位置在图像中的坐标，以像素为单位；
- 光斑 X 和光斑 Y 时当次测量时反射光斑重心在图像中的坐标，以像素为单位；
- 面积为反射光斑的面积，单位是像素的平方；
- 直径，反射光斑的直径，以像素为单位；
- 紧凑度，反射光斑几近于圆的程度，值越接近 1，说明光斑越圆；
- 几何中心 X 和几何中心 Y，反射光斑的几何中心；
- X 倍数，图像坐标系下水平方向一个像素所代表的物理长度；
- Y 倍数，图像坐标系下垂直方向一个像素所代表的物理长度；
- 图像，当次测量相关的图像文件名；
- 测量时间，当次测量发生的时间。

图 10.46 是在数据库中打开的数据表格。

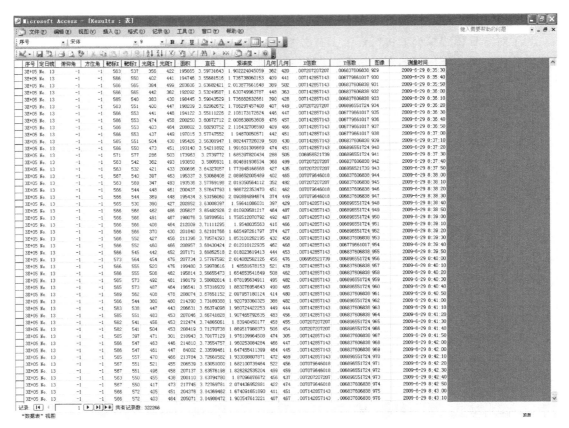

图 10.46 数据库文件

10.3.4 OPC 数据通信

光斑检测应用软件和镜场控制软件之间需要进行数据通信。我们选择了基于 OPC (OLE for Process Control) 的数据通信方式。OPC 是 OPC Foundation 推出的面向过程控制和制造自动化的、基于 OLE/DCOM 技术的一种工业标准接口，广泛应用于工业控制、电子设备等领域。

检测软件作为 OPC 客户端应用程序，把测量结果送到 OPC 服务器上，而镜场控制软件作为另一个 OPC 客户端，可以访问 OPC 服务器获得实时更新的数据。检测软件和镜场控制器之间需要交换的数据有定日镜编号、开始检测、检测时间、检测质量、光斑中心 X 坐标、光斑中心 Y 坐标、高度角偏差、方位角偏差、检测日期。

OPC 客户端应用程序与 OPC 服务器之间必须有 OPC 接口。OPC 规范提供了两套标准接口：Custom 标准接口和 OLE 自动化标准接口。OLE 自动化标准接口定义了以下三层接口，依次呈包含关系。这三层接口分别是：

- OPC Server：OPC 启动服务器，获得其他对象和服务的起始类，并用于返回 OPC Group 类对象。
- OPC Group：存储由若干 OPC Item 组成的 Group 信息，并用于返回 OPC Item 类对象。
- OPC Item：存储具体 Item 的定义、数据值、状态值等信息。

在应用程序中，根据注册的程序名称获取 OPC 服务器的 CLSID，然后连接相应的 OPC 服务器即可。连接完成后，添加数据组，在数据组下面添加数据项，指定各数据项的数据类型，并在 OPC 数据项和程序内部变量之间建立动态数据交换关系。

OPC 服务器是一个独立的程序，运行后界面如图 10.47 所示。图中所显示的变量为定日镜误差检测软件和 OPC 服务器之间通过 OPC-DA 协议进行动态交换的数据。其中"OPC_Server_Heliostat"为定日镜编号，"OPC_Server_gdj_cs"为定日镜的高度角，"OPC_Server_fwj_cs"为定日镜的方位角 ，这 3 个变量由镜场服务器写入 OPC 服务器；"OPC_Server_MeasureTime"为测量时间，"OPC_Server_MeasureDate"为测量日期，"OPC_Server_CG_X"和"OPC_Server_CG_Y"为光斑中心坐标相对靶标中心坐标偏移坐标差，这几个变量由定日镜跟日误差检测软件写入 OPC 服务器。"OPC_Server_StartMeasure"为开始测量标志位，默认值为"FALSE"，当变量值变为"TRUE"，跟日误差检测软件开始采集光斑图像并进行图像分析，完成后把该变量的值复位为"FALSE"。

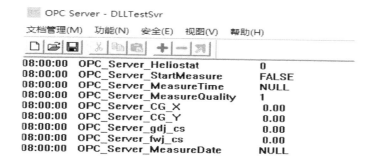

图 10.47　OPC 服务器界面

如果光斑检测程序工作在 OPC 模式下，则由镜场控制器对 OPC 服务器中的定日镜编号，定日镜高度角和定日镜方位角等变量写入数据，并设定开始测量标志位（OPC_Server_StartMeasure）。一旦开始测量标志位被设定为 TRUE，光斑检测程序即启动图像采集，然后进行图像分析，分析完成后，把 OPC 数据项中的光斑中心坐标和测量结果数据更新，并复位开始测量标志位。

参 考 文 献

［1］金伟，等．现代检测技术［M］．3版．北京：北京邮电大学出版社，2012.

［2］张广军．光电测试技术［M］．北京：中国计量出版社，2003.

［3］徐科军．传感器与检测技术［M］．2版．北京：电子工业出版社，2008.

［4］陈杰，黄鸿．传感器与检测技术［M］．北京：高等教育出版社，2002.

［5］苏震．现代传感技术——原理、方法与接口电路［M］．北京：电子工业出版社，2011.

［6］贾云得．机器视觉［M］．北京：科学出版社，2000.

［7］徐德，等．机器人视觉测量与控制［M］．2版．北京：国防工业出版社，2011.

［8］余成波，陶红艳．传感器与现代检测技术［M］．2版．北京：清华大学出版社，2013.

［9］施文康，余晓芬．检测技术［M］．2版．北京：机械工业出版社，2005.

［10］周杏鹏，等．传感器与检测技术［M］．北京：清华大学出版社，2010.